传统风格建筑钢结构体系抗震性能及设计方法

薛建阳　戚亮杰　著

机械工业出版社

本书系统地研究和阐述了传统风格建筑钢结构体系的抗震性能、结构构造与相关设计方法。全书共分 11 章，主要内容包括绪论、传统风格建筑钢转换柱连接抗震性能试验及理论研究、传统风格建筑钢转换柱连接受力特性研究、传统风格建筑带斗栱檐柱节点抗震性能试验、传统风格建筑钢结构双梁-柱节点抗震性能试验、传统风格建筑钢结构双梁-柱节点抗剪承载力分析、传统风格建筑钢结构新型阻尼节点动力加载试验、传统风格建筑钢结构新型阻尼节点性能分析及设计建议、传统风格建筑钢框架结构拟动力试验研究、传统风格建筑钢框架结构低周往复加载试验研究，以及传统风格建筑钢框架结构体系基于位移的抗震设计。

本书可供高等院校土木工程专业的教师、研究生和高年级本科生参考，也可供从事钢结构、古建筑、结构抗震及减震控制工作的科研人员、工程技术人员参考。

图书在版编目（CIP）数据

传统风格建筑钢结构体系抗震性能及设计方法/薛建阳，戚亮杰著.
—北京：机械工业出版社，2019.6
ISBN 978-7-111-62479-0

Ⅰ.①传… Ⅱ.①薛… ②戚… Ⅲ.①钢结构-防震设计
Ⅳ.①TU391.04

中国版本图书馆 CIP 数据核字（2019）第 068072 号

机械工业出版社（北京市百万庄大街 22 号　邮政编码 100037）
策划编辑：林　辉　　　　　责任编辑：林　辉
责任校对：佟瑞鑫　王明欣　封面设计：张　静
责任印制：常天培
北京虎彩文化传播有限公司印刷
2019 年 6 月第 1 版第 1 次印刷
184mm×260mm・15.5 印张・382 千字
标准书号：ISBN 978-7-111-62479-0
定价：69.00 元

电话服务　　　　　　　　　网络服务
客服电话：010-88361066　　机 工 官 网：www.cmpbook.com
　　　　　010-88379833　　机 工 官 博：weibo.com/cmp1952
　　　　　010-68326294　　金 书 网：www.golden-book.com
封底无防伪标均为盗版　机工教育服务网：www.cmpedu.com

前 言

在长期的社会发展过程中,建筑已经超越了其自身的功能,具有深厚的历史文化内涵,并以物质的形式存留,生动地记录了不同国家、不同地区、不同民族的历史发展过程,是人类文明的重要载体。中国地大物博,其悠久的历史创造了灿烂的中华文化,古建筑便是其最重要的组成部分,其组群布局、空间、结构及建筑材料显著区别于西方,具有典型的民族和地方色彩,是中华五千年文化最直接的传承表达与表现形式;它是东方文化、华夏文明的结晶,是珍贵的文化资源,具有极高的历史、文化、艺术和科学价值。

除了对这些珍贵文化遗产进行保护和继承外,如何建造出具有中华民族风格与地域特色的现代建筑,是目前我国城市发展与建设中遇到的主要课题。"传统风格建筑"是当代设计建造的仿古建筑的统称,其外形仿制中国古建筑,是我国建筑文化发展的必然阶段。近些年来,各大城市在发展和建设中,为了更能体现本城市的文化底蕴与特点,都在探索如何在新建建筑中传承与创新本地区传统建筑,而传统风格建筑作为一种探索与创新,具有很好的推广应用前景。目前,国内各大城市、各主要景点已建造了大量具有本地区特色的传统风格建筑。传统风格建筑绝大部分结构体系由现代钢结构、钢筋混凝土结构或钢-混凝土组合结构构成,其中又因钢结构强度高、抗震性能好,且具有工业化制作程度高、环保、施工周期短等优势,被大量的地标建筑所采用。近年来,钢结构传统风格建筑已成为传统风格建筑的主流构成形式。

目前,国内已进行了部分关于传统风格建筑结构的基础研究,但对其力学性能、抗震性能、设计方法等方面的研究尚不充分,且无任何关于传统风格建筑性能设计的相关内容。此外,学术界虽然对钢结构的连接及结构进行了抗震性能研究,但是研究的结构与构造形式和传统风格建筑完全不同,且我国《钢结构设计标准》中也未有相关规定,尚有很多关键科学问题未能解决,需要进行进一步深入和系统的研究。因此,对传统风格建筑结构的抗震性能进行研究,既是对现代结构设计理论与方法的扩充,也是工程实践的迫切需求,具有重要的理论意义和工程应用价值。

自2011年开始,笔者及其所领导的课题组陆续对传统风格建筑钢转换柱连接、带斗栱檐柱节点、单/双梁-柱节点、附设黏滞阻尼器的新型阻尼节点、传统风格建筑钢框架结构依次进行了抗震性能试验研究,并辅以相关理论计算及有限元模拟分析,最终汇总形成了本书关于传统风格建筑钢结构体系的抗震研究成果,以期对传统风格建筑结构的抗震设计计算及工程推广应用提供一定的技术支持。

本书由薛建阳、戚亮杰执笔撰写。笔者的历届博士和硕士研究生吴占景、魏志粉、郭亮、漆成、周升、马林林、高卫欣、杨焜、乔聪、李亚东、王戈等都进行了大量的试验和理论分析工作。本书的研究得到国家自然科学基金(51678478)、中建股份有限公司科技研发课题(CSCEC-2012-Z-16)、西安建筑科技大学优秀博士论文培育基金(6040317006)和西安建筑科技大学创新团队发展计划项目等科研课题和基金的资助与大力支持，在此表示衷心的感谢。

限于作者水平，书中难免存在不妥之处，同时书中部分内容带有一定的探索性质，不妥之处，敬请广大读者批评指正。

编　者

目　录

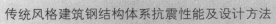

第1章

绪　论

■ 1.1　研究背景及意义

1.1.1　传统风格建筑与古建筑的区别

中国古建筑主要是木构架结构，即采用木柱、木梁构成房屋的框架，屋顶与房檐的重量通过梁架传递到立柱上，墙壁只起隔断的作用，而不是承担房屋重量的结构部分。所谓"墙倒屋不塌"即概括了中国古建筑框架最重要的特点，在不同气候条件下，它可以满足生活和生产所提出的千变万化的功能要求。其维护结构与支撑结构相分离，取材方便，施工速度快；且单体建筑类型十分丰富，屋顶尤其大，有时几乎和屋身同高，且每个部分都有一定的比例及标准做法。但同时木结构也有很多缺点：易遭受火灾，易被白蚁侵蚀和雨水腐蚀，且梁架体系较难实现复杂的建筑空间等。

传统风格建筑继承了古建筑结构形式的精髓，用现代建筑材料（钢、混凝土等）建造出来，现代建筑材料的力学特性和耐久性会使其具有更出色的承载能力和抗震性能。它一方面发扬了中国传统文化，另一方面又顺应时代潮流满足了现代的功能需求。传统风格建筑在外观上融入了中国古建筑中特有的造型以彰显其中国传统文化元素，在结构形式上采用钢结构或钢筋混凝土结构代替古建筑传统的木结构。因此，传统风格建筑无论从建筑方面还是结构方面都有其显著的特点和优势。

在节点连接方面，古建筑木结构框架采用榫卯连接的方式，分为直榫、透榫等。这是一种介于刚性和铰接之间的半刚性连接方式，在地震荷载作用下，榫头与卯口相互挤压松动，从而达到耗能的作用。而传统风格建筑采用现代建筑材料，与木结构建筑有着本质的区别，其通常采用混凝土现浇或者钢结构焊接的方式，属于刚性框架体系，整体性更强。

此外，由于功能性的要求，木结构古建筑形成了过去宫殿、寺庙及其他高级建筑才有的一种独特构件，即屋檐下一束束的"斗栱"，由斗形木块和弓形的横木组成，纵横交错，逐层向外挑出，形成上大下小的托座。斗栱的构造复杂，各个构件有明确的模数要求，构件的组合和布置遵循严格的规则，在荷载传递和抗震中发挥着重要作用。传统风格建筑是将古建筑的精华与现代结构体系结合，因此对于斗栱等构件的设计与布置更加灵活，可以将其设计成如同古建筑中构造复杂的斗栱体系，也可以设计成只起到装饰作用的斗栱，还可以秉承着古建筑斗栱的精髓灵活地设计和布置斗栱让其参与结构的受力和抗震。传统风格建筑是对古建筑结构体系的继承和创新，是对古建筑设计精髓的灵活运用。

1.1.2 传统风格建筑的形成与发展

完整留存至今的中国古建筑屈指可数，目前对古建筑的维护和修缮存在很大的技术难度和经费开销，然而中国传统古建筑是中华文化的瑰宝，随着各个城市在发展和建设过程中对本地区传统文化愈加重视，为了更好地体现城市的文化底蕴与特点，传统风格建筑的设计与建造越来越重要。

中国古建筑通常采用木框架的形式。木材作为最常用的建筑材料，因其易腐蚀、易燃、易虫蛀且耐久性差的性质使许多中国古建筑在历史的长河中不断遭受环境的侵蚀和人为的破坏。然而传统风格建筑使用钢筋混凝土或钢结构作为建筑结构材料，把古建筑的造型和结构形式运用到现代建筑中以形成传统风格建筑结构体系。

传统风格建筑是指仿造传统的建筑形式，并结合现代建筑施工技术，利用现代材料建造的建筑物。它一方面是对中国传统文化的继承和发扬，另一方面又能顺应时代潮流，满足现代的功能需求。传统风格建筑在建筑布置上更多地参照中国古建筑的模数，并运用古建筑中特有的造型和部分构件，在外观上做到与传统古建筑"形似"。随着经济的发展和社会的进步，人们的精神文化需求越来越显著。为了满足人们对精神文明的追求，丰富人们的文化生活，同时也为了弘扬中国传统文化，越来越多的传统风格建筑被设计和建造起来，尤其在文明古都和旅游景区。

1.1.3 传统风格建筑细部连接的构造

相比于西方砖石建筑体系，中国古建筑结构体系较为复杂，一般具有4个建筑结构层次，如图1-1所示。

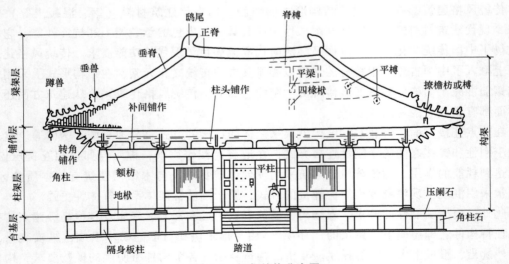

图1-1 细部结构分布图

1. 台基层

台基层类似于现代建筑的地基基础，其高出地面的夯土使得古建筑避免受潮和虫蛀侵害的发生。台基上放置础石，础石上放置立柱，台基里面用夯土夯实，有时加入碎石块、卵石等，类似于现在的复合地基。

2. 柱架层

中国古建筑中，在础石上安置柱子，柱顶部设置枋（梁），枋与柱子用榫卯的方式（图1-2）连接，从而构成纵横交错的柱架，其作为中国古建筑的主要承重体系，承受上部荷载并构成使用空间。

同时，柱也是传统风格建筑的重要组成部分，其外形和古建筑柱的外形保持一致。为了方便斗栱的安装，将柱分为两部分，其中下柱均采用圆柱的形式，而上柱采用更小截面的方形柱。在钢结构传统风格建筑中，主要为圆钢管和更小截面尺寸的方钢管，其连接构造、传力方式与现代建筑常规钢结构节点有很大不同。

由于古建筑特殊造型的需要，枋构件有上枋和下枋之分，其将柱构件分为上核心区、中核心区及下核心区三部分，如图1-3所示。

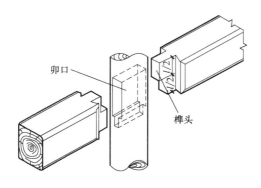

图1-2 榫卯连接方式

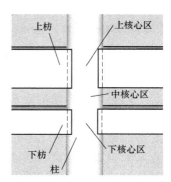

图1-3 节点域划分

3. 铺作层

铺作层也叫斗栱层，通过斗栱群将上部荷载传递给柱架。梁架支撑在众多斗栱之上，斗栱又搁置于柱顶或枋上，铺作层是介于上部梁架层与下部柱架层间的过渡层，在地震中发挥着重要的隔震、减震和耗能作用。

斗栱是中国木结构古建筑最具代表性的构件。斗栱既有装饰的效果，又是重要的传力构件。斗栱复杂的构造和优美的外形使其具有很强的观赏性，其精巧的组合与连接使古建筑具有一定的减震隔震性能，是中国古建筑的一大特色。中国古建筑的斗栱如图1-4所示。

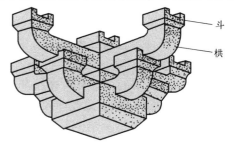

图1-4 斗栱示意图

4. 梁架层

梁架层是由大跨度的梁架，以及其上屋瓦、椽等组成的屋架体系。中国古建筑结构的主要重量集中于此层，由于其体积庞大，形成了壮丽的"大屋顶"，这是中国古建筑的一大特点。另外，梁架层在结构上具有增强抗倾覆力矩等作用。

1.1.4 传统风格建筑钢节点的营造特点

古建筑整体构架是由横向木枋将各个排架柱联系起来，这种枋叫作"额枋"，为矩形截面，依照位置不同分为大额枋、小额枋、单额枋等。清制大式建筑中称为大额枋、小额枋；宋制中则称为阑额、由额；吴制称为廊（步）枋。如图1-5所示，阑额、由额与柱相连接的区域就是节点区，称为双梁-柱节点。双梁-柱节点与常规节点相比，节点区范围增大，其受力机理和变形特征与常规梁-柱节点明显不同。

图1-5 传统风格建筑双梁-柱节点实例

a）建筑实例 b）节点构造

为了增强整个房屋的稳定性，我国古建筑木结构中的柱子，并不完全是上下等粗垂直的，而是将柱径做成脚大头小的形式，称为"收分"。但传统风格建筑钢结构当中柱子通常使用无缝圆钢管，一般不考虑"收分"。梁一般使用工字形截面梁或者箱形截面梁。从建筑学观点来看，如果使用工字形截面梁则需要把梁按照古建筑形制装饰。在实际工程当中为了在节点上部安装"斗栱"等构件，上部柱子一般做成箱形柱，下部依然采用圆形柱。这样节点区的截面大小和形状（上细下粗，上方下圆）都发生了变化，为此类节点带来了一定的复杂性和施工难度。柱子两侧梁翼缘的传力一般有两种做法，即在柱子内的梁翼缘高度处设置内隔板或采用外环板式连接。因为采用外环板式的连接会影响传统风格建筑的外观，所以在使用钢结构建造此类建筑的时候一般在阑额、由额上下翼缘对应的高度焊接内隔板，这样就形成了上、中、下三个小核心区，如图1-6所示。

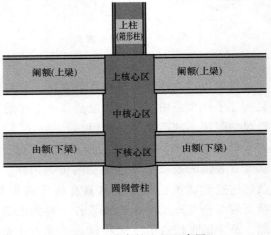

图1-6 节点核心区示意图

综上所述，我们可以得到传统风格建筑钢结构双梁-柱节点的几个主要特点：①使用全焊连接，属于刚性连接；②独特的双梁结构（阑额和由额）；③核心区被分为三个小核心区（上核心区、中核心区和下核心区）。

1.1.5 传统风格建筑钢框架的表现形式

中国木结构体系历来采用构架制的结构原理：以四根立柱，上加横梁、竖枋而构成

"间"，一般建筑由奇数间构成，如三、五、七、九间。开间越多，等级越高。紫禁城太和殿为十一开间，是现存最高等级的木构古建筑。立面上划分三个部分：台基、屋身、屋顶。其中官式建筑屋顶体型硕大、出挑较远，是建筑造型中最重要的部分。屋顶的形式按照等级分为单坡、平顶、硬山、悬山、庑殿、歇山、卷棚、攒尖、重檐、盝顶等多种制式，又以重檐庑殿为最高等级。

古建筑整体构架是由横向木枋将各个排架柱联系起来，屋基上立柱，柱上架梁，梁上放短柱，其上再放梁，梁的两端并承檩；这样层叠而上，在最上层的梁中央放脊瓜柱以承脊檩。这种结构的建筑，室内少柱或无柱，空间较大，在我国应用很广。传统风格建筑完全仿制古建筑的建筑形式，如图1-7所示。

图1-7 传统风格建筑大殿

■ 1.2 国内外相关研究现状

1.2.1 传统风格建筑的研究现状

传统风格建筑继承了中国古建筑的精髓，在传承与弘扬中国传统文化方面起到了举足轻重的作用。目前，国外的学者对传统风格建筑仍相对陌生，其主要研究方向仍为木结构古建筑和砖石古建筑。

Doğangün等详细描述了土耳其的木结构古建筑在1999年Kocaeli和Duzce地震中的损伤现象。实际情况表明，主要的震害为填充墙的开裂、灰浆掉落及节点松动破坏，总体来说，破坏程度相对较轻，震后主要的结构体系仍然完整。

Mendes对砖石结构古建筑进行了振动台试验研究，结果表明，在相当于里斯本地震设计反应谱的地震波作用后，模型的频率只有第一频率的46%，几乎所有的拱肩结构均遭到了严重破坏，第一层的柱端出现了较为严重的水平裂缝，整体结构的平面外屈曲现象较为明显，应在实际的结构设计中加强对底层的设计强度。

日本学者以日本较为流行的古建筑为原型进行了较多的木结构构件受力机理的分析，津和佑子、金惠园、藤田香织等学者对寺院中的斗栱构件进行了一系列的试验研究，主要分析了其自振频率、滞回特性及损伤发展过程等，为日本木结构建筑的发展提出了宝贵的建议。

除此之外，尚未发现国外学者对采用新型建筑材料的传统风格建筑进行过深入的研究，而国内传统风格建筑正如雨后春笋般发展，相关学者对传统风格建筑已有一定的初步探索。

20世纪初，中国传统风格建筑的研究就已经初见端倪了，以朱启钤先生为首的一批学者成立了"中国营造学社"。梁思成先生根据"中国营造学社"的研究结果，结合清工部的《工程做法则例》和故宫建筑群，编写了《清式营造则例》。《清式营造则例》对中国几千年以来的古建筑构造和做法进行了详细的归纳和说明，为中国古建筑乃至传统风格建筑的研究做出了重要的贡献。马炳坚老师编写的《中国古建筑木作营造技术》内容翔实，除了对中国木结构古建筑的营造法则进行了详细的分析，还提出了许多修缮的方法和工艺，对传统风格建筑的研究起到了重要的指导意义。张驭寰先生编写的《仿古建筑设计实例》以工程实例的方式对仿古建筑的设计方法和制造工艺进行了详尽的介绍与分析，对传统风格建筑的研究十分有利。

吴翔艳对洛阳定鼎门的设计理念、斗栱构造和节点连接做了详尽介绍，用ETABS软件对其主城楼结构建模并进行静力弹塑性分析，以了解仿古建筑在罕遇地震下的力学性能。结果表明，城台具有很好的抗震性能，整个静力弹塑性分析过程中没有出现塑性铰，楼面角部的次梁是结构的薄弱部位，但其对结构整体力学性能的影响甚微。

王佩云对天坛祈年殿用ANSYS软件整体建模，研究了其在竖向荷载下的内力分布，分析了结构的动力特性，对结构进行了单向地震作用下的地震反应分析，得到其变形及应力分布。研究结果表明，仿古建筑设计时如果完全遵照古建筑的构件尺寸，结构的整体刚度会偏大，因此在动力分析过程中要对其自振周期和振型进行专门研究。

蒋海涛用有限元软件建立钢筋混凝土仿古建筑模型，对各种屋盖结构的建筑模型进行静力分析，得到其应力分布和变形，通过模态分析得到其周期和振型。通过静力分析，发现与屋盖连接的檐檩部位应力较大，应加强薄弱部位的设计。通过动力分析，发现钢筋混凝土仿古建筑的自振频率比木结构古建筑显著增大，因为构件采用刚性连接从而使整体刚度较大。

张帅对某仿古建筑通过SAP2000和PKPM软件建立有屋盖和无屋盖两种模型，对比分析两种情况下抗震计算的结果。结果表明，PKPM计算出的层间位移角偏于保守，建议在用PKPM计算时可适当将层间位移角要求放大。在设计中尽可能地建立带有屋盖的模型，这种模型能够更好地贴近实际情况，而且要考虑仿古建筑屋架质心高度对其刚度的影响。

李朋对钢筋混凝土传统风格建筑的梁-柱节点进行了拟静力试验以研究其抗震性能和抗剪承载力。结果表明，随着体积配箍率的提高，节点的承载力和延性都有所提高，极限阶段的耗能性能也有所提升，滞回曲线更饱满。而随着上下梁间距的加大，节点承载力仍提高，但极限阶段的耗能和延性有所降低。结合节点的抗剪机理和试验数据，提出了传统风格建筑钢筋混凝土梁-柱节点的开裂荷载及抗剪承载力计算公式。

赵武运对某高层钢结构仿古塔进行了研究，通过对结构顶部塔刹鞭梢效应的分析，得出塔刹增大了整体结构的层间位移角，减小了各层的层间剪力。为此类传统风格建筑的设计提供了参考。

马林林对4个缩尺比例为1∶1.5的钢结构带斗栱檐柱节点进行低周往复加载试验，分析得到了滞回曲线、耗能特性及破坏模式等。结果表明，钢结构带斗栱檐柱节点的变形和耗能性能较好，滞回曲线饱满，破坏时的位移延性系数较高。对钢结构带斗栱檐柱节点通过有

限元软件建模进行参数分析，计算结果显示，随着矩形钢管柱轴压比的增大，其节点的承载力和刚度先增大后减小。该试验研究为带斗栱檐柱节点的仿古建筑的设计提供了有力的指导。

薛建阳、吴占景等设计了 4 个缩尺比例为 1∶2 传统风格建筑钢结构双梁-柱中节点模型，节点区分为上、下小核心区和中间短柱三个部分，对模型进行低周往复加载试验。结果表明，传统风格建筑钢结构双梁-柱中节点的破坏模态是节点下核心区的剪切破坏，节点下核心区是整个节点的薄弱部位，在加载过程中变形较大且最先屈服，在设计中应对该薄弱部位进行加强。

薛建阳、翟磊等对 4 个缩尺比例为 1∶2 传统风格建筑圆钢管柱-箱形截面双梁节点试件进行低周往复加载试验，分析了双梁-柱节点的破坏模式及影响因素，得出该试件破坏模式主要是大柱与小梁形成的核心区产生剪切破坏，上梁、下梁与大柱所形成的区域出现压弯破坏；轴压比为 0.3 试件的极限承载力均高于轴压比为 0.6 的节点试件；相同轴压比下中节点试件的承载力高于边节点试件；提出大柱与小梁间核心区的抗剪计算公式，为传统风格建筑圆钢管柱-箱形截面双梁节点的研究提供理论依据。

薛建阳、马林林等对两组设计轴压比分别为 0.25 以及 0.5 且每组有两个不同尺寸的传统风格建筑 CFST-RC 柱在低周往复荷载作用下进行加载，得到该种构件破坏形态以及轴压比对破坏形态的影响，分析得出在较大轴压比作用下，试件的 CFST 柱钢管首先屈服，RC 柱纵筋随后屈服；轴压比较小时，则是 RC 柱纵筋先屈服，CFST 柱钢管以弯曲破坏为主，伴有剪切现象。CFST 柱及 RC 柱端部钢材均能达到屈服，形成塑性铰，表现出弯曲破坏形态；钢管锚固区段的 RC 柱身出现较明显的交叉斜裂缝，表现出剪切现象。

王磊使用 ANSYS 分别对歇山屋顶造型的木结构古建筑以及钢筋混凝土仿古建筑混凝土进行了模态分析，静力分析以及动力分析，得出在相同地震激励作用下，随着柱子高度增大，古建筑模型的各层面节点加速度峰值从柱脚到柱顶都是逐渐减小，而仿古建筑模型各层面节点加速度峰值从柱脚到柱顶都是不断增大，说明这两种模型的抵御地震的方式是不同的。木结构主要是减震耗能，保护上部结构特别是屋面层，减轻地震对它们的破坏程度。然而钢筋混凝土结构主要通过自身延性以及节点、构件的变形来消耗地震能量。

张瑜都采用 MIDAS/GEN 对某歇山顶钢筋混凝土结构进行静力特性分析和动力特性分析，得出在静力荷载作用下，小歇山顶正脊端部处和大歇山顶正脊端部处的柱子轴拉力较大，这些位置均属于结构的薄弱环节，结构设计时应采取加强措施。在反应谱地震荷载作用下，屋盖部分自身的水平变形很小，因此在进行此类结构的水平层间位移验算时，屋盖部分可以不控制。

1.2.2 转换柱连接及异形节点的研究现状

到目前为止，由于转换柱变截面处刚度突变等对结构不利的原因，国内外学者对转换柱连接的研究相对较少。在本课题中，由于传统风格建筑造型的需要，梁柱交界处需布置斗栱构件，因此转换柱的存在不可避免。

薛建阳、伍凯等以型钢延伸高度、配钢率、轴压比以及不同构造措施等为设计参数，对 21 个 SRC-RC 转换柱试件和 1 个钢筋混凝土柱对比试件采用"建研式"加载设备进行了低周往复荷载试验。试验结果表明：SRC-RC 转换柱的破坏形式有剪切破坏、弯曲破坏和黏结破坏，其中剪切破坏多发生于柱的顶部；21 个转换柱试件的位移延性系数介于 1.97 与 5.99 之间，试件的延性受到型钢延伸高度、配钢率、轴压比及配箍率等诸多因素影响，抗震性能相差较大。采用箍筋加密措施并适当增加型钢延伸高度的 SRC-RC 转换柱试件的承载能力和变形能力均好于同条件下的钢筋混凝土柱，可以推广应用于高层建筑中。

李俞谕等以广东某高层建筑为工程背景，针对大跨度转换结构，提出了双型钢混凝土转换梁柱节点的构造组合形式，通过对 2 个转换节点的低周往复荷载试验，研究了节点的破坏形态、承载能力、刚度、滞回特性、延性、耗能能力及关键位置钢筋和型钢的应变等。试验结果表明：转换梁内置双型钢腹板形成的封闭空间对混凝土有约束作用，提高了节点区混凝土的抗剪能力；双型钢混凝土转换梁柱节点的滞回曲线饱满，极限变形能力较强，承载力较高，刚度、延性和耗能能力均较好。

殷杰等结合实际工程，对钢管混凝土结构中钢管混凝土转换柱的受力性能、构造措施和设计方法等问题进行了系统研究，以拟动力试验和非线性有限元分析为基础，提出了合理的设计建议。

刘帝祥利用 ANSYS 软件对型钢混凝土转换柱段的受剪性能进行数值模拟分析，模拟在不同剪跨比、轴压力系数、配箍率、型钢腹板厚度、混凝土强度等级下转换柱段的受剪承载力，并分析十字形钢柱腹板伸入箱形柱内的长度对转换柱段的最大受剪承载力的影响，给出转换柱段的受剪承载力计算公式和十字形钢柱腹板伸入箱形柱内的长度建议值；研究水平低周往复荷载下转换柱段的抗震性能，分析不同的十字形钢柱腹板伸入箱形柱内的长度、剪跨比、轴压力系数、配箍率等对转换柱段抗震性能的影响；对不同模型的滞回曲线进行对比分析，得出各自的延性系数和等效黏滞阻尼系数；对比分析了考虑黏结滑移和未考虑黏结滑移对转换柱受剪承载力的影响。

Hideyuki、Hiroshi 进行了 4 个剪跨比为 1.5 的 1/2 比例过渡层短柱的低周往复加载试验研究，试验主要研究过渡层柱中型钢延伸高度（0、1/4、1/2、3/4）对柱受力性能的影响。试验结果表明，在型钢截断位置至柱顶处的 RC 部分斜裂缝集中，在过渡层柱中 RC 部分形成"短柱"型的剪切破坏，并且承载能力随型钢延伸高度的增加有降低趋势。

赵滇生等用 ANSYS 软件模拟在不同剪跨比、轴压系数、配箍率、型钢腹板厚度、混凝土强度等级下转换柱的受剪承载力，并分析十字形钢柱腹板伸入箱形柱内的高度对转换柱的最大受剪承载力的影响，最后给出转换柱的受剪承载力回归公式和十字形钢柱腹板伸入箱形柱内的长度建议值。

沈亮、郭全全利用有限元软件 ABAQUS，对不同参数的 108 根钢管混凝土叠合转换柱（STRC-RC）试件进行了低周往复加载模拟分析。结果表明，钢管延伸高度对转换柱承载力影响不大，但对转换柱延性影响较大；随着轴压比的增大，转换柱承载力先增大后减小，同时，较大的轴压比限制了弯曲变形的发展，导致试件延性和变形能力更差；随着含钢率的增大，转换柱承载力不断增大，位移延性系数则先增大后减小，因此需要保证转换柱合理的含钢率；增大配筋率可以显著提高 STRC-RC 转换柱的承载力，但对 STRC-RC 转换柱的延性影响较小；改变配箍方式对转换柱承载力和位移延性系数影响都较小。转换柱破坏形态主要有剪切破坏和弯曲破坏两种。钢管延伸高度越小、轴压比越大、含钢率越高的转换柱越容易发生剪切破坏，钢管截断位置箍筋加密能有效控制剪切裂缝的发展。

西安建筑科技大学针对钢结构异形节点进行了一系列研究。薛建阳、胡宗波和刘祖强等人进行 6 个钢结构箱形柱与梁异形节点的低周往复荷载试验及有限元模拟分析。通过对钢结构异形节点受力机理、抗剪承载力与核心区受力状态的研究，提出相应的破坏模式和变形机制。刘祖强在 2011 年进行了 6 个缩尺比例为 1∶4 的大型火电厂主厂房钢结构异形节点拟静力试验。试验结果表明，异形节点的破坏模式主要是箱形截面梁下翼缘周围的焊缝开裂；其滞回曲线饱满，刚度退化小，承载力高，耗能能力强；但受焊缝开裂影响，延性系数相对较低。

1.2.3 结构减震及阻尼节点的研究现状

结构减震就是通过在主体结构上附加一些减震装置来抑制结构由于外荷载作用引起的反应。这些附加的减震装置与结构共同承受地震作用，共同存储和耗散地震能量，从而能够有效地减小结构在地震作用下的反应。

姚冶平（James T. P. Yao）教授在 1972 年首次把现代结构控制理论的概念引入建筑结构工程领域。在随后的几十年里，经过国内外学者长期不懈的努力，结构控制技术在理论分析和试验研究方面都取得了迅猛的发展。结构减震按照不同的控制方式，可以分为主动控制、被动控制、半主动控制以及混合控制。其中被动控制是一种不需要外部输入能量的控制方式，它主要通过在结构的某些部位设置耗能装置，利用这些耗能装置来向结构提供控制力，减小结构的地震反应。被动控制凭借构造简单、造价低、易于维护和无需外部支撑等优点在建筑工程中得到了广泛的应用。

1972 年，Kelley 提出通过附加金属屈服耗能器来耗散地震输入的部分能量，随后各种用于结构抗震的被动耗能减震装置的研究、开发和应用取得了很大的进展。经过近几十年的发展，人们开发了大量的耗能减震装置，按其耗能机理不同分为以下四类：黏弹性阻尼器、黏滞阻尼器、金属屈服阻尼器和摩擦阻尼器。其中前两类为速度相关型阻尼器，后两类为位移相关型阻尼器。其中黏弹性阻尼器、金属屈服阻尼器和摩擦阻尼器由于本身具有刚度，会改变结构的周期特性，所以设计时较为繁琐。而黏滞阻尼器本身不储存刚度，所以设计时不会干扰结构的周期，因此对结构不会造成过大的额外受力负担，且相比之下设计较简便，所以黏滞阻尼器是减震控制的较佳选择。同时黏滞阻尼器能向结构提供较大的阻尼，有效地消耗输入结构中的大部分地震能量，减小结构的位移，有效地改善和提高结构的抗震性能。

综上所述，和其他类型的阻尼器相比黏滞阻尼器优点较为明显：①地震中破坏小，更换也较容易；②受外界温度变化的影响较小；③附加刚度较小，对结构的自振周期改变不大；④小位移即可发挥耗能作用。由于以上诸多优点，黏滞阻尼器在全世界土木工程领域的减震中得到了广泛的应用。

阻尼节点是指通过在梁-柱连接部位添加阻尼装置来提高节点耗能能力的节点，通常基于保护主要结构构件（梁、柱）无损伤的原则进行设计，一般采用栓接方式进行连接，以方便受损部件更换。此类节点将减震技术引入节点，是一种积极主动的抗震技术。

Koetaka 通过 4 个采用 π 形金属阻尼器的新型梁-柱阻尼节点试验研究，说明了此类节点有良好的滞回性能。Mander 进行了附设预应力铅挤压阻尼器的新型阻尼节点的低周往复加载试验。试验结果表明：该节点可以承受 0.04rad 的侧移角，滞回曲线饱满。Oh 和 Kim 进行了 6 个采用开槽式金属阻尼器的钢结构梁-柱阻尼节点的试验，研究了抗弯承载力和耗能能力。试验结果表明：该节点具有饱满而稳定的滞回性能，可以承受 0.04rad 的侧移角。

Yoshioka 和 Ohkubo 将削弱梁和摩擦阻尼器相结合，提出了安装阻尼器的弱梁刚性连接节点，并对安装阻尼器的弱梁刚性连接节点进行了试验研究，试验研究表明安装阻尼器可以提高弱梁刚性连接节点的承载力。Chung 进行了 2 个装有黏滞阻尼器的新型混凝土梁-柱节点的低周往复加载试验，并在黏滞阻尼器上连接液压缸作为位移放大器，试验结果表明此类新型阻尼节点的耗能能力比不加阻尼器的普通节点要好。

国内学者也对阻尼节点进行了一些研究。广州大学周云教授设计了一种布置扇形铅黏弹性阻尼器的新型预制装配式混凝土框架节点，设计制作了两组普通预制框架节点和新型预制框架节点并进行了低周往复荷载试验，验证了附加扇形铅黏弹性阻尼器的普通现浇框架节点的抗震性能差异，研究结果表明：新型节点的刚度、极限承载力和位移延性均得到一定程度提高，其滞回曲线饱满平滑，耗能性能更加良好。刘猛进行了安装阻尼器与未安装阻尼器的预应力装配混凝土框架节点的低周往复荷载试验，并进行了数值模拟分析。研究和分析了不同预应力强度、预应力筋位置、梁端配筋形式、阻尼器阻尼力等条件下预应力装配混凝土框架节点的破坏机理和抗震性能。哈尔滨工业大学何小辉设计和制作了利用 SMA（形状记忆合金）螺杆的新型梁-柱节点并进行了拟静力试验，然后对采用普通钢螺杆的梁-柱节点进行对比，提出了节点设计建议。长安大学郑宏和毛剑采用有限元软件 ANAYS 对安装摩擦阻尼器的削弱型新型阻尼节点和使用新型阻尼节点的新型钢框架进行了抗震性能研究，并与传统节点及传统钢框架进行了分析比较，为此类新型节点的设计与施工提供一些建议。

■ 1.3 本书的主要研究工作

1.3.1 传统风格建筑钢转换柱连接抗震性能研究

参考我国典型传统风格建筑的形式，设计并制作了 4 个传统风格建筑钢转换柱连接试件。为了研究屋面不同形式的荷载对结构整体性能的影响，试验中改变结构竖向轴压比的大小；同时，试验中改变上下柱线刚度比，了解结构刚度突变处的力学特性。对各试件分别进行水平低周往复加载试验，实测其柱顶端各阶段荷载及位移的变化值和各关键区域的应变变化情况，观测其破坏过程及形态，研究该类构件的力学性能及抗震性能。采用大型通用有限元软件对前述试验进行了非线性精细化计算模型有限元数值模拟分析，在验证了模型正确性的基础上详细研究了传统风格建筑钢转换柱连接母材断裂的可能性。以期为该类特殊构件相关抗震规程的制定提供参考。

1.3.2 传统风格建筑节点抗震性能及减震研究

设计了 8 个缩尺比例为 1∶2 的传统风格建筑钢结构双梁-柱节点模型，模型包括 2 个箱形梁中节点、2 个箱形梁边节点、2 个工字梁中节点和 2 个工字梁边节点，并进行低周往复加载试验。通过对试验数据进行处理，获得了传统风格建筑钢结构双梁-柱节点在低周往复荷载作用下的滞回曲线和骨架曲线，进而对其承载力、延性、耗能能力和刚度等抗震性能指标进行了分析。根据试验结果和有限元分析结果，研究钢结构传统风格建筑框架双梁-柱节点的受力机理及节点核心区的应力状态，并推导了传统风格建筑钢结构双梁-柱节点抗剪承载力公式。

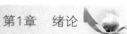

在现有的传统风格建筑钢结构调研的基础上，按照"强柱弱梁"原则设计了6个缩尺比例为1：2.6的传统风格建筑钢结构梁-柱节点，包括4个附设黏滞阻尼器的节点和2个不设黏滞阻尼器的节点，并进行动力加载试验。通过对安装黏滞阻尼器的节点与未安装黏滞阻尼器节点的试验数据的处理，对其承载力、延性、耗能能力和刚度等抗震性能指标进行了分析，并获得了阻尼器的相对位移及出力等。

1.3.3 传统风格建筑钢框架结构抗震性能研究

以某一典型钢结构传统风格建筑殿堂结构为原型，设计制作了一榀含异形节点的传统风格建筑钢框架结构，并对其施加地震波，研究其抗震性能及在真实地震波作用下的刚度退化规律、位移-恢复力变化规律及滞回耗能特性等。为了获得结构最终的破坏形态，对其进行了水平低周往复加载试验。观察了传统风格建筑钢框架结构的损伤过程及破坏形态，详细分析了该种结构的荷载-位移滞回曲线、骨架曲线、延性性能、耗能能力、刚度及强度退化趋势、应变特征等指标，以期为进一步探索钢框架结构抗震设计方法提供试验参考，为该种结构抗震性能的评价及震后的加固提供依据。

1.3.4 传统风格建筑钢结构体系性能化设计及其建议

考虑到传统风格建筑主要应用于公共建筑，且投资较大、震后损失较大的具体情况，将传统风格建筑钢结构体系划分为四个等级，分别为正常运行、基本运行、修复后运行和生命安全，分别对应完好、轻微损坏、中等破坏、严重破坏的破坏情况。将基于位移的抗震设计理论方法应用于传统风格建筑钢框架结构，给出具体设计步骤，并应用于一个空间传统风格建筑钢框架的具体设计实例。

第 2 章

传统风格建筑钢转换柱连接抗震性能试验及理论研究

■ 2.1 引言

为了传承中国传统文化，运用现代建筑材料建造的仿制古建筑的传统风格建筑应运而生，它克服了古建筑木结构抗腐蚀性、耐久性差的缺点，发挥了现代建筑材料承载力高、抗震性能好的优点。由于特殊形制的要求，传统风格建筑的建筑构件布置较为复杂，荷载传递路径仍不清晰，尤其是最重要的框架柱结构，其一般分为上、下两部分，采用转换柱连接的方式。图 2-1a 所示为一典型传统风格建筑钢框架的原型示意图，可以发现，框架中的柱构件上下部分分别采用不同的截面形状特征。在建造时柱上部向上延伸至屋架，连接处核心区截面的变化导致抗侧刚度发生突变，上柱一般为矩形截面，方便与斗栱等特殊构件相连，而下柱采用圆形截面，满足仿制中国古建筑圆柱构件造型的要求，典型传统风格建筑转换柱连接如图 2-1b 所示。

本章参考我国典型传统风格建筑的形制，设计并制作了 4 个传统风格建筑钢转换柱连接试件。为了研究屋面不同形式的荷载对结构整体性能的影响，试验中改变结构竖向轴压比的大小；同时，试验中改变上下柱线刚度比，了解结构刚度突变处的力学特性。对各试件分别进行水平低周往复加载试验，实测其柱顶端各阶段荷载及位移的变化值和各关键区域的应变变化情况，观测其破坏过程及形态，研究该类构件的力学性能及抗震性能，以期为该类特殊构件相关抗震规程的制定提供参考。

■ 2.2 试验概况

2.2.1 试件设计

本试验按照某殿堂式传统风格建筑钢框架中结构柱的典型特征（见图 2-1），以 1:1.5 的相似比制作了 4 个构件，由于研究的重点为转换柱连接中上柱与下柱刚度转换核心区的抗震性能，因此分别截取实际工程中上、下柱的一部分并忽略梁的影响。根据外观形制要求，传统风格建筑钢结构柱连接处截面大小与形状均发生明显变化，上部矩形钢管伸入圆形钢管的深度与柱两侧梁的下翼缘高度保持一致，4 个试件插入深度相同。根据实际工程中上下柱线刚度比不同的情况，将试件共分为 ZLJ1（上下柱线刚度比 0.032）与 ZLJ2（上下柱线刚

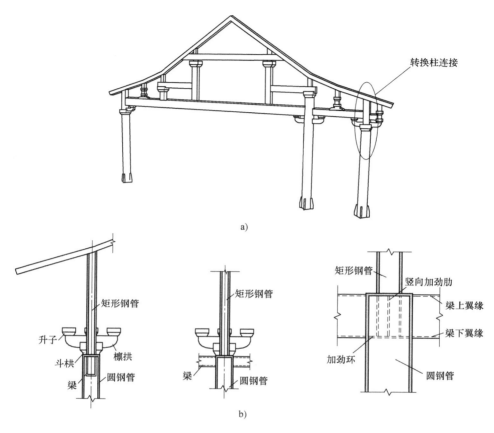

图 2-1　典型传统风格建筑钢框架的原型及转换柱连接示意图

a）钢框架原型示意图　b）转换柱连接示意图

度比 0.038）两组，两组试件的截面宽厚比分别为 11.4 和 10，满足抗震规范要求的 33 的限值要求，该参数的改变主要为了获得上下柱线刚度比对结构构件抗侧刚度的影响。此外，每组两个试件的矩形钢管轴压比分别设为 0.2（ZLJ1-1，ZLJ2-1）与 0.4（ZLJ1-2，ZLJ2-2），在图 2-2 中，括号内的数字代表 ZLJ2 的尺寸，括号外的数字表示 ZLJ1 的具体尺寸，各截面特性示于表 2-1 中。

表 2-1　截面特性

试件		截面积/mm²	惯性矩/10^7mm⁴	名义截面屈服弯矩/kN·m	名义截面极限弯矩/kN·m	实际截面屈服弯矩/kN·m	实际截面极限弯矩/kN·m
ZLJ1	矩形柱	8132	2.93	126	155	145	178
	圆形柱	13753	22.9	286	376	352	463
ZLJ2	矩形柱	5184	1.02	58.7	72.8	66.3	82.3
	圆形柱	7963	10.0	145	189	190	248

注：名义弯矩和实际弯矩分别是依据材料的名义应力和实际应力分别计算得到。

2.2.2 试件制作及材料性能

试件制作时，首先焊接矩形钢板形成上部矩形钢管柱并焊接四块加劲肋以增大刚度，插入下部圆钢管柱内并采用角焊缝焊接上部结构与下部圆钢管为一个整体，之后焊接一块含矩形口的圆钢板作为盖板，最后试件底部焊接一块 40mm 厚的钢板，通过扭矩扳手固定试件在地梁上。

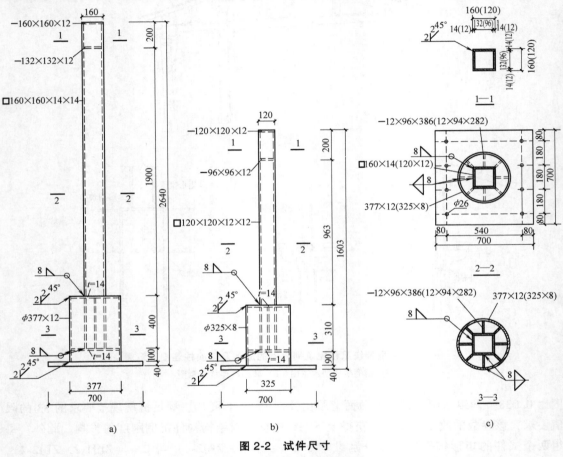

图 2-2 试件尺寸

a）ZLJ1 b）ZLJ2 c）构造细节

试验的矩形钢板均采用 Q345 级钢，而圆钢管采用 Q235 级钢，材性试验试件均符合 GB/T 2975—1998《钢及钢产品力学性能试验取样位置及试样制备》的相关规定，钢材力学特性示于表 2-2 中。

表 2-2　钢材力学特性

材料	厚度/ mm	屈服强度/ MPa	屈服应变/ 10^{-6}	极限强度/ MPa	弹性模量/ MPa
钢板	12	390.1	1885	557.7	2.07×10^5
	14	395.4	1929	530.5	2.05×10^5
钢管	8	308.5	1566	442.8	1.97×10^5
	12	289.3	1418	425.3	2.04×10^5

2.2.3 加载装置及方案

试验加载装置如图2-3所示，加载时，首先由竖向液压千斤顶施加荷载在试件顶部；随后施加水平往复荷载。4个试件的竖向荷载大小依次为352kN、704kN、223kN和446kN，对应不同的上部矩形钢管柱设计轴压比。整个加载过程中，竖向荷载保持恒定不变，在反力大梁和液压千斤顶间使用滚轮，以减小拟静力试验时的摩擦耗能损失。选用500kN量程的MTS973电液伺服作动器施加水平荷载，根据JGJ/T 101—2015《建筑抗震试验规程》的相关规定，采用荷载-变形双控制的方法，当构件位移角满足规范要求时，结束试验，如图2-4所示。

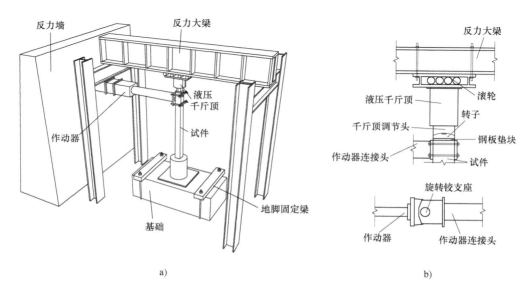

a)   b)

图 2-3 加载装置示意图

a）整体 b）细节构造

2.2.4 量测方案

为了得到钢转换柱连接在水平荷载作用下的应变分布情况，在试件的受力核心区布置应变片及应变花，应变量测点布置如图2-5a、b所示，括号外的数字代表ZLJ2系列，括号内表示ZLJ1系列。同时，沿试件不同高度布置多个位移计，以观测构件在水平荷载下的变形特点，位移测点如图2-5c所示。所有数据均通过 Tokyo Sokki TDS-602 数据自动采集装置进行收集记录。

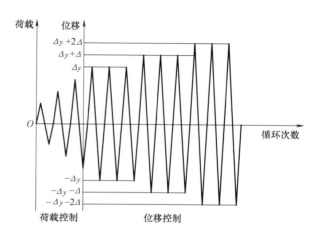

图 2-4 荷载-变形双控制加载方法

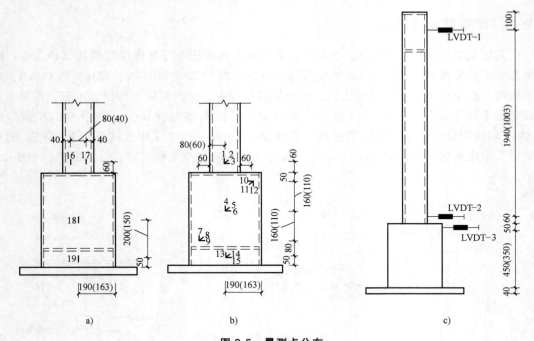

图 2-5 量测点分布

a）东立面 b）北立面 c）位移测量装置

2.3 试验现象

2.3.1 加载过程

开始加载时，所有试件均处于弹性阶段，无任何损伤现象发生。之后上柱底部屈服，焊缝轻微开裂。随着循环加载的深入，屈曲现象出现在矩形柱的底部母材处，导致了试件的破坏。图 2-6 所示为转换柱核心区的轴压力 N-弯矩 M 曲线图，图中对比了中国抗震规范、截面极限承载力（由有限元模拟得到）以及本试验的具体加载程度。可以看出，所有试件均已加载至超过中国抗震规范规定的弹性阶段，试件已经完全处于塑性阶段。此外，由于本试验研究的轴压比相对范围较小（0.2～0.4），对加载程度影响相对较小。

对于试件 ZLJ1-1，加载前期试件无损伤，当柱端水平荷载加载至 30kN 时，矩形钢管底部出现锈皮掉落的现象；当荷载达到 60kN 时，矩形钢管底部与圆钢管连接处超过屈服应变值。随后改为位移控制的加载模式，随着加载的深入，当加载至 50mm 的第 1 圈时，一条宏观裂缝产生于矩形钢管底部的棱角处（图 2-7a）。ZLJ1-2 的损伤发展和 ZLJ1-1 类似，但是当荷载达到 50kN 时，试件进入塑性加载阶段，略早于 ZLJ1-1 的 60kN。矩形钢管和圆形钢管交界处的裂缝产生于 30mm 加载级的第 2 圈，直至加载结束，ZLJ1 系列试件均未发生明显的突然母材断裂现象。

相比而言，ZLJ2 系列试件的损伤程度重于 ZLJ1 系列，母材开裂和局部屈曲现象更为明显（图 2-7b）。对于试件 ZLJ2-1，当荷载达到 70kN 时，矩形钢管底部南、北翼缘母材开裂。

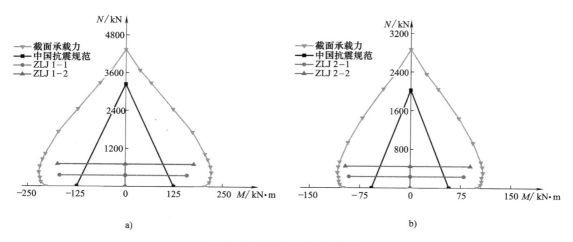

图 2-6　轴力-弯矩关系曲线

a）ZLJ1　b）ZLJ2

在 30mm 荷载的第 3 圈时，局部屈曲现象出现在矩形钢管东西两侧的腹板处，随着加载的进行，西侧腹板的裂缝逐渐延长，且裂缝进一步加宽，当试验结束时，北翼缘的开裂现象贯通至整个北侧截面，然而南侧翼缘无此现象的发生。ZLJ2-2 的损伤现象类似于 ZLJ2-1，但由于轴压比增大，试件延性降低，局部屈曲和开裂时间均早于 ZLJ2-1。

图 2-7　破坏现象

a）矩形钢管柱底部开裂　b）矩形钢管柱局部屈曲

2.3.2　破坏模式

传统风格建筑钢转换柱连接的低周往复加载试验可以分为如下两个阶段：

1）加载前期，试件全部处于弹性阶段，没有明显的刚度退化和残余变形现象发生。

2）当试件进入塑性阶段后，圆形盖板和矩形钢管柱连接处的热影响区出现细微裂缝。对于 ZLJ1 系列，母材开裂通常出现于矩形钢管底部的棱角处，之后当该侧截面处于受拉状态时，裂缝沿着角焊缝方向延伸，导致最后的破坏。然而对于 ZLJ2 系列试件，在柱连接核心区母材开裂后出现不同程度的钢板局部屈曲现象，破坏现象相比 ZLJ1 系列更为明显。

由于矩形钢管插入圆形钢管部分四周焊接有竖向加劲肋，整体刚度较大，在侧向力的作用下，该区域未发生明显的破坏现象。

2.4 主要试验结果

2.4.1 滞回曲线

图 2-8 所示为 4 个试件柱顶加载的荷载-位移滞回曲线，其中点画线和短画线分别代表根据实际材料性质计算得到的屈服荷载 F_y 与极限荷载 F_u。从图中可以得出以下结论：

1）所有滞回曲线都相对饱满且呈纺锤形，说明传统风格建筑钢转换柱具有良好的韧性和耗能性能。

2）各试件的最大正向及负向荷载并不完全相同，滞回环呈非对称形态，主要是因为在加载的过程中，柱连接转换核心区的母材及焊缝开裂，试件在受拉和受压荷载作用下，裂缝分别呈张开与闭合状态，影响了各级施加的荷载水平。

3）传统风格建筑钢转换柱的抗震性能受上下柱线刚度比的影响相对明显，ZLJ2-2 试件在最后一级循环荷载作用下强度发生一定的退化，主要原因是裂缝的延长贯通及局部屈曲现象的发生；而对于 ZLJ1 系列试件，并没有明显的强度降低现象发生。

4）随着轴压比的增大，试件所能承受的最大荷载在一定程度上会降低，因此在实际的工程中，合适的轴压比可以改善传统风格建筑钢转换柱连接的抗震性能。

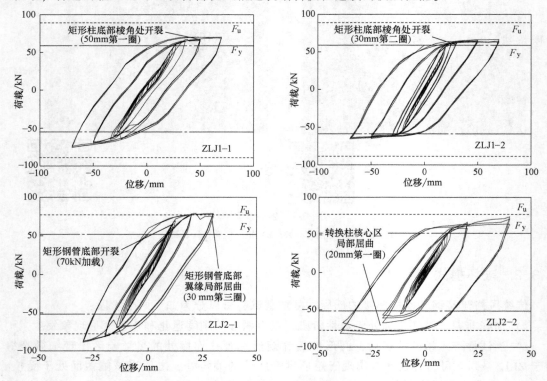

图 2-8 滞回曲线

2.4.2 特征荷载

表2-3所示为在各特征点处的荷载和位移值，其中当骨架曲线斜率开始变化的点定义为屈服点，极限点为试验的结束点。

表2-3 特征点

试件	轴压比	上下柱线刚度比	加载方向	屈服点			极限点		
				荷载/kN	位移/mm	位移角	荷载/kN	位移/mm	位移角
ZLJ1-1	0.2	0.032	正向	60.16	27.59	1/87	70.33	70.01	1/35
			负向	-64.86	-33.99	1/71	-75.60	-70.01	1/35
ZLJ1-2	0.4	0.032	正向	55.22	19.59	1/123	66.70	70.02	1/35
			负向	-56.50	-21.08	1/114	-65.50	-70.00	1/35
ZLJ2-1	0.2	0.038	正向	69.67	12.58	1/108	75.57	30.00	1/45
			负向	-69.24	-14.67	1/93	-87.30	-30.02	1/45
ZLJ2-2	0.4	0.038	正向	58.30	12.50	1/109	74.19	40.00	1/35
			负向	-55.4	-11.60	1/118	-81.70	-40.01	1/35

从表2-3中，可以得到以下结论：

1）当上下柱线刚度比相同时，随着轴压比的增大，屈服荷载和极限荷载均呈现减小趋势。具体而言，对于极限荷载，ZLJ1-2和ZLJ2-2分别比ZLJ1-1和ZLJ2-1降低了9%和4%。

2）加载时，传统风格建筑钢转换柱连接试件的负向荷载总是比正向荷载大，究其原因，加载误差、作动器与试件间的空隙都造成了这样的结果。随着试验的进行，两个方向的差值越来越大，主要是由于裂缝的不对称分布造成的。

3）试件的上下柱线刚度比对极限荷载的影响非常显著，ZLJ1-1的极限荷载为72.97kN（两个方向平均值），然而ZLJ2-1为81.44kN，相对ZLJ1-1增加了12%。随着上下柱线刚度比的增大，传统风格建筑钢转换柱连接的强度均有所增加。

2.4.3 特征位移及延性

表2-3列出了各特征荷载对应的位移值，即屈服位移和极限位移。基于表2-3中数据，ZLJ1系列和ZLJ2系列的最大极限位移分别为70mm和40mm。屈服位移受轴压比和上下柱线刚度比的影响均非常大。试件延性取为极限位移与屈服位移的比值，ZLJ1-2和ZLJ2-2均满足钢结构延性大于3的要求，然而另外两个试件延性不满足要求，因此在实际工程中应采取提高结构延性的措施以保证安全系数。

对于极限位移，所有试件的位移角均处于1/35和1/45之间，满足我国规范中钢结构弹塑性位移角1/50的限值要求，说明传统风格建筑钢转换柱连接具有良好的变形能力和抗倒塌能力。

2.4.4 刚度退化

在水平往复荷载作用下，试件刚度定义为各点荷载与位移的比值，即割线刚度。随着加载的进行，试件损伤积累，刚度会呈现下降的趋势。为了描述损伤积累效应，刚度退化规律可以从试验数据获得，图2-9所示为割线刚度 K 和水平位移与屈服位移比值 $\Delta x/|\Delta y|$ 的关系图。

从图 2-9 中可以发现，对于四个构件的刚度退化趋势相似，在初始加载阶段，母材均未屈服，刚度基本未退化；试件屈服后，刚度退化相对较快，当试件完全进入塑性阶段后，刚度退化趋于平缓。传统风格建筑钢转换柱连接的初始刚度受上下柱线刚度比影响较大，小上下柱线刚度比试件的初始刚度比大上下柱线刚度比试件偏小，同时较大上下柱线刚度比试件的刚度退化更明显；此外，试件轴压比越高，初始刚度越大，且刚度退化速率越快。

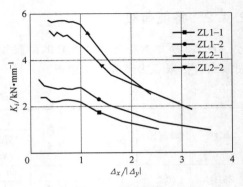

图 2-9　刚度退化

2.4.5　耗能性能

在水平低周往复荷载作用下，试件在加载时吸收能量，卸载时释放能量，但二者能量值并不相等，二者之差则为该试件在一个循环中的耗能值，即一个滞回环所包围的面积。建筑结构或结构构件的耗能能力反映了其抗震性能的好坏，通常由等效黏滞阻尼系数确定。准确的试件耗能能力采用式（2-1）进行确定，试验加载各特征点处的等效黏滞阻尼系数 h_e 见表 2-4，下标 y 代表屈服点，u 代表极限点。

$$h_e = S_{(ABC+CDA)} / (2\pi \cdot S_{(OBE+ODF)}) \tag{2-1}$$

式中，$S_{(ABC+CDA)}$ 为图 2-10 中阴影部分面积；$S_{(OBE+ODF)}$ 为三角形 OBE 和 ODF 的面积之和。

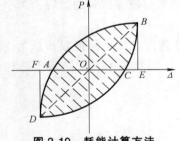

图 2-10　耗能计算方法

表 2-4　等效黏滞阻尼系数

试件	h_{ey}	h_{eu}
ZLJ1-1	0.059	0.262
ZLJ1-2	0.040	0.291
ZLJ2-1	0.066	0.274
ZLJ2-2	0.078	0.294

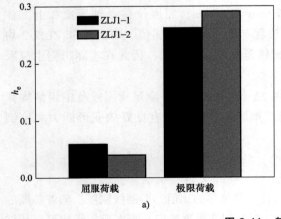

a)

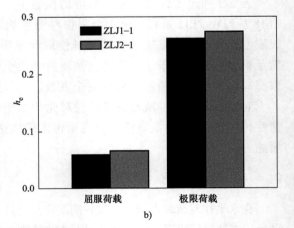

b)

图 2-11　耗能影响因素

a) 不同轴压比　b) 不同上下柱线刚度比

图 2-11 所示为两个变化参数对传统风格建筑钢转换柱耗能的影响对比分析，可以得到以下结论：

1）ZLJ1-2 的极限点等效黏滞阻尼系数比试件 ZLJ1-1 高 11%，对比可以发现，相同的趋势发生在 ZLJ2-1 和 ZLJ2-2 之间，因此轴压比对于极限点的试件耗能能力有一定的影响。然而，在屈服荷载处，ZLJ1-1 的耗能能力高于 ZLJ1-2，因此轴压比对试件的整体耗能能力影响趋势不显著。

2）ZLJ2-1 的屈服点和极限点的等效黏滞阻尼系数分别比 ZLJ1-1 高出 12%和 5%，因此随着上下柱线刚度比的增大，试件的耗能能力逐渐增大。计算结果表明，传统风格建筑钢转换柱连接的上下柱线刚度比在能量耗散方面起至关重要作用，因此在实际工程中应严格控制构件的上下柱线刚度比。

3）屈服点的等效黏滞阻尼平均值为 0.061，极限点对应值为 0.214，这表明传统风格建筑转换柱连接具有良好的能量耗散能力。

2.4.6　应变分布

核心区的应力相对较为复杂，图 2-12 所示为 ZLJ2-1 试件的转换核心区的应变情况，主要为测点 1-3、16、17 的应变变化规律。

从图 2-12a 可以看出，在初始的加载时，测点 16 和 17 处于完全弹性状态；当加载至 75kN 时，矩形钢管东立面底部进入塑性阶段，当荷载逐渐增大时，该区域应变增大速度较快，导致了矩形柱底部焊缝周边母材的开裂。之后测点 16 及 17 的应变变化呈非对称形状，因为只有当裂缝闭合时应变值才增加。

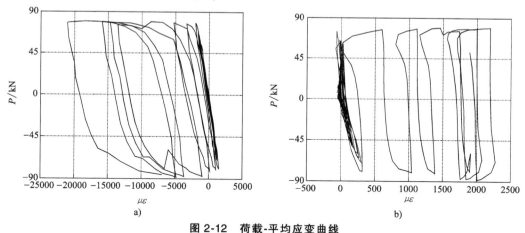

图 2-12　荷载-平均应变曲线
a）测点 16 和 17　b）测点 1-3 的最大主应变

腹板的应变花（测点 1-3）数据示于图 2-12b 中，加载前期该区域没有屈服现象发生。当水平荷载达到 75kN 时，应变值突然迅速增大，主要因为腹板在该级荷载后发生了局部屈曲现象。

2.5　考虑损伤效应的恢复力模型

构件恢复力模型是结构或构件进行地震弹塑性反应分析时，为能更准确地反映构件各加载阶段的特点，基于试验数据回归和理论分析结果，建立的恢复力-变形相关关系分析模型。通常来说，构件的恢复力模型包括两大部分，分别为骨架曲线和滞回规则。恢复力模型不仅可以描述结构或构件在地震激励下的受力过程，也较为真实地反映了结构或构件的滞回性能退化、承载力衰减、损伤累积等特性。

目前国内外的研究学者对各种类型的构件恢复力特性及模型进行了大量的试验工作与理论研究，提出了应用较为广泛的双折线恢复力模型、三折线恢复力模型等。过往文献大多对结构框架或整体进行了较为详尽的研究，但对建筑结构中转换柱连接恢复力的研究较为匮乏，尤其关于传统风格建筑钢转换柱连接的恢复力特性的研究尚未涉及。

本节基于前述关于传统风格建筑钢转换柱连接的抗震试验结果，对该类构件的恢复力模型进行了系统的研究。通过对其加载受力过程、破坏形态及滞回特性等的分析，提出了适合该类构件的骨架曲线模型；同时为了考虑加载过程中的损伤积累，引入损伤系数定量的描述钢转换柱构件刚度的退化，最后给出循环加载过程下的滞回规则，以供给该类构件地震反应分析提供参考。

2.5.1 骨架曲线

根据前述试验结果，将各滞回环每级加载的峰值连接起来即得到骨架曲线，各试件的骨架曲线如图 2-13 所示。根据骨架曲线的特点及加载过程，可以将其简化为弹性阶段及塑性阶段。

如图 2-13 所示，传统风格建筑钢转换柱连接的骨架曲线具有以下特点：

1）在达到弹性极限点之前，骨架曲线近似为直线，表明试件仍处于弹性阶段，在焊缝及其周围母材开裂之后，骨架曲线向 x 轴倾斜，表明该种构件水平抗侧刚度发生了明显的退化现象，承载力上升速度减缓。

2）轴压比对骨架曲线的影响显著，对于施加 0.2 轴压比的试件，屈服荷载和极限荷载

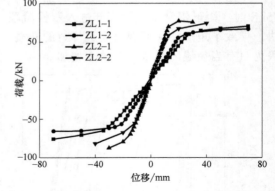

图 2-13　试验试件的骨架曲线

均高于 0.4 轴压比的试件。因此，在实际工程中要重点关注柱上部荷载情况，即轴压比变化趋势。

3）上下柱线刚度比对整体柱连接构件的抗震性能影响十分显著，不同的上下柱线刚度比对应着不同的初始刚度及承载力，随着荷载的增加，较大上下柱线刚度比试件的柱连接核心区承受的弯矩增大较快；且塑性刚度相对较小上下柱线刚度比试件更大。

根据以上的描述，适用于传统风格建筑钢转换柱连接的理想化的双折线骨架曲线模型如图 2-14 所示。其中，点 Y 表示屈服点，分别对应屈服荷载 F_y 和屈服位移 Δ_y；点 U 为极限点，分别对应极限荷载 F_u 和极限位移 Δ_u。K_e 和 K_p 是弹性阶段和塑性阶段的刚度，该骨架曲线具体的确定方法将在后文中详细描述。

2.5.2 弹性段理论计算

上部矩形钢管柱截面的初始屈服弯矩 M_y 可以由以下公式确定

$$M_y = \frac{2I}{b} f_y \tag{2-2}$$

式中，I 为截面惯性矩（mm^4）；b 为截面宽度；f_y 为钢材的屈服应力。

由于典型传统风格建筑钢转换柱构件在竖向刚度突变，因此转换柱连接水平弹性变形由以下三部分构成：圆钢管位移、转换过渡区水平位移和上部矩形钢管位移，如图 2-15 所示。

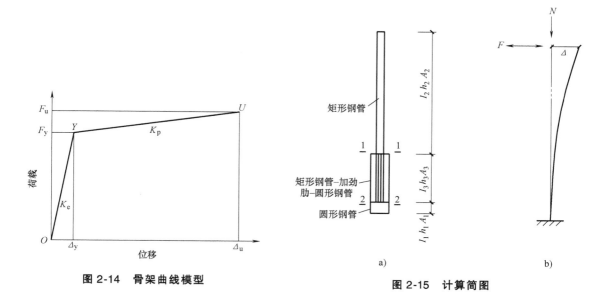

图 2-14 骨架曲线模型

图 2-15 计算简图

a）符号表示 b）力分析模型

图 2-15 中，各符号下角标对应不同区域，1 为底部纯圆钢管部分，2 为上部纯矩形钢管部分，3 为转换核心区区域，A 为截面面积，h 为该部分构件的高度。

柱连接的水平位移分别由弯曲变形（Δ_M）与剪切变形（Δ_V）组成，对于箱型管状结构，剪切形状系数为腹板与截面面积的比值，对于本例的方形截面，剪切形状系数取为 2；薄壁圆管结构的剪切形状系数取为 2；柱的横向变形系数取为 0.25。经过计算，剪切变形的影响约为弯曲变形影响的 1.02%（ZLJ1 系列）和 2.22%（ZLJ2 系列），剪切变形相对较小，可以忽略不计。

为了简化计算，只考虑弯曲变形因素。根据结构力学相关知识，水平位移计算公式如下

$$\Delta_M = F \left(\frac{h_2^3}{3EI_2} + \frac{3h_3 h_2^2 + 3h_3^2 h_2 + h_3^3}{3EI_3} + \frac{h_1^3 + 3h_1 h_2^2 + 3h_1 h_3^2 + 3h_2 h_1^2 + 3h_1^2 h_3 + 6h_1 h_2 h_3}{3EI_1} \right) \tag{2-3}$$

式中，F 为柱顶水平荷载。

从式（2-3）中可以得到弹性刚度 K_e 的计算公式如下

$$K_e = \frac{1}{\dfrac{h_2^3}{3EI_2} + \dfrac{3h_3 h_2^2 + 3h_3^2 h_2 + h_3^3}{3EI_3} + \dfrac{h_1^3 + 3h_1 h_2^2 + 3h_1 h_3^2 + 3h_2 h_1^2 + 3h_1^2 h_3 + 6h_1 h_2 h_3}{3EI_1}} \tag{2-4}$$

依据式（2-2），分析柱连接在变截面 1-1 处和下部锚固端 2-2 截面的内力，可得

$$\sigma_{1-1} = \frac{Fh_2 a/2}{[a^4 - (a - 2t_2)^4]/12} \tag{2-5}$$

$$\sigma_{2-2} = \frac{F(h_1+h_2)D/2}{\pi[D^4-(D-2t_1)^4]/64} \tag{2-6}$$

式中，D 为圆钢管截面直径；a 为矩形钢管截面边长；t_2 为矩形钢管壁厚；t_1 为圆钢管壁厚。

对比后可以发现：1-1 截面内力始终大于柱底 2-2 截面，故以 1-1 截面为控制截面进行屈服弯矩验算。

本章主要考虑轴压比 n 和上下柱线刚度比 ζ 对试件弹性抗侧刚度的影响，同时考虑构件的 P-Δ 效应。则屈服应力 f_y 由轴力 N 引起的轴向应力 σ_N 和水平力 F 引起的弯曲应力 σ_M 所构成，可以得到以下计算公式

$$\begin{cases} M_y = Fh_2 + N\Delta_y = \dfrac{2I}{b}\sigma_M \\[2mm] f_y = \sigma_M + \sigma_N \\[2mm] \sigma_N = \dfrac{N}{b^2-(b-2t_2)^2} \\[2mm] F_y = K_e\Delta_y \end{cases} \tag{2-7}$$

联立以上方程，可以得到屈服应力及屈服荷载的计算公式。

$$\Delta_y = \frac{2I_2(f_y-\sigma_N)}{b(K_eh_2+N)} \tag{2-8}$$

$$F_y = \frac{2K_eI_2(f_y-\sigma_N)}{b(K_eh_2+N)} \tag{2-9}$$

2.5.3　塑性段理论计算

当构件某截面完全进入塑性阶段时，定义此时构件承受的弯矩为极限弯矩

$$M_u = 2f_y\int_0^{m/2} yZ(y)\,\mathrm{d}y \tag{2-10}$$

式中，y 为柱构件截面沿加载方向的坐标；Z (y) 为构件截面与加载垂直方向的壁厚；m 为截面边长（矩形截面）或直径（圆形截面）。

当试件中任一截面完全屈服后，塑性铰在该处形成，达到最大承载力，虽然之后加载位移增大，但柱端荷载不能持续增长。比较截面 1-1 和截面 2-2 分别完全进入塑性的时刻，假设柱顶外部荷载的加载方向和图 2-16 中 y 轴一致，受拉截面中心（图 2-16a 中阴影部分）至中轴线（z 轴）或受压部分中心至中轴线的距离如下

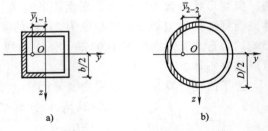

图 2-16　截面计算简图

a）矩形截面　b）圆形截面

$$\overline{y_{1-1}} = \frac{b^2\cdot b-(b-2t_2)^2\cdot(b-2t_2)}{8}\Big/\left(\frac{b_2}{2}-\frac{(b-2t_2)^2}{2}\right) = \frac{3b^2-6bt_2+4t_2^2}{8b-8t_2} \tag{2-11}$$

$$\overline{y_{2-2}} = \frac{3D^2-6Dt_1+4t_1^2}{6\pi(D-t_1)} \tag{2-12}$$

由式（2-10）积分可得

$$\begin{cases} M_{u} = 2f_{y}\left(\dfrac{b^2-(b-2t_2)^2}{2}\right)\left(\dfrac{3b^2-6bt_2+4t_2^2}{8b-8t_2}\right) = f_{y}t_2(3b^2-6bt_2+4t_2^2)/2 & \text{矩形截面} \\[3mm] M_{u} = 2f_{y}\left(\dfrac{\pi D^2-\pi(D-2t_1)^2}{8}\right)\left(\dfrac{3D^2-6Dt_1+4t_1^22}{6\pi(D-t_1)}\right) = f_{y}t_1(3D^2-6Dt_1+4t_1^2)/2 & \text{圆表截面} \end{cases}$$

$$(2\text{-}13)$$

比较两个截面的极限弯矩，可以发现截面 2-2 始终大于截面 1-1，即矩形钢管底部截面为极限弯矩承载力的控制截面。

试件屈服后的塑性刚度由下式计算

$$K_{p} = \frac{F_{u}-F_{y}}{\Delta_{u}-\Delta_{y}} \tag{2-14}$$

根据文献，极限位移取试件完全进入塑性阶段时对应的位移值，塑性刚度 K_{p} 和第二截面刚度系数 η 可以表示为

$$K_{p} = \eta K_{e} \tag{2-15}$$

$$\eta = \frac{\beta-1}{\dfrac{1}{\beta^2}+\dfrac{1}{\sqrt{3}}\left(2+\dfrac{1}{\beta}\right)h\sqrt{1-\dfrac{1}{\beta}}\sqrt{\dfrac{\delta}{\beta S}}-1} \tag{2-16}$$

式中，β 为截面形状系数；S 为弹性截面模量；δ 为截面的腹板厚度（对于矩形截面，取两腹板厚度之和）。

控制截面的弯矩可以按下式表示

$$M_{u} = F_{u}h_2+N\Delta_{u} = (f_{y}/2)(3b^2t_2-6bt_2^2+4t_2^3) \tag{2-17}$$

联立式（2-13）～式（2-17），传统风格建筑钢转换柱连接的极限荷载和对应的极限位移可以表示为下式

$$F_{u} = \frac{(f_{y}/2)\eta K_{e}(3b^2t_2-6bt_2^2+4t_2^3)+F_{y}N-K_{e}\Delta_{y}\eta N}{N+h_2\eta K_{e}} \tag{2-18}$$

$$\Delta_{u} = \frac{(f_{y}/2)(3b^2t_2-6bt_2^2+4t_2^3)+h_2\eta K_{e}\Delta y-h_2 F_{y}}{N+h_2\eta K_{e}} \tag{2-19}$$

2.5.4　骨架曲线对比

将式（2-2）～式（2-19）计算得到的 K_{e}、F_{y}、Δ_{y}、K_{p}、F_{u} 和 Δ_{u} 分别与试验得到的各特征点值进行比较见表 2-5。可以发现，各特征点的理论值与试验值吻合良好，经过计算，计算值与试验值的比值平均值为 0.965，标准差为 0.104，变异系数 0.108，反映出计算方法的适用性较好。为了得到更清晰的对比结果，绘制理论计算得到的骨架曲线与试验骨架曲线的对比图，如图 2-17 所示。

表 2-5　特征点对比

试件	上下柱线刚度比 ζ	轴压比 n	特征点	试验值	计算值	计算值/试验值
ZLJ1-1	0.032	0.2	F_{y}/kN	62.51	63.72	1.019
			Δ_{y}/mm	30.79	27.79	0.903
			F_{u}/kN	72.97	81.67	1.119
			Δ_{u}/mm	70.01	69.53	0.993

（续）

试件	上下柱线刚度比 ζ	轴压比 n	特征点	试验值	计算值	计算值/试验值
ZLJ1-2	0.032	0.4	F_y/kN	55.86	52.15	0.934
			Δ_y/mm	20.34	22.75	1.118
			F_u/kN	66.10	70.41	1.065
			Δ_u/mm	70.01	65.20	0.931
ZLJ2-1	0.038	0.2	F_y/kN	69.46	65.74	0.946
			Δ_y/mm	13.63	11.27	0.827
			F_u/kN	81.44	85.85	1.054
			Δ_u/mm	30.01	29.57	0.985
ZLJ2-2	0.038	0.4	F_y/kN	56.85	56.29	0.990
			Δ_y/mm	12.05	9.65	0.801
			F_u/kN	77.95	77.63	0.996
			Δ_u/mm	40.00	30.57	0.764

注：各特征点均取正负向的平均值。

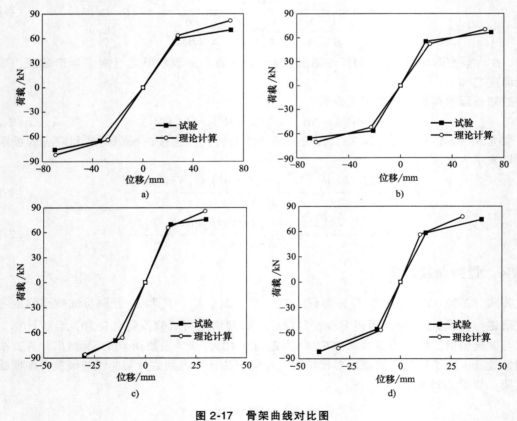

图 2-17 骨架曲线对比图

a）ZLJ1-1 b）ZLJ1-2 c）ZLJ2-1 d）ZLJ2-2

2.5.5 双参数损伤效应

在地震荷载作用下，结构或构件将会发生不同程度的损伤，如母材开裂、腹板局部屈曲等。随着加载的进行，在循环荷载作用下构件滞回耗能累积，其抗侧刚度及承载力会发生不同程度的退化或衰减现象。已有国内外的学者研究表明，结构或构件在水平循环荷载作用下刚度及强度等性能指标的衰减程度与损伤指标存在一定的关系，因此为了更准确地确定传统风格建筑钢转换柱连接的恢复力模型，本文参考已有的基于位移和能量的双参数损伤模型，并引入损伤指数 D，定量分析累积损伤对钢转换柱连接性能退化及恢复力特性的影响，损伤指数计算如下所示

$$D = (1 - \gamma) \sum_{i=1}^{N_1} \left(\frac{\Delta_{\max,j} - \Delta_y}{\Delta_u - \Delta_y} \right)^c + \gamma \sum_{i=1}^{N} \left(\frac{E_i}{E_u} \right)^c \tag{2-20}$$

式中，$\Delta_{\max,j}$ 为第 j 次半循环对应的最大非弹性变形；N_1 为构件首次达到最大非弹性变形 $\Delta_{\max,j}$ 时对应的半循环次数；Δ_y 和 Δ_u 分别为构件在单调荷载作用下的屈服位移和极限位移；E_i 为第 i 次循环加载过程的滞回耗能；E_u 为构件在单调荷载作用下达到极限状态时的耗能量；N 为荷载总循环次数；c 为试验参数；γ 为组合权重系数，对于刚度和延性较好的钢构件来说，参考 Kumar 等人的研究成果，取 $\gamma = 0.15$。

需要说明的是，由于循环加载试验较单调加载能更真实地反映地震作用效应，且损伤计算结果具有更高的保证率，故式（2-20）中关于单调荷载作用下的试验值均取循环反复加载得到的对应值。

在试件尚未达到屈服之前，认为构件处于无损状态，此时损伤为 0；随着位移增大（$\Delta > \Delta_y$），构件发生刚度及强度退化，损伤累积，此时损伤指数 $D > 0$；当试验结束时，损伤指数 $D = 1$，由此来确定试验参数 c。对于不同试件，由于轴压比及上下柱线刚度比都不同，每个试件的 c 值并不完全一样。经过计算分析可以发现，当传统风格建筑钢转换柱连接的上下柱线刚度比 ζ 相同时，轴压比 n 越大，参数 c 越大；当试件的轴压比 n 相同时，试验参数 c 随着上下柱线刚度比 ζ 的增大而略微增大。综合以上分析，考虑到轴压比与上下柱线刚度比两大参数的影响，采用多元拟合多项式的方法，得到试验参数的具体表达式为

$$c = 6n + \frac{1}{18}\zeta + \frac{83}{36} \tag{2-21}$$

将计算得到的 c 值代入式（2-20）中，得到每个试件最后的损伤指数，见表 2-6。四个试件的损伤发展过程如图 2-18 所示。

表 2-6 损伤指数

试件编号	n	ζ	γ	c	D
ZLJ-1	0.2	0.032	0.15	4.2	1.032
ZLJ-2	0.4	0.032	0.15	5.4	0.971
ZLJ-3	0.2	0.038	0.15	4.0	0.965
ZLJ-4	0.4	0.038	0.15	5.2	1.032

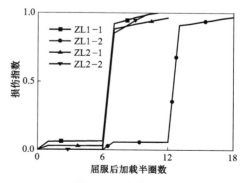

图 2-18 损伤过程

屈服后试件在相同位移时循环三次，即每六半圈增加一次位移幅值。从图 2-18 中可以发现，损伤主要发生在加载位移增大的过程中，也就是说，滞回耗能在损伤分析中所占比例

相对较小，加载位移幅值是影响传统风格建筑钢转换柱连接损伤的最关键因素。

2.5.6 恢复力模型

通过研究各试件在低周往复荷载作用下的柱顶荷载-位移曲线，可以发现，各试件在屈服后由于变形加大及塑性耗能累积，柱连接试件的卸载刚度 K_i 随着位移幅值的增加而逐渐退化，且退化速率与轴压比 n 和矩形钢管上下柱线刚度比 ζ 有关。引入损伤指数 D_i 来反映累积损伤对柱连接构件卸载刚度的影响，统计并回归各加载段卸载刚度与弹性刚度的比值 K_i/K_e 和损伤指数 D_i 的非线性关系如图 2-19 所示，分析得到卸载刚度 K_i 在不同加载阶段的计算公式如下

$$\begin{cases} K_i = K_e & \Delta \leqslant \Delta_e \\ K_i/K_e = 0.2143 \cdot e^{(-D_i/0.0682)} + 0.7474 & \Delta > \Delta_e \end{cases} \tag{2-22}$$

基于前述对滞回现象、骨架曲线及卸载刚度的描述，并考虑损伤效应对构件抗震性能的影响，本节建立了传统风格建筑钢转换柱连接的恢复力模型，其相应的滞回规则如图 2-20 所示，图中数字表示构件在加卸载过程中到达的先后顺序，其中，构件在屈服之前的荷载-位移近似为直线分布。1、2 分别为正反向屈服点。具体的滞回规则描述如下：

1）试件屈服前，结构近似处于弹性状态而不考虑损伤对试件刚度产生的影响，加载及卸载均沿骨架曲线弹性段进行，此阶段的加载刚度与卸载刚度相同，均为弹性刚度 K_e，与加卸载的循环次数无关。

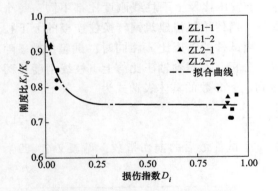

图 2-19　刚度比与损伤指数关系曲线

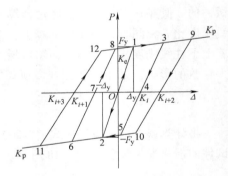

图 2-20　恢复力滞回模型

2）当恢复力超过构件的正（负）向屈服荷载后，加载路径沿着骨架曲线从屈服点 1 指向点 3，加载刚度取屈服后塑性刚度 K_p，试件处于塑性阶段，以塑性变形为主并产生残余变形。当从骨架曲线上点 3 卸载时，其卸载刚度 K_i 按式（2-22）计算。

3）当卸载至点 4 后继续反向加载，此时反向加载刚度仍为 K_i，加载至与骨架曲线反向延长线交于点 5 时，加载路径先指向该方向的屈服点 2，随后指向该方向已经历的最大位移点，随后在点 6 处以卸载刚度 K_{i+1} 进行反向卸载。卸载至荷载为 0 的点 7 后开始下一级位移幅值控制的加载历程，此时试件已有不可恢复变形，卸载至荷载为 0 时变形大于 0。

4）再次正向加载至骨架曲线反向延长线，当继续施加更大位移幅值荷载时，直接由正向加载转折点 8 指向前一最大位移幅值在骨架曲线上对应的点，如点 8-点 3 段。随后按照 9-10-11-12 的路径继续循环加载，以此类推，直至试件破坏。

根据前文提出的骨架曲线及滞回规则，按式（2-20）计算出传统风格建筑转换柱连接构件处于不同阶段的损伤指数 D_i，理论计算得到各试件的荷载-位移滞回曲线，并与试验得到的滞回曲线进行对比，对比图示如图 2-21 所示。由于在试验中，在各级加载的峰值卸载时，竖向千斤顶的顶部滑轮与反力大梁的摩擦较大，所以试验各级加载的初始卸载刚度过大，导致试验各级卸载时前半段的斜率大于该级卸载的后半段曲线。此外，由于 ZLJ2-2 试件加载时人为地增大了最后一级加载位移，导致最后一圈滞回差距较大。

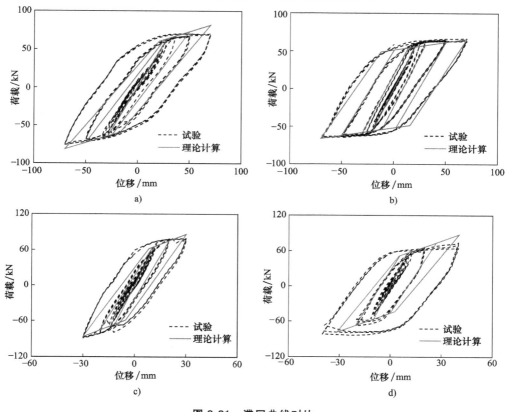

图 2-21 滞回曲线对比

a）ZLJ1-1　b）ZLJ1-2　c）ZLJ2-1　d）ZLJ2-2

从总体趋势来看，在不同的加载阶段，计算滞回曲线与试验滞回曲线变化趋势及范围基本吻合。当考虑损伤效应后，计算滞回曲线的卸载刚度试验滞回曲线较为接近，说明本文提出的考虑损伤效应的恢复力模型能较好地模拟传统风格建筑钢转换柱连接在地震作用下的滞回特性，可为传统风格建筑钢结构体系的抗震性能评估和弹塑性时程分析提供参考和依据。

■ 2.6 本章小结

基于以上传统风格建筑钢转换柱连接的抗震性能试验和理论推导分析，可以得到以下结论：

1）所有试件的滞回环都相对饱满且呈纺锤状，试件变形性能良好，显示了良好的抗倒塌能力及韧性。在 ZLJ2-2 试件的最后一级加载中，荷载有一定的降低，然而类似的现象没有发生在 ZLJ1 系列的试件当中，主要是因为 ZLJ2-2 试件在加载的过程中发生了明显的开裂和局部屈曲现象。

2）轴压比对该类试件的屈服荷载和极限荷载产生了一定影响，当轴压比增大时，试件水平承载力逐渐降低，然而轴压比的改变对特征点处的位移值影响较小；该类钢转换柱连接的承载力随着上下柱线刚度比的降低而降低，上下柱线刚度比小的试件初始刚度相对低于上下柱线刚度比大的试件，当上下柱线刚度比增大时，试件黏滞阻尼系数上升。相比之下，轴压比越大，钢转换柱连接的刚度退化速率越高，退化越明显，但轴压比对耗能能力的影响相对较小。

3）基于滞回加载试验结果，通过对其加载受力过程、破坏形态及滞回特性等的分析，给出了考虑刚度退化的理想双折线骨架曲线模型，简化了骨架曲线中屈服点、极限点的计算方法。

4）参考基于位移和能量的双参数损伤模型，考虑循环加载历程对转换柱连接构件产生的损伤，拟合得到考虑轴压比及上下柱线刚度比的影响系数，进一步得到适用传统风格建筑钢转换柱连接的损伤指数计算方法。

5）将所提出的骨架曲线模型、卸载刚度退化规律及循环滞回规则，与试验结果进行对比，验证了所提出恢复力模型的准确性，为该种类型结构构件之后的弹塑性时程分析提供了理论依据。

第3章

传统风格建筑钢转换柱连接
受力特性研究

■ 3.1 概述

结构构件的试验研究虽然可以准确地获取其力学特性及破坏特征，然而实际工程中结构的工况复杂多样，新型结构构件也存在着相当多的设计控制参数，而详尽的试验研究需相当大的经济和时间代价。随着有限元理论和技术的快速发展，利用其对结构及其构件进行多参数模拟分析已成为土木抗震领域高效经济的研究手段。

由于试验条件等限制，为了更进一步地研究传统风格建筑钢转换柱的力学特征及抗震性能，本章采用大型通用有限元软件 ABAQUS 对本书第 2 章所述试验进行了非线性精细化计算模型有限元数值模拟分析，在验证了模型正确性的基础上详细研究了传统风格建筑钢转换柱连接母材断裂的可能性。

■ 3.2 模型建立

有限元模型的建立包括材料本构模型的选择、单元类型的选取、网格划分、相互作用的定义以及边界条件和加载方式的确定等。此外，本模型采用 Standard 通用分析模块求解该非线性问题。

3.2.1 材料本构模型

材料本构模型是否合理将对分析结果的准确性产生重要影响，为了更精确地模拟钢转换柱连接的实际受力，应当选用既能反映建筑钢材的循环特性又能拥有较高精度的材料本构模型，从而能更加真实地描述材料在反复荷载下的力学特性。本章采用的钢材本构关系基于实际材性试验结果，材料均为各向同性材料，弹性模量为 $2×10^5$ MPa，泊松比取 0.3。钢材的应力-应变关系采用弹塑性强化模型，强化刚度取为弹性刚度的 0.01 倍，如图 3-1 所示。

为了反映钢材实测材性特点，钢材采用 Von Mises 屈服准则、随动强化法则以及相关流动法则。Von Mises

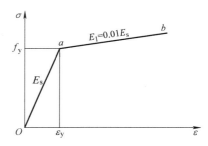

图 3-1　钢材应力-应变关系曲线

屈服应力的定义见式（3-1）。

$$\sigma_e = \sqrt{\frac{1}{2}\left[(\sigma_1-\sigma_2)^2+(\sigma_2-\sigma_3)^2+(\sigma_3-\sigma_1)^2\right]} \tag{3-1}$$

式中，σ_1、σ_2、σ_3分别为第一、第二和第三主应力。

3.2.2 单元类型选取及网格划分

在钢结构构件的有限元模拟分析中，大多选择壳单元或实体单元，壳单元多用于结构较复杂、计算耗时较长的模型中。考虑到本模型较为简单，运算时间相对较短，且实体单元计算结果更为真实的原因，本模型选取 8 节点 6 面体减缩积分单元（C3D8R）进行分析，该单元的优点有：对位移的求解结果较精确；网格存在扭曲变形时，分析精度不会受到大的影响；在弯曲荷载下不容易发生剪切自锁。

从前述试验可以知道，试件的变形和破坏基本都发生在上部矩形钢管和下部圆形钢管交界核心区，因此为了保证计算精度同时又能提高计算效率，对上部矩形钢管和下部圆形钢管交界核心区的网格划分较为细密，而其他部分的网格适量粗化。上部矩形钢管和下部圆形钢管转换核心区尺寸为 5mm，其他矩形钢管区域单元尺寸为 40mm，其他圆形钢管尺寸为 80mm，具体网格划分如图3-2 所示。

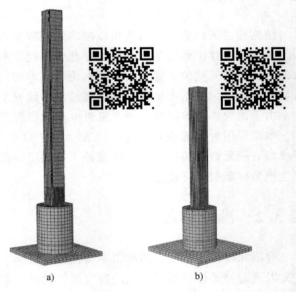

图 3-2　网格划分
a）ZLJ1 系列　b）ZLJ2 系列

3.2.3 边界条件及加载方式

本次分析的传统风格建筑钢转换柱连接均采用全焊刚性连接，在本次有限元模拟中，所有的焊接接触采用绑定连接（Tie）来模拟。

柱底钢板 6 个方向的自由度全部固定，以模拟实际的固接约束，在柱顶中心上方200mm 处建立参考点并与柱顶设置分布耦合约束，在约束点处施加竖向轴力荷载。为避免加载过程中水平荷载使加载端出现应力集中，在柱顶侧面设置立方体垫块，以模拟试验中梁加载端的钢板，并在该垫块中心外侧 200mm 处设置水平参考点（模拟试验过程中施加水平荷载作动器的球铰），并对垫块施加刚体约束和分布耦合约束，然后在该点施加水平荷载。所有垫块和试件接触采用绑定连接（Tie）。

上述轴向荷载与水平荷载地施加在有限元中需要通过设置两个加载步来实现：首先在柱顶部施加向下的轴向荷载，设为第一个加载步；当竖向荷载施加完后，在柱顶水平参考点施加水平荷载，为第二个加载步。采用位移控制的加载制度，加载制度按照试验当中实际加载过程设置。

3.2.4　影响因素

为了更准确地得到转换柱连接的抗震性能，本模型考虑转换柱连接的初始缺陷，由于主要破坏发生于方钢管柱底，为了提高计算效率，初始缺陷的大小取为前两阶模态中最大平面外变形的钢管宽度的 1/1000。

由于试件的焊接过程是一个不均匀加热和冷却的过程，在施焊时，焊件上产生不均匀的温度场，不均匀的温度场要求产生不均匀的膨胀。焊缝在冷热交替中会使焊缝区产生纵向拉压应力，即焊接残余应力。残余应力的存在对试件刚度和强度均有一定的影响，严重影响了钢结构的受力性能，因此在本模型中考虑残余应力的存在。由于本模型中的研究核心部位为矩形钢管底部，因此主要在矩形钢管底部添加残余应力。由于前述试验试件的矩形钢管柱为四块钢板焊接形成，因此采用 Wang 提出的钢结构箱形焊接截面残余应力分布模式，该残余应力模型关于箱形截面的两中心轴对

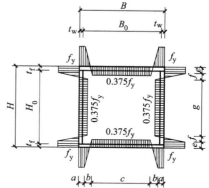

图 3-3　残余应力分布模型

称，如图 3-3 所示，翼缘最大拉应力 σ_{frt}，翼缘最大压应力 σ_{frc}，腹板最大拉应力 σ_{wrt}，腹板最大压应力 σ_{wrc}，翼缘应力 $\sigma_{fr}(x)$ 和腹板应力 $\sigma_{wr}(y)$ 分段计算公示如下。

$$\sigma_{fr}(x)=\begin{cases}\sigma_{frt} & 0\leqslant x\leqslant a\\[2mm]\sigma_{frt}+\dfrac{\sigma_{frc}-\sigma_{frt}}{b}(x-a) & a\leqslant x\leqslant a+b\\[2mm]\sigma_{frc} & a+b\leqslant x\leqslant B/2\end{cases}\qquad(3\text{-}2)$$

$$\sigma_{wr}(y)=\begin{cases}\sigma_{wrt} & 0\leqslant y\leqslant e\\[2mm]\sigma_{wrt}+\dfrac{\sigma_{wrc}-\sigma_{wrt}}{f}(y-e) & e\leqslant y\leqslant e+f\\[2mm]\sigma_{wrc} & e+f\leqslant y\leqslant H/2\end{cases}\qquad(3\text{-}3)$$

其中，$\sigma_{frc}=\sigma_{wrc}=0.375f_y$，$\sigma_{frt}=\sigma_{wrt}=f_y$，$a=e=t+B_0/20$，$b$ 和 f 均可由截面的残余应力平衡条件推算得到。

3.3　计算结果与试验结果对比分析

采用上述所建立的有限元模型对前述的传统风格建筑钢转换柱进行水平往复荷载作用下受力性能的模拟计算，各参数与试验保持一致，具体结果示于下文。

3.3.1　极限变形

图 3-4 所示为传统风格建筑钢转换柱连接在水平往复荷载作用下的极限变形对比图，可以看出，当加载结束时，两者变形基本一致。

图 3-4 极限变形

a) ZLJ1-1　b) ZLJ1-2　c) ZLJ2-1　d) ZLJ2-2

3.3.2 滞回曲线

图 3-5 所示为试验实测的滞回曲线与有限元计算结果对比。可以发现，试验结果与有限元计算结果吻合良好，两者大体形状和变化趋势几乎一致。钢转换柱连接在水平荷载作用下，加载前期计算模拟刚度与试验得到的弹性刚度基本一样，在构件屈服之后，卸载刚度略微有些差别，有限元结果偏大，主要原因是有限元模型无法考虑结构构件在往复荷载作用下的损伤及残余变形累积。试验中由于测量误差等不可控因素的存在，试件在卸载阶段的荷载-位移曲线不完全呈直线变化规律。在矩形钢管底部完全屈服后，计算模拟得到的承载力略微偏高，这仍然是因为未考虑钢材损伤。

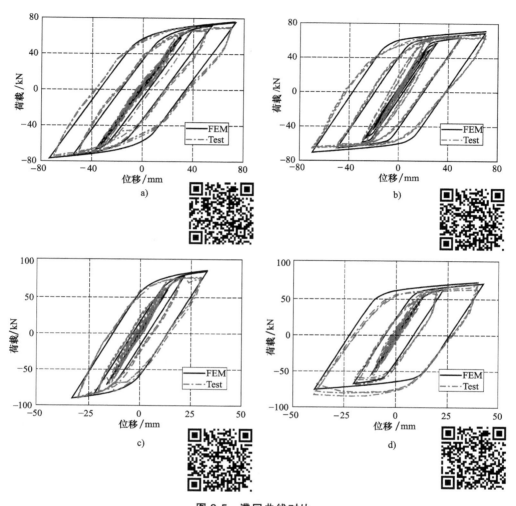

图 3-5 滞回曲线对比

a) ZLJ1-1 b) ZLJ1-2 c) ZLJ2-1 d) ZLJ2-2

但整体来看，模拟得到的滞回曲线与试验高度吻合，偏差较小，验证了传统风格建筑钢转换柱连接精细化计算模型的正确性，为后期的深入分析奠定了基础。

3.3.3 骨架曲线

图 3-6 所示为有限元计算得到的骨架曲线与试验对比图。可以发现两者吻合较好，有限元计算得到的结果可以较为准确地反映传统风格建筑钢转换柱在水平荷载作用下的力学特性变化规律。由于 ZLJ1-2 在加载的过程中，平面外发生了一定程度的面外屈曲，后进行加载及测量装置的挪动变位，因此试验弹性刚度的结果与模拟计算有一定的误差，除此之外的三个构件模拟结果均能较好地反映了初始弹性刚度的变化。

表 3-1 所示为有限元模拟与试验得到的各特征点对比，由表可以发现，传统风格建筑钢转换柱连接在水平荷载作用下的模拟值与试验值之比的均值为 1.015，方差为 0.008，变异系数 $C_v = 0.089$，吻合较好，分析误差在允许的小范围内，能够满足精度要求。

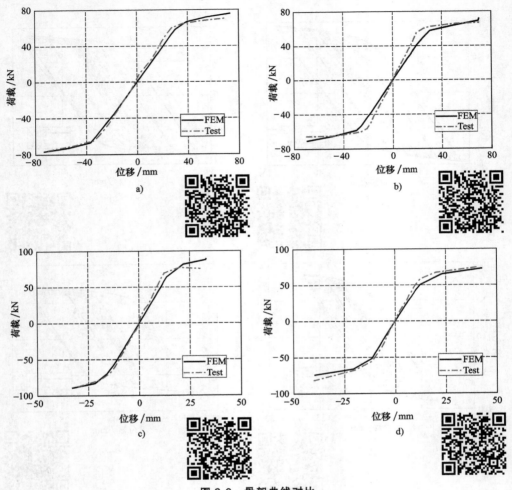

图 3-6 骨架曲线对比

a) ZLJ1-1 b) ZLJ1-2 c) ZLJ2-1 d) ZLJ2-2

表 3-1 骨架曲线特征点对比

试件	上下柱线刚度比 ζ	轴压比 n	特征点	试验值	模拟值	模拟值/试验值
ZLJ1-1	0.032	0.2	F_y/kN	62.51	58.36	0.934
			Δ_y/mm	30.79	30.33	0.985
			F_u/kN	72.97	75.54	1.035
			Δ_u/mm	70.01	73.32	1.047
ZLJ1-2	0.032	0.4	F_y/kN	55.86	49.79	0.891
			Δ_y/mm	20.34	24.99	1.229
			F_u/kN	66.10	71.38	1.080
			Δ_u/mm	70.01	70.00	1.000
ZLJ2-1	0.038	0.2	F_y/kN	69.46	64.12	0.923
			Δ_y/mm	13.63	13.73	1.007
			F_u/kN	81.44	88.84	1.091
			Δ_u/mm	30.01	32.99	1.099

（续）

试件	上下柱线刚度比 ζ	轴压比 n	特征点	试验值	模拟值	模拟值/试验值
ZLJ2-2	0.038	0.4	F_y/kN	56.85	50.36	0.886
			Δ_y/mm	12.05	12.44	1.032
			F_u/kN	77.95	72.70	0.933
			Δ_u/mm	40.00	42.60	1.065

注：试验各特征点均取正负向的平均值。

3.4　钢材断裂研究

3.4.1　应力分析

图3-7所示为各构件在水平荷载施加之前的轴向应力云图。由于本模型中在矩形钢管中考虑了残余应力的存在，在加载初期，由于水平往复荷载产生的应力相对较小，试件中的应力主要是焊接产生的残余应力及竖向荷载产生的应力。

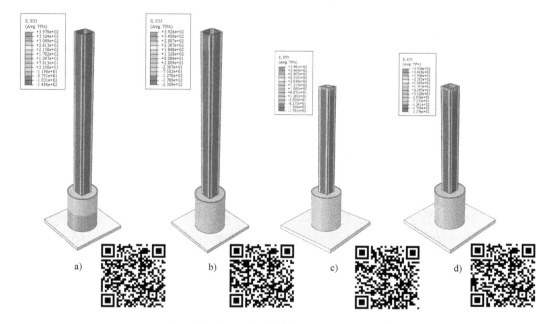

图3-7　初始轴向应力云图（单位：MPa）

a) ZLJ1-1　b) ZLJ1-2　c) ZLJ2-1　d) ZLJ2-2

随着荷载的增大，残余应力逐渐消散，对钢转换柱连接的应力影响越来越小。图3-8所示为ZLJ1-1加载过程中应力变化的详细过程。下面以ZLJ1-1为例详细介绍截面应力变化情况。屈服首先发生在加载侧的矩形钢管受拉翼缘的角处（图3-8a），此时矩形管与圆形管连接处的较大应力集中在矩形钢管的受拉翼缘两端和受压翼缘中心处（图3-8b），随着往复加载的继续进行，翼缘受拉侧截面的两端屈服范围持续增大（图3-8c），而受压侧截面的屈服主要集中于翼缘中心（图3-8d）；当水平荷载达到50mm时，两翼缘截面的屈服均贯通，受压侧翼缘屈服区由受压翼缘中心向上部扩展，受拉侧翼缘屈服区由受压翼缘梁端向上部传递；当加载至 54mm 时，腹板第一次出现屈服现象（图 3-8e）；直至加载结束，受拉及受压侧翼缘均大面积屈服，但两侧腹板屈服范围均未贯通截面（图 3-8f）。此外，值得注意的是：试件翼缘和腹板的应力变化趋势有较大不同，翼缘的应力变化是对称的，腹板的应力变化则是不对称的。

图 3-8 ZLJ1-1 应力变化过程图

a）翼缘受拉侧位移+28mm　b）翼缘受压侧位移+37mm　c）翼缘受拉侧位移+40mm
d）翼缘受压侧位移+40mm　e）腹板位移+54mm　f）腹板最终应力位移+70mm

这与第 2 章传统风格建筑钢转换柱拟静力试验的现象基本一致，即母材开裂通常出现在矩形钢管底部的棱角处，之后当该侧截面处于受拉状态时，裂缝沿着角焊缝方向延伸，导致最后的破坏。

对比 ZLJ1-2 与 ZLJ1-1 的应力发展过程，可以发现，轴压比较大的试件 ZLJ1-2 在同样加载位移时候，受压应力略高于 ZLJ1-1，而受拉应力稍低；主要原因是残余应力的存在，竖向荷载产生的压应力与残余应力的叠加。

图 3-9 所示为各构件在极限荷载时的 Mises 应力分布云图。对比 ZLJ1 系列和 ZLJ2 系列可以发现，ZLJ1 系列在方钢管柱柱底的屈服范围更大一些，主要是由于随着上下柱线刚度

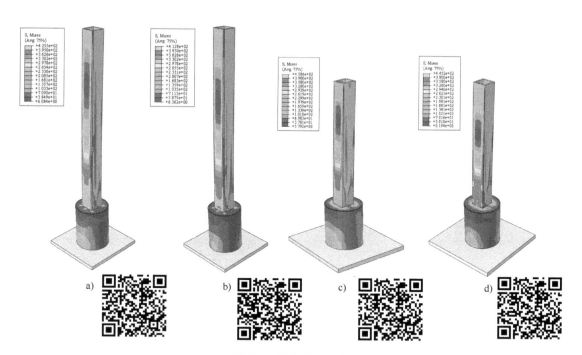

图 3-9 极限应力云图

a) ZLJ1-1 b) ZLJ1-2 c) ZLJ2-1 d) ZLJ2-2

比的增大，转换柱连接在加载大位移时的 P-Δ 非线性二阶效应更为显著，同样水平荷载产生的弯曲应力更大而造成的。总体上来说，应力发展变化趋势 ZLJ2 系列与 ZLJ1 系列一致。

3.4.2 等效塑性应变

为了更加深入地了解传统风格建筑钢转换柱连接的抗震性能，深入研究了不同位置处的母材等效塑性应变分布（PEEQ）情况。表 3-2 列出了各受力关键处在不同加载位移时的 PEEQ 值，分别表示受拉翼缘角部、受拉翼缘中部及受压翼缘中部，具体定位如图 3-10 所示。

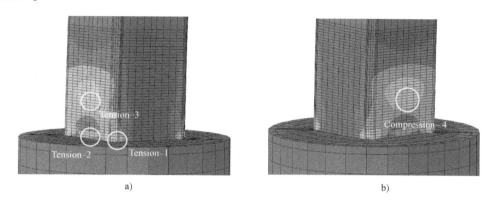

图 3-10 分析关键部位标号

a) 受拉翼缘侧 b) 受压翼缘侧

分析表 3-2 可以发现，在极限位移处，各试件均产生了较为明显的塑性应变，尤其是在受拉翼缘角处，四个试件的 PEEQ 分别达到了 0.189、0.152、0.102 和 0.113。对比各关键部位的等效塑性应变值后可知，受拉侧的塑性变形主要集中在角处，而翼缘中心处相对较小，且离矩形钢管底部有一定距离的 Tension-3 处的应变比矩形钢管和圆形钢管交界 Tension-2 处的应变值大，说明弯曲变形发生在离矩形钢管底部有一定距离的部位，而不是严格意义上的柱底部。此外，受压截面的弯曲变形（Compression-4 处）比受拉截面的弯曲变形更大。

表 3-2 等效塑性应变

试件	关键部位	屈服位移处	极限位移处
ZLJ1-1	Tension-1	0.021	0.189
	Tension-2	0.002	0.049
	Tension-3	0	0.060
	Compression-4	0	0.064
ZLJ1-2	Tension-1	0.006	0.152
	Tension-2	0.001	0.041
	Tension-3	0	0.062
	Compression-4	0	0.070
ZLJ2-1	Tension-1	0.012	0.102
	Tension-2	0.007	0.056
	Tension-3	0	0.058
	Compression-4	0	0.059
ZLJ2-2	Tension-1	0.002	0.113
	Tension-2	0.001	0.055
	Tension-3	0	0.085
	Compression-4	0	0.097

在柱连接刚进入屈服时，塑性变形主要发生在受拉翼缘的角处，而受压翼缘在此时几乎全部处于弹性状态，这与 4.4.1 节试件刚进入屈服时应力分析完全一致。

对比 ZLJ1-1 和 ZLJ1-2 可以发现，随着轴压比的增大，受拉翼缘的极限应变值降低，而受压翼缘的极限应变增大。在屈服位移处，受压翼缘未达到塑性状态，而受拉侧应变随着轴压比的增大而减小。而当轴压比一样但上下柱线刚度比不同时，上下柱线刚度比的增大会降低全截面的等效塑性应变值，主要原因是 $P\text{-}\Delta$ 非线性二阶效应在上下柱线刚度比较小的试件中更为显著。

3.4.3 母材断裂分析

为了深入研究不同设计参数对传统风格建筑柱连接钢材断裂的可能性，同时解释第 2 章试验中试件断裂的原因，本节采用前述已验证过的模型进行单推加载，最终加载至 4% 位移角时结束。图 3-11 所示为各试件矩形钢管底部截面受拉翼缘的角处 PEEQ 的变化情况。从图中可以看出，轴压比的增大会降低转换柱连接的塑性变形程度，且在水平荷载作用下其等效塑性应变值增幅变缓，主要原因是随着轴压比的增大，试件的延性逐渐降低，在相同荷载作用下的位移会相应减小。此外，上下柱线刚度比越小的试件其等效塑性应变值也越大，这是由于本试验中上下柱线刚度比越小，其对应的矩形柱长细比越大，相应的 $P\text{-}\Delta$ 二阶效应也越显著，对构件产生的附加弯矩增大，抗震性能变差。

为了定量描述断裂发生的概率，本节采用多种计算参数来详细分析，主要包括 Mises 应力（Mises Stress），等效塑性应变（PEEQ），压力指数（Pressure Index），应力三轴度（Tri-axiality）及断裂指数（Rupture Index）等。

压力指数定义为静水压力与屈服应力的比值，该指数通常与主应力参数同时存在，反映了脆性断裂或延性断裂的可能性；应力三轴度是静水压力和 Mises 应力的比值，是表示金属延性的一个重要评判参数，见式（3-4）。

$$应力三轴度 = \sigma_m / \overline{\sigma} \qquad (3-4)$$

式中，σ_m 为静水压力；$\overline{\sigma}$ 为 Mises 应力。

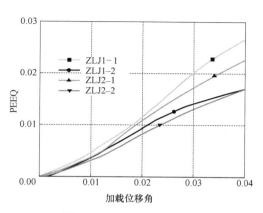

图 3-11　PEEQ 变化趋势

表示断裂起始的参数为断裂指数，具体计算方法见式（3-5）。

$$断裂指数 = （等效塑性应变/屈服应变）/\exp（-1.5×应力三轴度） \qquad (3-5)$$

式中，钢材的屈服应变由前期材性试验确定。

为了与前述试验的断裂发生位置一致，所有计算均基于矩形钢管底部截面受拉翼缘的角处。将传统风格建筑钢转换柱各试件在4%位移角时的各计算性能参数值列于表3-3中，可以发现，轴压比对应力三轴度的影响不明显，但对等效塑性应变和 Mises 应力的影响均较大，增大轴力会在一定程度下降低其断裂的可能性。上下柱线刚度比越小，其应力三轴度越大，Mises 应力相应减小。由于 P-Δ 非线性效应的增强，其断裂指数增大，断裂的可能性较高。

表 3-3　性能参数计算值

试件	等效塑性应变	Mises 应力 /MPa	压力指数	应力三轴度	断裂指数
ZLJ1-1	0.027	433.0	−313.4	0.72	24.18
ZLJ1-2	0.017	407.2	−292.7	0.72	15.22
ZLJ2-1	0.023	484.7	−310.3	0.64	18.26
ZLJ2-2	0.017	416.3	−248.28	0.6	12.71

3.5　本章小结

本章利用大型非线性有限元软件 ABAQUS 对传统风格建筑钢转换柱在低周往复荷载作用下的受力性能进行了分析，模型考虑了初始缺陷和钢结构箱形截面柱残余应力的影响，得出了以下主要结论：

1）传统风格建筑钢转换柱连接精细化有限元模型可以非常好的反映对应试验的加载历程，两者在荷载作用下的变形一致，受力破坏形态基本相同。

2）模拟得到的滞回曲线、骨架曲线与试验得到的结果吻合性较好，两者大体形状和变化趋势几乎一致。钢转换柱连接在水平荷载作用下，加载前期计算模拟刚度与试验得到的弹性刚度基本一样，在试件屈服之后，卸载刚度略微有些差别，有限元结果偏大，主要原因是有限元模型无法考虑柱连接在往复荷载作用下的结构损伤及残余变形累积。

3）由于本模型中在矩形钢管中考虑了残余应力的存在，在加载初期，由于水平往复荷载产生的应力相对较小，构件中的应力主要是焊接产生的残余应力及竖向荷载产生的应力。随着荷载的增大，残余应力逐渐消散，对转换柱连接的应力影响越来越小。

4）四个试件的加载应力变化趋势相似，屈服首先发生在加载侧的矩形钢管受拉翼缘的角处，随着往复加载的继续进行，翼缘受拉侧截面的两角处屈服范围持续增大，而受压侧截面的屈服主要集中于翼缘中心。直至加载结束，受拉及受压侧翼缘均大面积屈服，但两侧腹板屈服范围均未贯通截面。

5）在极限位移处，各试件均发生了较为明显的塑性应变，尤其是在受拉翼缘角处，四个试件的 PEEQ 分别达到了 0.189、0.152、0.102 和 0.113。受拉侧的塑性变形主要集中在角处，而翼缘中心处相对较小，且离矩形钢管底部有一定距离处的应变比矩形钢管和圆形钢管交界处的应变值大，说明弯曲变形发生在离矩形钢管底部有一定距离的部位，而不是严格意义上的柱底部。

6）对构件进行单调方向的加载，当达到 4% 位移角时，轴压比的增大会降低转换柱连接的塑性变形程度，且在水平荷载作用下其等效塑性应变值增幅变缓，主要原因是随着轴压比的增大，试件的延性逐渐降低，在相同荷载作用下的位移会相应减小。此外，上下柱线刚度比越小的试件其等效塑性应变值也越大。

7）分别计算得出 Mises 应力（Mises Stress），等效塑性应变（PEEQ），压力指数（Pressure Index），应力三轴度（Triaxiality）及断裂指数（Rupture Index）。可以发现，轴压比的变化对应力三轴度的影响不明显，但对等效塑性应变和 Mises 应力的影响均较大，增大轴力会在一定程度下降低其断裂的可能性。上下柱线刚度比越小，其应力三轴度越大，Mises 应力相应减小。

第4章

传统风格建筑带斗栱檐柱
节点抗震性能试验

■ 4.1 试验概况

4.1.1 试验目的

本次传统风格建筑带斗栱檐柱节点低周往复荷载试验的主要目的是：

1) 深入了解传统风格建筑带斗栱檐柱节点在低周往复荷载作用下的破坏模式，测得相关试验数据。

2) 以主要试验现象为基础，分析相关试验数据，获得试验结果，研究矩形钢管柱轴压比和长细比的变化对传统风格建筑带斗栱檐柱节点的滞回特性、承载力、延性、耗能性能、强度和刚度退化等的影响。

3) 通过分析传统风格建筑带斗栱檐柱节点的破坏形态和应变变化规律，研究带斗栱檐柱节点的破坏机理，得出带斗栱檐柱节点的破坏模式。

4) 运用 ABAQUS 有限元分析软件对试件进行数值模拟分析，验证试验得到的传统风格建筑带斗栱檐柱节点受力机理的可靠性，研究矩形钢管柱轴压比、长细比及栌斗宽厚比等的变化对带斗栱檐柱节点抗震性能的影响。

4.1.2 试件设计及制作

本试验共设计 4 个传统风格建筑带斗栱檐柱节点试件，分为 YZ1 和 YZ2 两个系列，编号依次为 YZ1-1、YZ1-2、YZ2-1、YZ2-2。4 个试件均在西安某文化展示区殿堂式传统风格建筑实际工程基础上，参考宋《营造法式》按 1：1.5 缩尺比例制作而成。"材份等级"制由规定比例的"材"和规定比例的"栔"组成。"材"的比例为：材厚 10 份，材广 15 份。"栔"的比例为：栔厚 4 份，栔广 6 份。殿堂式古建筑为二等材，二等材广（高）8.25 寸，厚（宽）5.5 寸，按二等材计算，其中 1 份 = 0.825 尺/15 = 0.055 尺，取 1 营造尺 = 31.2cm。矩形钢管柱插入檐柱内至水平加劲板处，并在四周用竖向加劲肋和水平加劲环（板）与檐柱连接。YZ1 系列试件高度为 2720mm，宽度为 2630mm，YZ2 系列试件高度为 1603mm，宽度为 1382mm；带斗栱檐柱节点区分为 3 个部分，依次命名为矩形钢管柱端部、栌斗（内含矩形钢管柱根部）、檐柱连接（矩形钢管柱与檐柱的连接部分）。试件尺寸及各部件详图如图 4-1 和图 4-2 所示，其中檐柱为无缝圆钢管，矩形钢管柱和斗栱均由钢板焊接而成，HG代表华栱，JHD 代表交互斗，YF 代表檐枋，LYF 代表撩檐枋，A 代表昂，ST 代表要头。

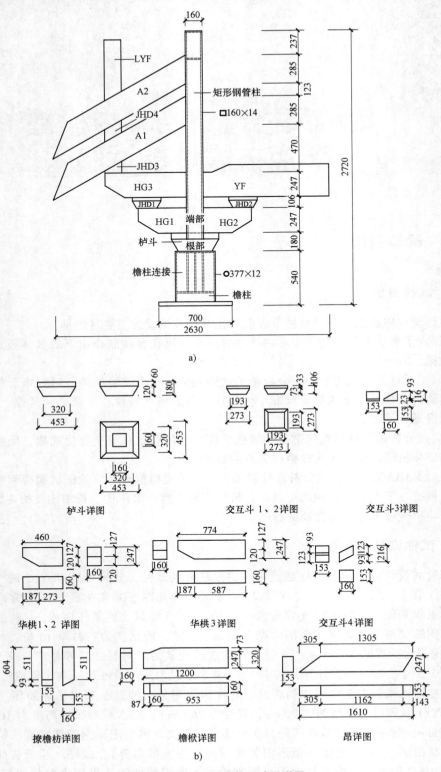

图 4-1　YZ1 系列试件尺寸及详图

a) YZ1 系列试件尺寸　b) 各部件详图

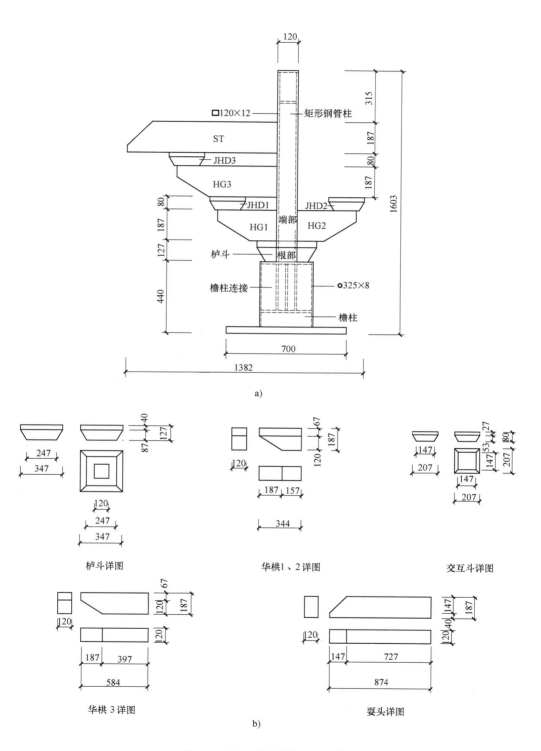

图 4-2　YZ2 系列试件尺寸及详图

a）YZ2 系列试件尺寸　b）各部件详图

试验主要参数为矩形钢管柱轴压比和长细比，按矩形钢管柱长细比的不同将试件分为 YZ1 系列、YZ2 系列试件，每个系列为轴压比变化的两个试件。试验中，檐柱节点底部由 8 个型号为 M24×140-10.9 的高强度螺栓连接，可将底部连接方式简化为固定端支座，在矩形钢管柱顶端施加一定的轴向压力 N，同时施加低周往复荷载 F，模拟传统风格建筑带斗栱檐柱节点在地震作用时的受力情况。

　　本试验为验证性试验，在保证檐柱连接强度的基础上研究带斗栱檐柱节点的抗震性能和节点区变形。试件按"强连接"的原则进行设计，矩形钢管柱与檐柱连接处由竖向加劲肋（厚 12mm）、水平加劲环（厚 14mm）及水平加劲板（厚 14mm）连接，斗、栱等部件均由 5mm 厚钢板焊接而成，其参数见表 4-1。

表 4-1　试件设计参数汇总

试件编号	长细比	轴压比	矩形钢管柱	檐柱		节点区		
			截面/mm	非节点区截面/mm	檐柱截面/mm	水平加劲环（板）厚/mm	竖向加劲肋 1 截面/mm	竖向加劲肋 2 截面/mm
YZ1-1	12.5	0.3	□160×160×14×14	377×12	377×12	14	386×96×12	386×63×12
YZ1-2	12.5	0.6	□160×160×14×14	377×12	377×12	14	386×96×12	386×63×12
YZ2-1	8.9	0.3	□120×120×12×12	325×8	325×8	14	282×94×12	—
YZ2-2	8.9	0.6	□120×120×12×12	325×8	325×8	14	282×94×12	—

　　注：1. 矩形钢管柱的截面参数为截面高度×宽度×腹板厚度×翼缘厚度，檐柱节点截面参数为直径×壁厚。

　　　　2. 斗、栱均采用用 5mm 厚钢板。

　　　　3. 轴压比为矩形钢管柱的轴压力与其截面面积和钢材抗压强度值乘积的比值。

　　　　4. 长细比为矩形钢管柱的长度与其截面边长的比值。

　　该传统风格建筑带斗栱檐柱节点的矩形钢管柱与圆钢管柱的连接方式为全焊接连接，即矩形钢管柱翼缘和腹板为全熔透坡口焊，檐柱连接内设 12mm 厚的竖向加劲肋、14mm 厚的水平加劲环和水平加劲板，竖向加劲肋与矩形钢管柱和檐柱的连接采用双面角焊缝连接，水平加劲环与矩形钢管柱和檐柱的连接分别为角焊缝、全熔透坡口焊，水平加劲板与其他部件的连接为角焊缝连接。本试验传统风格建筑带斗栱檐柱节点满足 GB 50017—2017《钢结构设计标准》和 JGJ 81—2002《建筑钢结构焊接技术规程》中的规定及要求，为确保试件精度，试件在钢结构专业加工厂加工制作而成，如图 4-3 所示，试件施工焊缝及构造详图如图 4-4 所示。

图 4-3　试件加工现场

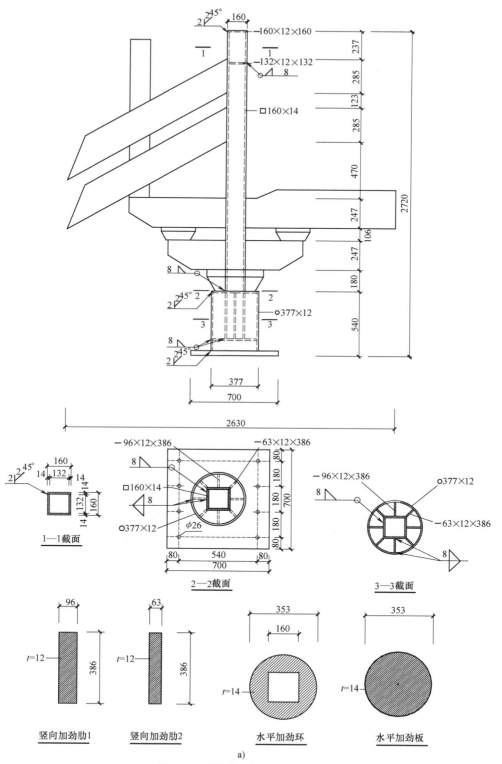

a)

图 4-4　试件施工焊缝及构造详图

a) YZ1 系列试件

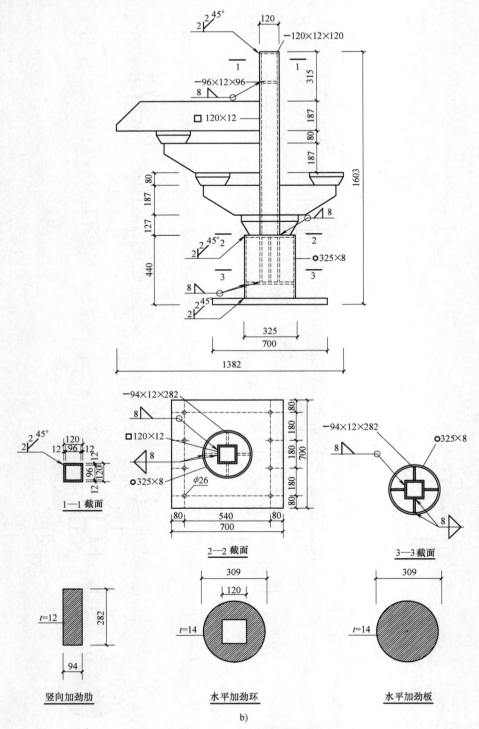

b)

图 4-4 试件施工焊缝及构造详图（续）

b) YZ2 系列试件

注：1. 该钢结构带斗栱檐柱节点取材为 Q235B 钢，焊条型号按规范采用 E43；

　　2. 图中斗、栱缝缝未注明，其均为全焊透对接焊缝。

4.1.3 试件加载及测点布置

1. 试验装置

为模拟传统风格建筑带斗栱檐柱节点在地震作用时的真实受力情况，试验使用了在矩形钢管柱顶端施加一定的轴向力 N，同时施加水平低周往复荷载 F 的试验方法。

试验装置及照片如图 4-5 所示，柱顶竖向荷载采用 1000kN 油压千斤顶施加，千斤顶与加载梁之间设置滚轮，使柱顶在往复荷载作用下能够自由水平移动；柱顶水平往复荷载由 1000kN 电液伺服作动器施加，作动器行程为 ±250mm。试验采用先进的 MTS793 电液伺服程控结构试验机系统全程控制，试验的各项数据由 100 通道 TDS602 数据采集仪采集。

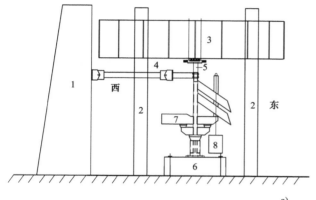

a)

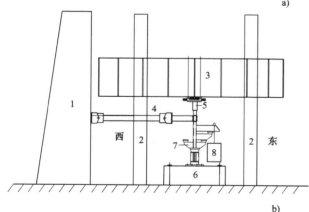

b)

图 4-5　试件试验装置及照片

a）YZ1 系列试件试验装置及照片　b）YZ2 系列试件试验装置及照片

1—反力墙　2—支架　3—反力梁　4—1000kN 电液伺服作动器　5—1000kN 油压千斤顶　6—地梁　7—试件　8—配重

2. 加载制度

该试验加载方式按照 JGJ/T 101—2015《建筑抗震试验规程》的要求，选用荷载-位移混合控制，即试件处于弹性状态时按荷载控制，出现屈服后则改用位移控制进行加载，其加载制度如图 4-6 所示。试验前用 ABAQUS 分析软件建立带斗栱檐柱节点模型，预测两种系列檐柱节点在不同轴压比下的承载能力，并由相应的荷载-位移曲线初步判定在水平单调推力作用时试件的屈服荷载 P_y 及相应的屈服位移 Δ_y，试验中，根据现场实测数据对加载步骤进行适当调整。试验后，由相关的试验数据确定试件的屈服点。

试验开始前，应先对试件进行预加载，正式加载时，首先在柱顶施加竖向轴压力至设计值并保持稳定，然后在柱端施加水平低周往复荷载。在荷载控制阶段，每级 10kN，每级荷载循环一次，直至试件屈服，屈服后采用位移控制，以屈服位移为第一级控制位移，之后以屈服位移的倍数逐级递增，每级位移循环三次，每级加载结束后，暂停加载并持荷 2～3min，观察焊缝和节点区破坏情况，直至试件顶点侧移达到加载装置允许的位移或荷载下降到极限荷载的 85%为止，结束加载。

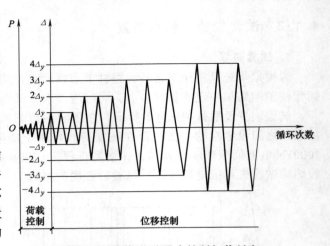

图 4-6 荷载-位移混合控制加载制度

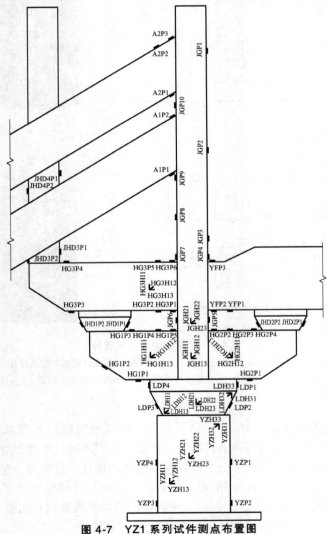

图 4-7 YZ1 系列试件测点布置图

本试验以檐柱节点区为研究核心，由于带斗栱檐柱节点与普通节点不同，节点区可分为3个区域，依次为矩形钢管柱端部、栌斗（内含矩形钢管柱根部）、檐柱连接（矩形钢管柱与檐柱的连接部分），如图4-1和图4-2所示，檐柱节点区受力状况较为复杂，测点主要分布在整个节点区、檐柱根部及其他斗栱的相应位置。如图4-7和图4-8所示，在栌斗处分别贴LDP1～LDP4应变片、LDH1、LDH2、LDH3应变花；矩形钢管柱端部贴JGP3～JGP8应变片及JGH1、JGH2应变花；檐柱连接贴YZP1～YZP4应变片及YZH1、YZH2、YZH3应变花，用于记录节点区应变；华栱1贴HG1P1～HG1P5应变片及HG1H1应变花；华栱2贴HG2P1～HG2P4应变片及HG2H1应变花；华栱3贴HG3P1～HG3P6应变片及HG3H1应变花；檐栿贴YFP1～YFP3应变片；交互斗1贴JHD1P1、JHD1P2应变片；交互斗2贴JHD2P1、JHD2P2应变片；交互斗3贴JHD3P1、JHD3P2应变片；交互斗4贴JHD4P1、JHD4P2应变片；昂1贴A1P1、A1P2应变片；昂2贴A2P1～A2P3应变片；要头贴STP1～STP4应变片，以此来记录相关部位的应变。

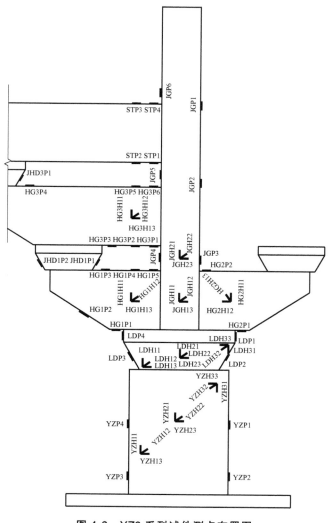

图4-8 YZ2系列试件测点布置图

由百分表和位移计来测量试件变形，试件位移计布置如图4-9所示。YZ1系列试件的水平位移由矩形钢管柱上的3个水平位移计、华栱2上的1个水平位移计及圆钢管柱顶端处的水平位移计测得，其中矩形钢管柱顶端位移由MTS793加载系统自动采集，其他部位位移计均为电子位移计；其转角由华栱3上的竖向位移计、檐檩上的竖向位移计及交互斗上的竖向位移计测得。

测点布置时，另有几点说明：

1）图中所有应变片及应变花的编码均由试件各部位名称汉语拼音的首个大写字母编写而得，图中编码对应的均为单一方向应变片，编码末尾为"P"+"1位阿拉伯数字"的代表独立的一个应变片，编码末尾为"H"+"2位阿拉伯数字"的则代表某个应变花中的一个应变片。

2）各部件的应变片距最近的焊缝的最小距离为20mm，相邻布置的应变片间最小距离为60mm。

3）圆钢管柱根部应变片距底板50mm，相邻布置的应变片距离为150mm或200mm。圆钢管柱北面应变花间相隔160mm或190mm。

4）矩形钢管柱两侧翼缘应变片间距离为250mm或500mm，某些特殊部位的测点取其几何图形的中心；矩形钢管柱北面应变花位于其几何图形短边中线上，相邻应变花间距离为130mm或175mm。

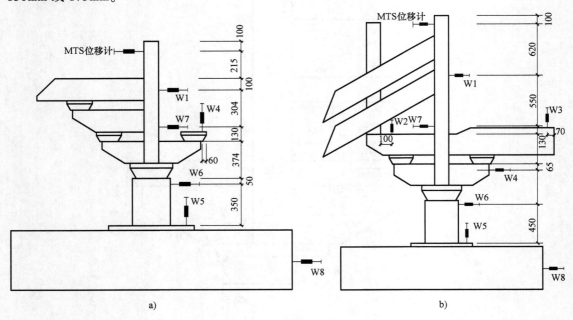

图4-9 试件位移计布置图

a）YZ2系列试件位移计布置图　b）YZ1系列试件位移计布置图

■ 4.2 试验过程

从试件开始破坏时描述，各试件破坏过程如下，其中，以作动器的推力方向为正"+"，

拉力方向为负 "–"。

1. 试件 YZ1-1

试件正式加载时，先在矩形钢管柱柱端施加 527kN 的轴向压力，吊篮中放置 480kg 砝码，然后施加柱端水平低周往复荷载。试件 YZ1-1 的破坏过程如下：

荷载控制初始阶段，在柱端荷载为 $-50 \sim 55\text{kN}$ 时，由数据采集仪所示数据知，带斗栱檐柱节点各部位均未屈服，柱端荷载-位移曲线呈线性，整个试件处于弹性状态。

当柱端推力大于 60kN 时，栌斗的 LDP1～LDP4、LDH11、LDH31 应变片数值的绝对值均超过了 5mm 厚板材的屈服应变值 $1575\mu\varepsilon$，表明所有测点的首个屈服点出现在栌斗上，此时柱端荷载为 $P = 60.70\text{kN}$，相应位移为 $\Delta = 27.99\text{mm}$；当柱端荷载至 $P = 63\text{kN}$ 时，栌斗的 LDH21、LDH22、LDH23 应变片数值的绝对值均超过了 $1575\mu\varepsilon$，X-Y 记录仪上显示的荷载-位移曲线开始呈现出非线性变化，试件开始逐步进入屈服阶段，此后按位移控制方式进行加载。

当柱端位移至 $\Delta = 60\text{mm}$（层间位移角 1/45），第 1 次循环时，试件处于塑性状态，栌斗东侧微微凸出，栌斗西侧稍稍凹陷；当柱端位移至 $\Delta = 80\text{mm}$（层间位移角 1/34），第 2 次循环时，栌斗东侧明显凸出，栌斗西侧凹陷明显；当柱端位移至 $\Delta = -58\text{mm}$（层间位移角 1/47），第 3 次循环时，栌斗东侧上端焊缝开裂，长度约为 100mm，宽度约为 3mm；当柱端位移至 $\Delta = 90\text{mm}$（层间位移角 1/30），第 1 次循环时，栌斗西侧上端焊缝开裂，长度约为 50mm，宽度约为 2mm；当柱端位移至 $\Delta = -78\text{mm}$（层间位移角 1/35），第 2 次循坏时，栌斗东侧上端焊缝贯通；当柱端位移至 $\Delta = 110\text{mm}$（层间位移角 1/25），第 2 次循坏时，栌斗西侧上端焊缝贯通；当柱端位移至 $\Delta = -98\text{mm}$（层间位移角 1/28），第 2 次循坏时，栌斗东侧上端裂缝向下延伸，新增裂缝长度约为 70mm，宽度约为 2mm；第 3 次循环时，栌斗东侧下端焊缝开裂，长度约为 30mm，宽度约为 1mm；当柱端位移至 $\Delta = 140\text{mm}$（层间位移角 1/19），第 1 次循环时，栌斗西侧下端焊缝开裂，长约为 30mm，宽约为 1mm。

当柱端位移至 $\Delta = -160\text{mm}$（层间位移角 1/17），第 2 次循环时，矩形钢管柱西侧根部翼缘与腹板连接处焊缝出现细微开裂，长度约为 45mm；第 3 次循环时，此裂缝宽度增大，并迅速向上发展，之后柱西侧根部翼缘发生了局部屈曲，柱东侧根部翼缘与水平加劲环连接处热影响区母材拉裂，并向腹板发展，此时荷载降至 $P = -48\text{kN}$；在位移回复至 $\Delta = 0\text{mm}$ 时，矩形钢管柱西侧根部翼缘与水平加劲环连接处热影响区母材拉裂。试件破坏形态如图 4-10 所示。

2. 试件 YZ1-2

试件正式加载时，先在矩形钢管柱柱端施加 1054kN 的轴向压力，吊篮中放置 480kg 砝码，然后施加柱端水平低周往复荷载。试件 YZ1-2 的破坏过程如下：

荷载控制初始阶段，在柱端荷载介于 $-50\text{kN} \sim 50\text{kN}$ 时，由数据采集仪所示数据知，带斗栱檐柱节点各部位均未屈服，柱端荷载-位移曲线呈线性，整个试件处于弹性状态。

当柱端推力大于 54kN 时，栌斗的 LDP1～LDP3、LDH11、LDH21、LDH22 应变片数值的绝对值均超过了 5mm 厚板材的屈服应变值 $1575\mu\varepsilon$，表明所有测点的首个屈服点出现在栌斗上，此时柱端荷载为 $P = 54.60\text{kN}$，相应位移为 $\Delta = 20.83\text{mm}$；当柱端荷载至 $P = 59.77\text{kN}$ 时，栌斗的 LDP4、LDH12、LDH13、LDH23、LDH33 应变片数值的绝对值均超过了 $1575\mu\varepsilon$，X-Y 记录仪上显示的荷载-位移曲线开始呈现出非线性变化，试件开始逐步进入屈服阶段，此后按位移控制方式进行加载。

图 4-10　试件 YZ1-1 破坏形态

a）试件侧向变形过大　b）栌斗焊缝开裂　c）矩形钢管柱西侧根部焊缝开裂　d）矩形钢管柱东侧根部热影响区母材拉裂

当柱端位移至 $\Delta=40$mm（层间位移角 1/68），第 1 次循环时，试件处于塑性状态，栌斗东侧微微凸出，栌斗西侧稍稍凹陷；当柱端位移至 $\Delta=50$mm（层间位移角 1/39），第 3 次循环时，栌斗东侧明显凸出，栌斗西侧凹陷明显；当柱端位移至 $\Delta=-50$mm（层间位移角 1/54），第 3 次循环时，栌斗东侧上端焊缝开裂，长度约为 50mm，宽度约为 2mm；当柱端位移至 $\Delta=70$mm（层间位移角 1/39），第 1 次循环时，栌斗西侧上端焊缝开裂，长度约为 60mm，宽度约为 3mm；当柱端位移至 $\Delta=-70$mm（层间位移角 1/39），第 3 次循环时，栌斗东侧上端焊缝贯通；当柱端位移至 $\Delta=90$mm（层间位移角 1/30），第 2 次循环时，栌斗西侧上端焊缝贯通；当柱端位移至 $\Delta=-90$mm（层间位移角 1/30），第 1 次循环时，栌斗东侧上端裂缝向下延伸，新增裂缝长度约为 60mm，宽度约为 2mm；第 3 次循环时，栌斗东侧下端焊缝开裂，长度约为 60mm，宽度约为 1mm；当柱端位移至 $\Delta=110$mm（层间位移角 1/25），第 1 次循环时，栌斗西侧下端焊缝开裂，长约为 35mm，宽约为 1mm，如图 4-11b 所示。

当柱端位移至 $\Delta=-130$mm（层间位移角 1/21），第 1 次循环时，矩形钢管柱西侧根部翼缘与腹板连接处焊缝开裂，长度约为 70mm，宽度约为 4mm，此后裂缝宽度逐步增大，并迅速向上发展，柱西侧根部翼缘发生了局部屈曲，此时柱端水平荷载降至 $P=-63$kN；当柱端

位移至 $\Delta=130\mathrm{mm}$（层间位移角 1/21），第 2 次循环时，矩形钢管柱东侧根部翼缘与腹板连接处焊缝从根部开裂，此后裂缝宽度逐渐增大，并迅速向上发展，柱东侧根部翼缘和两侧腹板均出现屈曲，此时柱端水平荷载降至 $P=44\mathrm{kN}$。试件破坏形态如图 4-11 所示。

图 4-11　试件 YZ1-2 破坏形态

a) 试件侧向变形过大　b) 栌斗焊缝开裂　c) 矩形钢管柱根部焊缝开裂　d) 矩形钢管柱根部翼缘和腹板屈曲

3. 试件 YZ2-1

试件正式加载时，先在矩形钢管柱柱端施加 334kN 的轴向压力，吊篮中放置 320kg 砝码，然后施加柱端水平低周往复荷载。试件 YZ2-1 的破坏过程如下：

荷载控制初始阶段，在柱端荷载为 $-90\sim89\mathrm{kN}$ 时，由数据采集仪所示数据知，带斗栱檐柱节点各部位均未屈服，柱端荷载-位移曲线呈线性，整个试件处于弹性状态。

当柱端推力大于 89kN 时，栌斗的 LDH11、LDH 13、LDH31、LDH33 应变片数值的绝对值均超过了 5mm 厚板材的屈服应变值 $1575\mu\varepsilon$，表明所有测点的首个屈服点出现在栌斗上，此时柱端荷载为 $P=89.15\mathrm{kN}$，相应位移为 $\Delta=13.52\mathrm{mm}$；当柱端荷载至 $P=94.66\mathrm{kN}$ 时，栌斗的 LDP1～LDP4、LDH21、LDH22、LDH23 应变片数值的绝对值均超过了 $1575\mu\varepsilon$，X-Y 记录仪上显示的荷载-位移曲线开始呈现出非线性变化，试件开始逐步进入屈服阶段，此后按位移控制方式进行加载。

当柱端位移至 $\Delta=19\mathrm{mm}$（层间位移角 1/84），第 1 次循环时，试件处于塑性状态，栌斗东侧微微凸出，栌斗西侧稍稍凹陷；当柱端位移至 $\Delta=25\mathrm{mm}$（层间位移角 1/64），第 3 次循环时，栌斗东侧明显凸出，栌斗西侧凹陷明显；当柱端位移至 $\Delta = -30$mm（层间位移角 1/53），第 1 次循环时，栌斗东侧上端焊缝开裂，长度约为 40mm，宽度约为 2mm；当柱端位移至 $\Delta = 35$mm（层间位移角 1/46），第 2 次循环时，栌斗西侧上端焊缝开裂，长度约为 22mm，宽度约为 2mm；当柱端位移至 $\Delta = -30$mm（层间位移角 1/53），第 3 次循环时，栌斗东侧上端焊缝贯通；当柱端位移至 $\Delta = 45$mm（层间位移角 1/36），第 1 次循环时，栌斗西侧上端焊缝贯通；当柱端位移至 $\Delta = -40$mm（层间位移角 1/40），第 1 次循环时，栌斗东侧上端裂缝向下延伸，新增裂缝长度约为 15mm，宽度约为 1mm；当柱端位移至 $\Delta = 45$mm（层间位移角 1/36），第 2 次循环时，栌斗西侧上端焊缝向下发展，新增裂缝长约为 38mm，宽约为 3mm。

当柱端位移至 $\Delta = -50$mm（层间位移角 1/32），第 2 次循环时，矩形钢管柱西侧根部翼缘与腹板连接处焊缝出现细微开裂，长度约为 32mm；第 3 次循环时，此裂缝宽度增大，并迅速向上发展，柱西侧根部翼缘发生了局部屈曲，此时柱端水平荷载降至 $P = -74.60$kN；当柱端位移至 $\Delta = 70$mm（层间位移角 1/23），第 1 次循环时，矩形钢管柱西侧根部翼缘与水平加劲环连接处热影响区母材拉裂，此时柱端水平荷载降至 $P = 31.74$kN；当柱端位移至 -70mm（层间位移角 1/23），第 1 次循环时，矩形钢管柱东侧根部翼缘与水平加劲环连接处热影响区母材拉裂，此时柱端水平荷载降至 $P = -62.59$kN。试件破坏形态如图 4-12 所示。

a）　　　　　　　　　　　　　　b）

c）　　　　　　　　　　　　　　d）

图 4-12　试件 YZ2-1 破坏形态

a）试件侧向变形过大　b）栌斗焊缝开裂　c）矩形钢管柱西侧根部焊缝开裂　d）矩形钢管柱东侧根部热影响区母材拉裂

4. 试件 YZ2-2

试件正式加载时，先在矩形钢管柱柱端施加 668kN 的轴向压力，吊篮中放置 320kg 砝码，然后施加柱端水平低周往复荷载。试件 YZ2-2 的破坏过程如下：

荷载控制初始阶段，在柱端荷载为 $-80 \sim 80$kN 时，由数据采集仪所示数据知，带斗栱檐柱节点各部位均未屈服，柱端荷载-位移曲线呈线性，整个试件处于弹性状态。

当柱端推力大于 80kN 时，栌斗的 LDH31、LDH33 应变片数值的绝对值均超过了 5mm 厚板材的屈服应变值 $1575\mu\varepsilon$，表明所有测点的首个屈服点出现在栌斗上，此时柱端荷载为 $P = 80.02$kN，相应位移为 $\Delta = 11.88$mm；当柱端荷载至 $P = 84.67$kN 时，栌斗的 LDP1 ~ LDP4、LDH12、LDH13、LDH21、LDH22、LDH32 应变片数值的绝对值均超过了 $1575\mu\varepsilon$，X-Y 记录仪上显示的荷载-位移曲线开始呈现出非线性变化，试件开始逐步进入屈服阶段，此后按位移控制方式进行加载。

当柱端位移至 $\Delta = 20$mm（层间位移角 1/80），第 1 次循环时，试件处于塑性状态，栌斗东侧微微凸出，栌斗西侧稍稍凹陷；当柱端位移至 $\Delta = 25$mm（层间位移角 1/64），第 1 次循环时，栌斗东侧明显凸出，栌斗西侧凹陷明显；当柱端位移至 $\Delta = -20$mm（层间位移角 1/80），第 2 次循环时，栌斗东侧上端焊缝开裂，长度约为 30mm，宽度约为 3mm；当柱端位移至 $\Delta = 25$mm（层间位移角 1/64），第 3 次循环时，栌斗西侧上端焊缝开裂，长度约为

a)

b)

c)

d)

图 4-13　试件 YZ2-2 破坏形态

a）试件侧向变形过大　b）栌斗焊缝开裂　c）矩形钢管柱根部焊缝开裂　d）矩形钢管柱根部翼缘和腹板屈曲

10mm, 宽度约为 1mm; 当柱端位移至 $\Delta = -30mm$ (层间位移角 1/53), 第 1 次循环时, 栌斗东侧上端焊缝贯通; 当柱端位移至 $\Delta = 35mm$ (层间位移角 1/46), 第 2 次循环时, 栌斗西侧上端焊缝贯通; 当柱端位移至 $\Delta = -30mm$ (层间位移角 1/53), 第 3 次循环时, 栌斗东侧上端裂缝向下延伸, 新增裂缝长度约为 13mm, 宽度约为 1mm; 当柱端位移至 $\Delta = 45mm$ (层间位移角 1/36), 第 1 次循环时, 栌斗西侧上端焊缝向下发展, 新增裂缝长约为 20mm, 宽约为 2mm, 如图 4-13b 所示。

当柱端位移至 $\Delta = -40mm$ (层间位移角 1/40), 第 1 次循环时, 矩形钢管柱西侧翼缘与腹板连接处焊缝从根部开裂, 长度约为 45mm, 宽度约为 2mm, 此后裂缝宽度逐步增大, 并迅速向上发展, 柱西侧根部翼缘发生了局部屈曲, 此时柱端水平荷载降至 $P = -65.60kN$; 当柱端位移至 $\Delta = 45mm$ (层间位移角 1/36), 第 2 次循环时, 矩形钢管柱东侧翼缘与腹板连接处焊缝从根部开裂, 此后裂缝宽度逐渐增大, 并迅速向上发展, 柱东侧根部翼缘和两侧腹板均出现屈曲, 此时柱端水平荷载降至 $P = 50.80kN$。试件破坏形态如图 4-13 所示。

4.3 破坏形态分析

1) 试件的栌斗首先发生破坏, 之后矩形钢管柱根部也发生了破坏, 这主要是由于矩形钢管柱贯穿于斗栱中, 当柱端施加水平荷载后, 矩形钢管柱根部截面内力由矩形钢管柱和栌斗共同承担, 由于栌斗与矩形钢管柱变形协调, 且栌斗处于矩形钢管柱的外围, 栌斗的变形大于矩形钢管柱, 栌斗首先破坏, 之后其对矩形钢管柱失去保护作用, 截面内力仅由矩形钢管柱承担, 随着水平荷载的增加, 矩形钢管柱根部发生破坏。

2) 栌斗自身焊缝开裂及矩形钢管柱根部翼缘与腹板连接处焊缝开裂主要是因为栌斗上部焊缝两端和矩形钢管柱与水平加劲环交接处, 既是多条焊缝的相交处, 又是焊缝的起落弧处, 这些部位存在着明显的应力集中, 受其影响, 试件焊缝均从这些部位开裂; 而矩形钢管柱根部翼缘母材拉裂则是由于矩形钢管柱根部东、西侧根部翼缘与水平加劲环连接处热影响区材性较差, 且试件遵从 "强连接" 的设计原则, 可将矩形钢管柱根部截面看作是试件的最不利截面, 所以矩形钢管柱母材拉裂发生在此。

3) 栌斗东侧上部焊缝先于西侧开裂, 矩形钢管柱西侧根部翼缘与腹板连接处焊缝先于东侧开裂主要有两方面原因: 一方面是由于试件均为几何不对称结构, 且由各部分焊接而成, 焊缝的存在使焊接部位变为非匀质、各向异性材料, 试件两侧焊缝的不对称分布对试件内力的传递有较大的影响, 导致在柱端施加推力和拉力时的试件刚度有较大差异; 另一方面是由于试件东侧施加的配重对其截面内力有一定的影响, 使柱端达到相同位移时, 需更大的拉力。

4) 大轴压比试件, 其矩形钢管柱根部翼缘和腹板均发生了屈曲, 两侧翼缘与水平加劲环连接处热影响区母材未被拉裂, 究其原因, 主要是当轴压比为 0.3 时, 试件的二阶效应 (P-Δ 效应) 不是很显著, 柱端水平推力产生的拉应力不足以使矩形钢管柱东侧根部翼缘与腹板连接处焊缝开裂, 西侧翼缘与腹板连接处压应力使该处焊缝闭合, 试件仍具有较高承载能力。当轴压比为 0.6 时, 在柱端位移较小时, 根部整个截面压应力较大; 试件产生较大位移时, 试件的二阶效应较为明显, 矩形钢管柱东侧根部翼缘与腹板连接处拉应力较大, 该处焊缝开裂, 矩形钢管柱在较大轴压力下, 柱根部翼缘与腹板均发生了屈曲。

■ 4.4 试验结果

4.4.1 滞回曲线

柱加载端的荷载-位移滞回曲线是试件在水平低周往复荷载作用下抗震性能的综合体现，主要反映构件的承载能力、延性、刚度退化规律和耗能性能等。试验测得各试件的滞回曲线如图 4-14 所示，图中 P、Δ 分别为试件柱端水平荷载和位移。

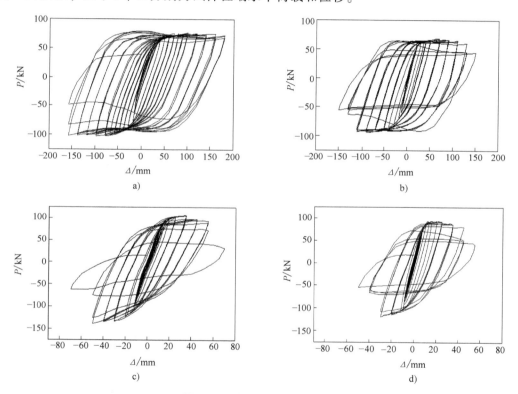

图 4-14 各试件的滞回曲线

a）YZ1-1 试件 b）YZ1-2 试件 c）YZ2-1 试件 d）YZ2-2 试件

由图 4-14 可知，传统风格建筑带斗栱檐柱节点滞回曲线有以下特征：

1）带斗栱檐柱节点在加载初期，即栌斗未出现屈服点前，滞回曲线基本呈线性，力随着位移的增加呈直线上升。此阶段，滞回环包围的面积较小，卸载时基本无残余变形，刚度退化不明显，说明此时试件处于弹性工作阶段。

2）当进入位移控制阶段后，随着位移的不断增加，试件的滞回曲线逐渐饱满，滞回环包围的面积逐步增大，整体上曲线呈纺锤形，说明传统风格建筑带斗栱檐柱节点具有良好的延性和优越的耗能性能。

3）各试件的滞回曲线不对称，主要有三个原因：一是试件为非对称结构，且由各部分焊接而成，焊缝的存在使焊接部位变为非匀质、各向异性材料，试件两侧焊缝的不对称分布对试件内力的传递有较大的影响，导致在柱端施加推力和拉力时试件的刚度有较大差异，施加相同的水平力，达到的水平位移不同，且在试件东侧顶部均施加有配重。二是 4 个试件负向荷载均在某加载阶段出现较明显下降，这主要是由于矩形钢管柱西侧根部翼缘与腹板连接处焊缝开裂且裂缝不断加宽所致。三是当位移较大时，各试件（除 YZ1-1 外）正向荷载有显著降低，负向荷载变化不大，这与矩形钢管柱东侧根部翼缘与腹板连接处焊缝开裂（轴压比为 0.6 的试件）和柱西侧根部翼缘与水平加劲环连接处热影响区母材拉裂（轴压比为 0.3 的试件）有关。因为此处开裂后，在正向荷载作用下，柱西侧根部翼缘与水平加劲环连接处的拉应力使该处裂缝加宽（轴压比为 0.3 的试件），不能传递到水平加劲环上，柱东侧根部翼缘与腹板连接处的拉应力（轴压比为 0.6 的试件）使该处裂缝加速发展，不能作用到腹板上；在负向荷载作用下，柱西侧根部翼缘与水平加劲环连接处的压应力和柱东侧根部翼缘与腹板连接处的压应力使其裂缝闭合，负向荷载无明显下降。

4.4.2 骨架曲线

在低周往复荷载试验中，将 P-Δ 滞回曲线各级的第 1 次循环的峰值点连接而成的包络线称为试件的骨架曲线。骨架曲线反映出构件受力和变形的关系，得到试件的屈服荷载和屈服位移、极限荷载和极限位移，是结构抗震性能的综合体现和进行结构抗震弹塑性动力反应分析的主要依据。由各试件滞回曲线得到的骨架曲线，如图 4-15 所示。由图 4-15 可知，传统风格建筑带斗栱檐柱节点骨架曲线有以下特征：

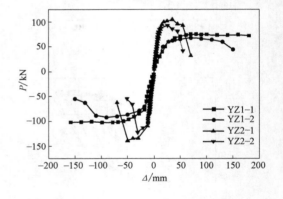

图 4-15　各试件骨架曲线

1）试件骨架曲线整体上呈"S"形，分别经历了三个阶段：弹性段、弹塑性段和破坏段。除 YZ1-1 试件外，其他试件骨架曲线均有明显下降段，试件节点区变形明显，表明试件具有良好的延性和优越的耗能性能。

2）弹性段，即试件屈服点之前的直线段，卸载时基本无残余变形，刚度退化不明显，说明此时试件处于弹性工作阶段。由图 4-15 可知 YZ1 系列和 YZ2 系列各两个试件在此阶段的骨架曲线基本重合。

3）弹塑性段，即试件屈服点与极限点之间的上升段。试件塑性变形逐步增大，依次达到极限承载力，各试件因控制参数的不同，骨架曲线逐步有了明显差异，但 YZ1 系列和 YZ2 系列各两个试件在此阶段骨架曲线的整体趋势基本相似。

4）破坏段，即试件极限点之后的下降段（除 YZ1-1 外）。试件节点区在低周往复荷载作用下陆续发生破坏，达到极限承载力后，YZ1 系列具有较长的水平强化段，YZ2 系列几乎无水平强化段，直接进入下降段。YZ1 系列和 YZ2 系列各两个试件在此阶段骨架曲线的整体趋势基本相似。

5）YZ1 系列和 YZ2 系列轴压比为 0.6 的试件其极限承载力比轴压比为 0.3 的试件低 10%~12%，表明当轴压比不超过 0.6 时，轴压比对钢结构带斗栱檐柱节点的承载力影响较大。

6）轴压比相同时，比较矩形钢管柱长细比不同的两对试件发现，YZ2 系列试件的极限承载力比 YZ1 系列的高 25%～28%，YZ1 系列骨架曲线进入塑性阶段后有较长的强化段，可见矩形钢管柱长细比对带斗栱檐柱节点的承载力和位移延性有较大影响，其主要原因是 YZ2 系列刚度明显大于 YZ1 系列。

7）4 个试件的骨架曲线在正、负向（除 YZ1-1 外）加载时都有荷载下降段，这主要是由栌斗自身焊缝开裂、矩形钢管柱根部翼缘与腹板连接处焊缝开裂，以及柱根部翼缘与水平加劲环连接处热影响区母材突然拉裂所致。

4.4.3　极限承载力和位移

各试件的荷载特征值见表 4-2，其中 P_y、P_u、P_m 分别为试件的屈服荷载、极限荷载和破坏荷载，Δ_y、Δ_u、Δ_m 分别为相应的位移值。

表 4-2　各试件荷载特征值

试件编号	加载方向	屈服点		极限点		破坏点	
		P_y/kN	Δ_y/mm	P_u/kN	Δ_u/mm	P_m/kN	Δ_m/mm
YZ1-1	正向	63	32	75.29	80	72.09	180
	负向	89	36	102.37	98	101.60	158
YZ1-2	正向	59	27	68.00	70	57.80	133
	负向	79	30	92.14	90	78.32	118
YZ2-1	正向	91	14	104.84	35	89.20	56
	负向	114	16	138.69	50	117.89	55
YZ2-2	正向	85	13	92.52	26	78.65	46
	负向	107	14	122.04	31	103.74	34

注：表中 YZ1-1 试件的 P_m、Δ_m 为试件加载至最后一级位移，第 1 次循环时，荷载和位移的对应值。

试件的屈服点即骨架曲线上开始出现明显的拐弯点，相应于该点试件的承载能力和位移分别为试件的屈服荷载和屈服位移。通用屈服弯矩法可根据试件的骨架曲线精确确定试件的屈服点。试件破坏荷载可由我国行业标准 JGJ/T 101—2015《建筑抗震试验规程》中相关规定确定，即破坏荷载及相应位移应取试件达到极限荷载之后，随位移的增加试件荷载下降至极限荷载的 85% 时对应的荷载和位移。

试件的屈服荷载和屈服位移可由通用屈服弯矩法获得。如图 4-16 所示，依据所得 P-Δ 曲线，先作初始段的切线 OA，交过点 B 的水平线于 A，作垂线 AC 交曲线于点 C，连接 OC 并延长交 AB 于 D，作垂线 DE 交曲线于点 E，则点 E 的坐标值即试件的屈服荷载和屈服位移。由表 4-2 可知：

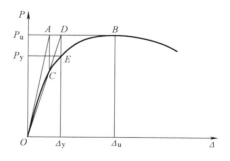

图 4-16　通用屈服弯矩法确定屈服点

1）试件正、负向荷载特征值有较大差异，且负向较正向大，主要原因是试件为非对称结构，且由各部分焊接而成，焊缝的存在使焊接部位变为非匀质、各向异性材料，试件两侧焊缝的不对称分布对试件内力传递有较大影响，导致在柱端施加推力和拉力时试件的刚度有较大差异，且在试件东侧顶部均施加有配重。

2）当矩形钢管柱长细比相同时，其轴压比对试件荷载特征值影响较大，这主要是由于当轴压比为 0.6 时，试件柱端位移较小时，矩形钢管柱根部整个截面压应力较大，试件在较小的柱端位移下进入屈服阶段；当产生较大侧移时，试件的二阶效应较显著，矩形钢管柱根部翼缘与腹板连接处拉应力增大，试件在较小的柱端位移下发生破坏。

3）当矩形钢管柱轴压比相同时，其长细比越小，试件荷载特征值越大，其主要原因是当长细比较小时，试件的高度减小，刚度增大，在相同柱端荷载下，产生的侧向位移变小；因柱端荷载的力臂较小，产生的截面应力变小。因此试件达到屈服和破坏时的柱端荷载增大，水平位移减小。

4.4.4 延性

延性是指结构或构件在达到极限承载能力时或极限承载能力不显著降低的情况下发生弹塑性变形的能力，它是衡量结构或构件抗震性能的一个至关重要的指标。延性通常用延性系数来表示，延性系数是指某量值的极限变形与其对应的屈服变形之比，常用的有位移延性系数、曲率延性系数和转角延性系数。

本章试件的延性特性由位移延性系数和转角延性系数来评价，详值列于表4-3中。

1. 位移延性系数

各试件位移延性系数的计算见下式

$$\mu_\Delta = \frac{\Delta_m}{\Delta_y} \tag{4-1}$$

式中，Δ_m 为试件的破坏位移，取构件骨架曲线中荷载下降到极限荷载的85%时对应的位移；Δ_y 为试件的屈服位移，即与屈服荷载相对应的位移值。

表4-3 各试件延性系数

试件编号	加载方向	Δ_y/mm	Δ_m/mm	μ_Δ	θ_y	θ_m	μ_θ
YZ1-1	正向	32	179.98	5.62	1/85	1/15	5.62
	负向	36	158.02	4.39	1/76	1/17	4.39
YZ1-2	正向	27	132.75	4.92	1/101	1/20	4.92
	负向	30	117.91	3.93	1/91	1/23	3.93
YZ2-1	正向	14	55.93	4.00	1/115	1/29	4.00
	负向	16	55.46	3.47	1/100	1/29	3.47
YZ2-2	正向	13	45.59	3.51	1/123	1/35	3.51
	负向	14	34.25	2.45	1/115	1/47	2.45

由表4-3中数值可知：

1）各试件的位移延性系数为2.45~5.67，带斗栱檐柱节点延性系数较大，主要原因是试件进入屈服阶段时，柱端位移较小，而在柱端位移较大时，矩形钢管柱根部翼缘与腹板连接处焊缝开始开裂。对比可知，试件正、负向位移延性系数相差15.27%~43.27%，且正向较负向大，主要是由于试件"正负向"刚度的差异（试件"负向"刚度较大），致使试件受拉屈服时的位移较大；各试件的滞回曲线负向拉力大于正向推力，使各试件在受拉时发生破坏，负向破坏位移小于正向破坏位移，导致负向位移延性系数小于正向位移延性系数。

2）相同轴压比下，各试件的位移延性系数 μ_Δ 不同，μ_Δ 值越大，表明试件屈服后承受较大变形的潜能越大。YZ1系列轴压比为0.3的试件，其位移延性系数比轴压比为0.6的试件大11.50%，YZ2系列轴压比为0.3的试件，其位移延性系数比轴压比为0.6的试件大20.21%，如图4-17所示，这主要是由于当矩形钢管柱轴压比为0.6时，当产生较大侧移时，试件的二阶效应较显著，矩形钢管柱根部翼缘与腹板连接处拉应力增大，在较小的柱端位移下矩形钢管柱根部翼缘与腹板连接处焊缝开裂，试件发生破坏，试件的破坏位移相对较小。

3）YZ1 系列试件的位移延性系数 μ_Δ 平均值为 4.72，YZ2 系列试件的位移延性系数 μ_Δ 平均值为 3.36，表明 YZ1 系列试件比 YZ2 系列延性好，其主要原因是相对而言 YZ1 系列试件矩形钢管柱长细比较大，刚度小，试件破坏时，产生的侧向位移大，使试件位移延性系数增大，YZ1 系列试件展现出较好的延性。

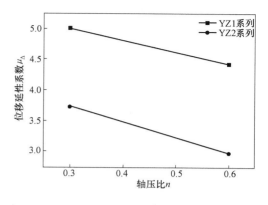

图 4-17 试件位移延性系数分布图

2. 转角延性系数

各试件层间位移角 θ 按下式计算

$$\theta = \frac{\Delta}{H} \tag{4-2}$$

式中，Δ 为柱端位移特征值；H 为柱顶端至基座底部的距离。

转角延性系数用 μ_θ 表示，其计算公式见式（4-3）

$$\mu_\theta = \frac{\theta_m}{\theta_y} \tag{4-3}$$

式中，θ_y 为试件的屈服位移角，即屈服荷载相对应的位移角值；θ_m 为试件的层间破坏位移角，取构件骨架曲线中荷载下降到极限荷载的 85% 时对应的层间位移角。

GB 50011—2010《建筑抗震设计规范》规定，在大震作用下结构的弹塑性变形应小于容许极限变形，以防止结构倒塌，要求结构的弹塑性层间位移角必须小于规定的限值。根据规程：多高层钢结构的弹性层间位移角 $[\theta_e] = 1/250 = 0.004$，弹塑性层间位移角 $[\theta_p] = 1/50 = 0.02$。

本试验 4 个试件的弹性层间位移角 $\theta_e = 0.008 \sim 0.013 = 2.00 [\theta_e] \sim 3.25[\theta_e]$；弹塑性层间位移角 $\theta_p = 0.021 \sim 0.067 = 1.05 [\theta_p] \sim 3.35[\theta_p]$，可知试件的弹塑性层间位移角均大于规定的限值，YZ1 系列试件承载力无明显退化，YZ2 系列试件承载力退化较明显，说明矩形钢管柱长细比对试件屈服后的变形能力影响较大。

4.4.5 耗能性能

对结构而言，耗能性能是评估其抗震性能的重要指标，直接体现了结构吸收和消耗地震能量的能力。在水平低周往复荷载作用下，结构或构件每经过一个加载、卸载的循环，在加载时吸收或储存能量，卸载时释放能量，但两者却不相等，二者之差则为结构或构件在一个循环中的耗能，即一个滞回环所包围的面积。结构通过变形耗散的能量，可分为弹性应变能和由结构的塑性变形所耗散的能量，称为滞回耗能。每次循环结束后，结构的弹性变性可恢复而其塑性变形不能恢复。

本文按 JGJ/T 101—2015《建筑抗震试验规程》规定，采用能量耗散系数衡量试件的耗

能性能，由能量耗散系数得试件的等效黏滞阻尼系数，以此来评估试件的耗能性能。如图 4-18 所示，相关系数见式（4-4）

$$E_{d} = \frac{S_{(ABD+BCD)}}{S_{(\triangle OAE + \triangle OCF)}}, h_{e} = \frac{E_{d}}{2\pi} \tag{4-4}$$

式中，h_{e} 为试件等效黏滞阻尼系数；E_{d} 为试件能量耗散系数；$S_{(ABD+BCD)}$ 为图中滞回曲线所围阴影部分的面积；$S_{(\triangle OAE + \triangle OCF)}$ 为图中相应三角形的面积。

在水平往复荷载下，各试件的等效黏滞阻尼系数 h_{e} 由式（4-4）计算，其值见表 4-4，试件耗能性能与变形的关系曲线如图 4-19 所示，其中 E_{dy}、E_{du}、E_{dm} 分别为与试件屈服荷载、极限荷载和破坏荷载相应的能量耗散系数，h_{ey}、h_{eu}、h_{em} 分别为与之相应的等效黏滞阻尼系数。

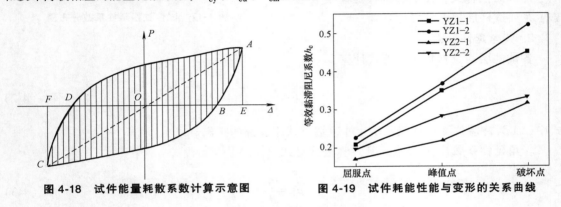

图 4-18　试件能量耗散系数计算示意图　　图 4-19　试件耗能性能与变形的关系曲线

表 4-4　试件耗能指标

试件编号	能量耗散系数			等效黏滞阻尼系数		
	E_{dy}	E_{du}	E_{dm}	h_{ey}	h_{eu}	h_{em}
YZ1-1	1.313	2.192	2.833	0.209	0.349	0.451
YZ1-2	1.413	2.305	3.253	0.225	0.367	0.518
YZ2-1	1.061	1.375	1.984	0.169	0.219	0.316
YZ2-2	1.237	1.784	2.079	0.197	0.284	0.331

由图 4-19 和表 4-4 可得：

1）试件屈服时，因栌斗两侧、矩形钢管柱两侧根部翼缘均已发生屈服，试件的耗能性能已初步表现；当试件处于塑性极限状态时，因矩形钢管柱根部钢材塑性得到进一步发展，试件的耗能性能显著增强；当试件破坏时，因矩形钢管柱根部翼缘与腹板连接处焊缝开裂、柱根部翼缘与水平加劲环连接处热影响区母材拉裂及柱根部翼缘和腹板发生屈曲，试件的耗能性能继续提高，且达到最大值。由此可知，试件节点区的塑性发展较充分，其历程较长，试件具有良好的耗能性能。

2）YZ1 系列试件的等效黏滞阻尼系数平均值比 YZ2 系列试件高 40%，主要是由于 YZ2 系列试件矩形钢管柱长细比小，试件的刚度大，栌斗东西两侧、矩形钢管柱两侧根部翼缘在较早时刻进入塑性阶段，此后矩形钢管柱根部迅速发生破坏，试件由塑性状态至破坏历程较短，YZ2 系列试件塑性未来得及充分发挥就已发生破坏，试件的耗能性能有所降低。

3）矩形钢管柱长细比相同时，对比 YZ1 系列、YZ2 系列不同轴压比的试件知，轴压比为 0.6 的试件其等效黏滞阻尼系数比轴压比为 0.3 的高 12%，究其原因，主要是大轴压比试件进入塑性阶段后，在低周往复荷载下，矩形钢管柱根部翼缘和腹板均发生屈曲（小轴压比试件仅有柱西侧根部翼缘屈曲），试件的塑性较小轴压比试件发展得更充分，体现为大轴压比试件的耗能性能更优越。

4.4.6　强度退化

试件进入塑性状态后，在位移幅值不变的条件下，结构构件的承载能力随反复加载次数的增加而降低的特性叫强度退化。结构构件的强度退化可用同级加载各次循环过程中承载能力降低系数 λ_i 表示。本试验中 λ_i 为同一级加载最后一次循环所得的峰值荷载与第 1 次循环时峰值荷载的比值。承载能力降低系数见式（4-5）

$$\lambda_i = \frac{P_j^i}{P_j^{i-1}} \qquad (4-5)$$

式中，P_j^i 为柱端位移级别为 $\xi = \Delta_j / \Delta_y$ 时，试件第 i 次循环时的峰值荷载；P_j^{i-1} 为柱端位移级别为 $\xi = \Delta_j / \Delta_y$ 时，试件第 $i-1$ 次循环时的峰值荷载。

各试件在不同柱端位移下，承载力降低系数见表4-5，随 ξ 的变化规律如图 4-20 所示，其中 ξ 表示柱端位移级别，取柱端位移 Δ_j 与屈服位移 Δ_y 的比值，λ_i 表示承载力降低系数。

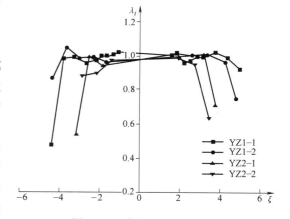

图 4-20　试件强度退化曲线

表 4-5　试件承载力降低系数表

试件编号	正向		负向	
	ξ	λ_i	ξ	λ_i
YZ1-1	1.563	1.003	1.056	1.021
	1.875	1.018	1.333	1.004
	2.188	0.957	1.611	0.999
	2.500	0.969	1.889	0.996
	2.813	0.997	2.167	0.972
	3.125	0.991	2.722	0.956
	3.750	1.023	3.278	0.991
	4.375	0.990	3.833	0.982
	5.000	0.924	4.389	0.474
YZ1-2	1.852	1.002	1.667	0.963
	2.593	1.006	2.333	0.994
	3.333	1.009	3.000	0.984
	4.174	0.972	3.667	1.050
	4.814	0.748	4.333	0.868
YZ2-1	1.786	1.012	1.875	0.942
	2.500	1.000	2.500	0.993
	3.214	1.011	3.125	0.538
	3.929	0.705	—	—
YZ2-2	1.923	0.987	1.429	0.973
	2.692	0.953	2.143	0.895
	3.461	0.635	2.857	0.881

由图 4-20 和表 4-5 可知：

1）各试件由开始加载至位移控制初期，即试件达到极限塑性变形之前，其强度退化曲线整体走势基本相同，试件承载力降低系数 λ_i 均在 1.0 左右，这说明此阶段试件正、负向同级加载承载力均未出现明显退化，主要由于钢材材质均匀、各向同性、受力均匀。在试件达到极限塑性变形之前，栌斗东西两侧焊缝已开裂，但因其钢板厚度较小，对试件承载力贡献有限，所以试件的承载力仍未出现较明显的退化。

2）试件达到极限塑性变形之后，其强度退化有如下特点：第一，大体上，YZ2 系列试件强度退化早于 YZ1 系列，这是因为 YZ2 系列试件矩形钢管柱长细比小，试件的刚度大，栌斗两侧、矩形钢管柱两侧根部翼缘在较早时刻进入塑性阶段，此后矩形钢管柱根部迅速发生破坏，致使试件的承载力显著降低，试件的强度出现明显退化。第二，由 YZ1 系列、YZ2 系列不同轴压比试件的强度退化曲线知，轴压比为 0.3 的试件其强度退化速度较轴压比为 0.6 的大，主要是由于小轴压比试件进入塑性阶段后，在低周往复荷载下，矩形钢管柱西侧根部翼缘发生屈曲，柱两侧根部翼缘与水平加劲环连接处热影响区母材拉裂；而大轴压比试件进入塑性阶段后，矩形钢管柱两侧根部翼缘与腹板连接处焊缝开裂，柱根部翼缘和腹板均发生屈曲，但未出现钢材拉裂。因此小轴压比试件承载力降低得更迅速，其强度退化更明显。

4.4.7　刚度退化

试件进入塑性状态后，在位移幅值不变的条件下，结构构件的刚度随反复加载次数的增加而降低的特性叫刚度退化，它可以取同一级变形下的割线刚度来表示。割线刚度的计算方法参见 JGJ/T 101—2015《建筑抗震试验规程》，本试验中某一级加载位移下的割线刚度取同级三个循环割线刚度的平均值，割线刚度按下式计算

$$K_i = \frac{|+P_i|+|-P_i|}{|+\Delta_i|+|-\Delta_i|} \qquad (4\text{-}6)$$

式中，P_i 为第 i 次循环峰值点的荷载；Δ_i 为第 i 次循环峰值点的位移。

各试件在不同柱端位移下，割线刚度见表 4-6，割线刚度随 ξ 的变化规律如图 4-21 所示，其中 ξ 表示柱端位移级别，取柱端位移 Δ_j 与屈服位移 Δ_y 的比值，K_i 表示相应柱端位移时试件的割线刚度。

表 4-6　试件割线刚度

YZ1-1		YZ1-2		YZ2-1		YZ2-2	
ξ	K_i	ξ	K_i	ξ	K_i	ξ	K_i
1.250	2.490	1.044	2.946	1.115	6.961	1.015	8.124
1.563	1.971	1.481	2.151	1.429	6.563	1.539	6.097
1.875	1.672	1.852	1.526	1.786	5.247	1.923	4.521
2.188	1.432	2.593	1.131	2.500	3.632	2.692	3.088
2.500	1.256	3.333	0.858	3.214	2.709	3.462	1.924
2.813	1.105	4.074	0.703	3.929	1.881	4.231	0.911
3.125	0.987	4.815	0.414	5.000	0.674	—	—
3.750	0.800	5.556	0.334	—	—	—	—
4.375	0.667	—	—	—	—	—	—
5.000	0.569	—	—	—	—	—	—
5.625	0.437	—	—	—	—	—	—

由图 4-21 和表 4-6 可知：

1）各试件刚度随着柱端位移级别 ξ 的增加呈退化趋势，致使试件刚度退化的主要原因是试件屈服后的累计损伤及弹塑性性质，对带斗栱檐柱节点而言，主要表现为试件的屈服，其塑性的充分发展，栌斗两侧、矩形钢管柱两侧根部翼缘与腹板连接处焊缝开裂及矩形钢管柱两侧根部翼缘与水平加劲环连接处热影响区母材拉裂。

2）整个加载过程，YZ2 系列试件刚度较YZ1 系列大，其刚度退化也较明显，这是因为YZ2 系列试件矩形钢管柱长细比小，试件的刚

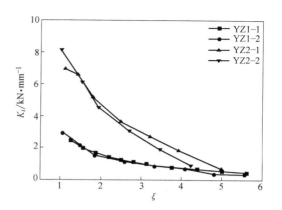

图 4-21　割线刚度随 ξ 的变化规律

度大，栌斗两侧、矩形钢管柱根部翼缘与腹板进入塑性阶段后，栌斗和矩形钢管柱迅速发生破坏，致使 YZ2 系列试件的割线刚度显著降低，与 YZ1 系列试件的割线刚度相差无几，试件刚度出现明显退化。

3）由 YZ1 系列、YZ2 系列不同轴压比试件的刚度退化曲线知，轴压比对各试件刚度退化的影响较小，主要是由于试件进入塑性阶段后，在低周往复荷载下，各试件均发生了破坏，刚度出现较明显的退化，但刚度退化的速度基本一致。

4.4.8　节点区应变分析

由布置在试件上的应变片可得相应位置的应变。图 4-22 给出了 YZ1-1 檐柱根部、檐柱节点区（分为矩形钢管柱端部、栌斗和檐柱连接 3 个部分）等部位的应变随柱端水平荷载的变化规律，其中图 4-22 中的斜向应变为应变花中斜向应变片的示数，括号内编码是所取测点的名称。

由图 4-22 可得以下主要结论：

1）所有测点的首个屈服点出现在栌斗翼缘上，之后栌斗腹板屈服，栌斗翼缘及腹板均在试件焊缝拉裂前屈服，且应变值较大；当柱端位移较大时，矩形钢管柱端部屈服，但其应变值较小；直至试件破坏，檐柱根部及檐柱连接均未屈服；因栌斗和矩形钢管柱根部变形协调，可知矩形钢管柱根部应变值也较大，表明"强连接"型带斗栱檐柱节点主要由栌斗和矩形钢管柱根部承载，檐柱节点的承载力基本可由栌斗和矩形钢管柱根部决定。

2）栌斗应变值最大，增长速度最快，说明栌斗塑性发展最充分，这是由于栌斗处于矩形钢管柱外围，因栌斗和矩形钢管柱根部变形协调，当柱端位移较大时，栌斗的变形较大，且其宽厚比较大，易发生屈曲。测点 LDP3、LDH22 的应变发展均不对称，主要原因是栌斗上部焊缝开裂后，焊缝开裂一侧的拉应力使裂缝继续发展，不能及时传至另一侧，而压应力使裂缝闭合后能够传至另一侧，使栌斗发生更明显的屈曲，即测点 LDP3 处继续凹陷，而测点 LDH22 处继续凸出，因此测点 LDP3 和 LDH22 的应变主要偏向某一方向发展，如图 4-22a、b 所示。

3）测点 JZP6、YZP1、YZH12、YZP2 及 YZP3 的应变随柱端水平荷载的变化规律不对称主要是因为施于试件正、负向的力不对称，且负向力较大，因此负向力一侧的应变值较

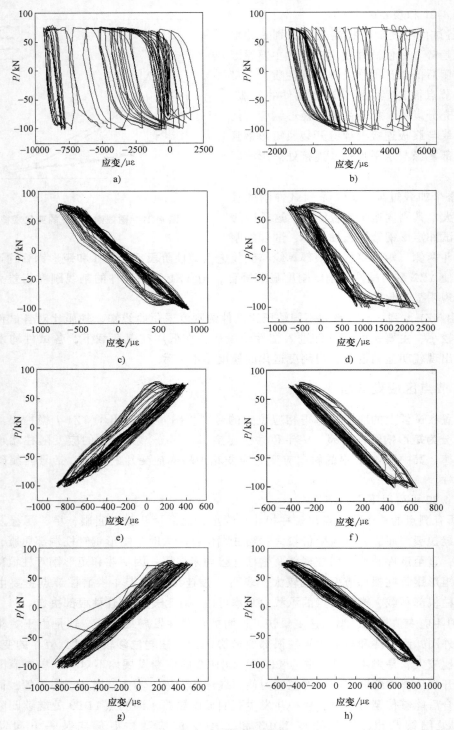

图 4-22　节点区应变

a) 栌斗翼缘（LDP3）应变　b) 栌斗腹板（LDH22）斜向应变　c) 矩形钢管柱端部翼缘（JZP6）应变
d) 矩形钢管柱端部腹板（JZH12）斜向应变　e) 檐柱连接翼缘（YZP1）应变　f) 檐柱连接腹板
（YZH12）斜向应变　g) 檐柱根部（YZP2）应变　h) 檐柱根部（YZP3）应变

大，如图 4-22c~h 所示。测点 JZH12 的应变发展不对称，主要是由于较大的负向力使测点处受拉屈服，之后其塑性有了一定程度的发展，而正向力未使测点处屈服，所以测点 JZH12 的应变明显偏向受拉一侧，如图 4-22d 所示。

4）测点 YZP1、YZH12 的应变变化规律表示，直至试件加载结束，其应变均未达到屈服应变，这是由于试件为"强连接"型檐柱节点。而檐柱根部测点 YZP2、YZP3 处未屈服，主要是因为栌斗两侧及矩形钢管柱根部先屈服，此后应力主要使栌斗和矩形钢管柱根部产生塑性变形，而传至檐柱根部的应力较小，不足以使檐柱根部达到屈服。因此，檐柱连接和檐柱根部直至试验结束均未达到屈服。

4.5 本章小结

本章通过对 4 个传统风格建筑带斗栱檐柱节点的滞回特性、极限承载力和位移、延性、耗能性能及强度和刚度退化等的分析，可得出以下结论：

1）传统风格建筑带斗栱檐柱节点的抗震性能优越。各试件均是由于栌斗自身焊缝及矩形钢管柱根部翼缘与腹板连接处焊缝开裂而破坏，此后檐柱节点承载力急剧下降，而由于水平加劲环的约束，矩形钢管柱根部裂缝未能向檐柱连接延伸。

2）当轴压比不超过 0.6 时，轴压比对钢结构带斗栱檐柱节点的极限承载力影响较大。在一定范围内，矩形钢管柱长细比对带斗栱檐柱节点的承载力和位移延性有较大影响。

3）试件正、负向荷载特征值有较大差异，且负向较正向大，主要原因是试件为非对称结构，且由各部分焊接而成，焊缝的存在使焊接部位变为非匀质、各向异性材料，试件两侧焊缝的不对称分布对试件内力传递有较大的影响，导致在柱端施加推力和拉力时试件的刚度有较大差异，且在试件东侧顶部均施加有配重。

4）本试验 4 个试件的弹性层间位移角和弹塑性层间位移角均大于规定的限值，YZ1 系列试件承载力无明显退化，YZ2 系列试件承载力退化较明显，说明矩形钢管柱长细比对试件屈服后的变形能力影响较大。

5）带斗栱檐柱节点虽然不具有古建筑斗栱的隔振、减震能力，但因钢结构带斗栱檐柱节点的塑性变形充分，其耗能性能优越，等效黏滞阻尼系数的平均值为 0.30。矩形钢管柱长细比及轴压比对带斗栱檐柱节点的耗能性能影响很大。

6）YZ1 系列和 YZ2 系列试件的强度退化曲线相似，但 YZ2 系列试件强度退化早于 YZ1 系列。矩形钢管柱长细比和轴压比为带斗栱檐柱节点强度退化的主要影响因素。

7）由 YZ1 系列、YZ2 系列不同轴压比试件的刚度退化曲线知，轴压比对各试件刚度退化的影响较小，主要是由于试件进入塑性阶段后，在低周往复荷载下，各试件均发生了破坏，刚度出现较明显的退化，但刚度退化的速度基本一致。

第5章

传统风格建筑钢结构双梁-柱节点抗震性能试验

为了系统地研究传统风格建筑钢结构双梁-柱节点的抗震性能，本章设计了8个传统风格建筑钢结构双梁-柱节点，并对其进行抗震性能试验，获得了该类节点在低周往复荷载作用下的破坏形态和破坏机制。

■ 5.1 试件的设计及制作

5.1.1 试件设计

为了研究不同的柱轴压比和梁截面形式对传统风格建筑钢结构双梁-柱节点抗震性能的影响，设计了8个传统风格建筑钢结构双梁-柱节点试件并进行低周往复加载试验。试件包括2个箱形梁中节点、2个箱形梁边节点、2个工字梁中节点和2个工字梁边节点。每种节点类型均考虑柱轴压比的影响。试件原形尺寸参考西安某景区殿堂式传统风格建筑钢结构工程实例并结合古建筑相关尺寸，按照宋《营造法式》"材份等级"制进行换算并最终确定，试件模型比例为1∶2。

"材份等级"制由规定比例的"材"和规定比例的"栔"组成。"材"的比例为：材厚10份，材广15份。"栔"的比例为：栔厚4份，栔广6份。目前国内常见的传统风格建筑规格多为殿堂式，其材份等级为二等材，二等材广八寸二分五厘，厚五寸五分，本次试验的试件即按照目前传统风格建筑最常见的二等殿堂进行设计，其中1份=0.825尺/15=0.055尺，1营造尺=31.2cm。

试件采用Q235钢制作，保持主要特征不变，试验单元选自水平荷载作用下梁-柱反弯点之间的部分，上、下柱总长为2250mm，节点中心距梁边缘的距离为1248mm。为了研究节点核心区的抗震性能和抗剪承载力，试件按照"强构件，弱节点"进行设计，即保证节点核心区破坏优先于梁、柱出现塑性铰，在设计时通过削弱核心区钢管厚度来保证节点破坏首先发生在核心区。因此下柱采用两段无缝圆钢管进行焊接，其中非核心区钢管壁厚为16mm，核心区钢管壁厚为6mm。节点核心区分为三个部分，即上核心区、中核心区、下核心区，具体形式如图5-1所示。试件的主要设计参数见表5-1，几何尺寸如图5-2所示。

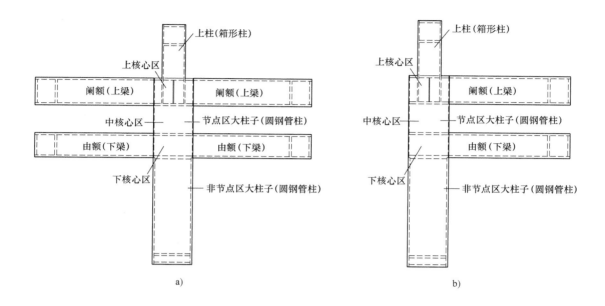

图 5-1 双梁-柱节点核心区示意图
a）中节点系列试件 b）边节点系列试件

表 5-1 试件的主要设计参数

试件编号	阑额（上梁）截面尺寸/mm		由额（下梁）截面尺寸/mm		圆钢管柱截面尺寸/mm		箱形柱截面尺寸	梁截面形式	柱轴压比
	翼缘	腹板	翼缘	腹板	非节点区	节点区			
JD1	260×20	170×16	230×20	155×16	356×16	356×6	210×16	箱形	0.3
JD2	260×20	170×16	230×20	155×16	356×16	356×6	210×16		0.6
JD3	260×20	170×16	230×20	155×16	356×16	356×6	210×16	工字形	0.3
JD4	260×20	170×16	230×20	155×16	356×16	356×6	210×16		0.6
JD5	260×20	170×16	230×20	155×16	356×16	356×6	210×16	箱形	0.3
JD6	260×20	170×16	230×20	155×16	356×16	356×6	210×16		0.6
JD7	260×20	170×16	230×20	155×16	356×16	356×6	210×16	工字形	0.3
JD8	260×20	170×16	230×20	155×16	356×16	356×6	210×16		0.6

注：试件 JD1、JD2、JD3 和 JD4 为中节点，试件 JD5、JD6、JD7 和 JD8 为边节点；柱轴压比为设计轴压比，即柱轴向压力与核心区圆钢管截面面积和钢材抗拉屈服强度设计值乘积的比值；其中柱轴压比 0.3 为 430kN，0.6 为 860kN。

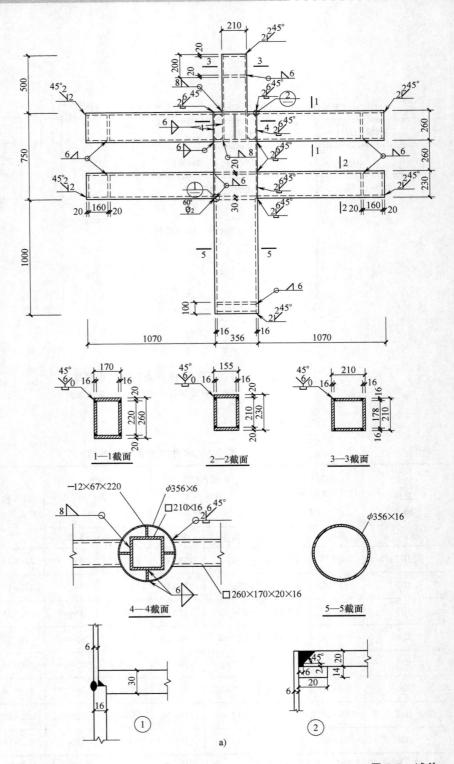

图 5-2　试件

a）箱形截面梁中节点（JD1、JD2）

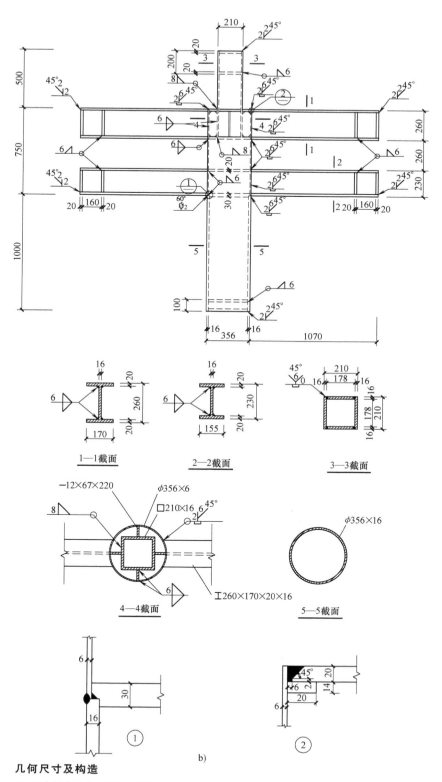

几何尺寸及构造

b）工字梁中节点（JD3、JD4）

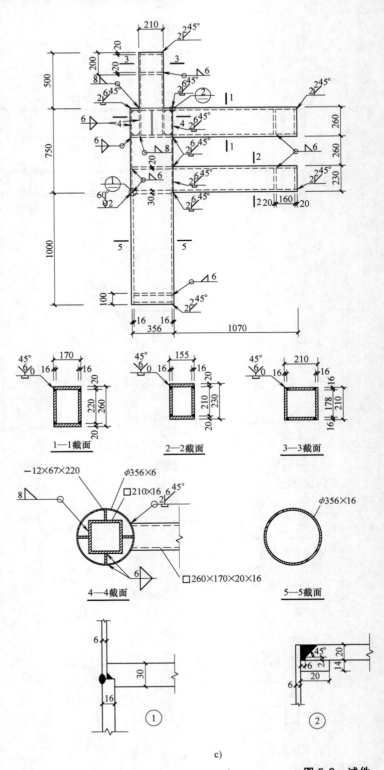

c)

图 5-2 试件

c) 箱形梁边节点（JD5、JD6）

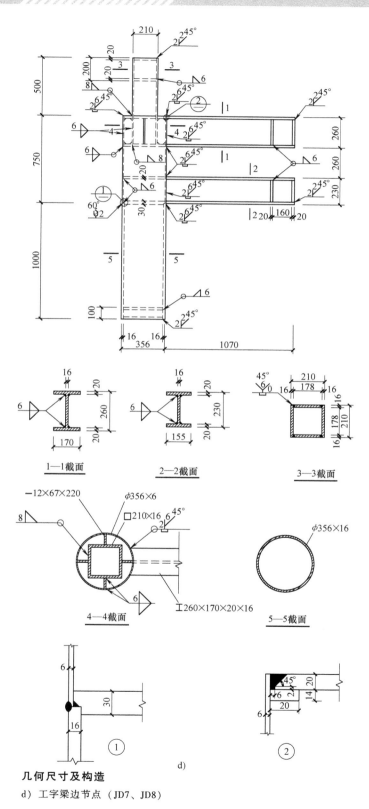

1—1截面　　2—2截面　　3—3截面

4—4截面　　5—5截面

几何尺寸及构造

d）工字梁边节点（JD7、JD8）

5.1.2 试件制作

本次试验试件按 GB 50017—2017《钢结构设计标准》和 GB 50661—2011《钢结构焊接规范》中规定的焊接工艺和构造要求制作，同时为了保证试件制作的精度，所有试件都在专业钢结构加工厂制作，试件加工现场如图 5-3 所示。试件制作的具体流程为：上部箱形截面柱、阑额和由额焊接加工→节点核心区制作→圆钢管柱拼接→梁、柱焊接。

阑额、由额和上部箱形截面柱均采用钢板焊接，上部箱形截面柱插入节点核心区并延伸至阑额（上梁）下翼缘处，并在上部箱形截面柱底部四周焊接 4 块竖向加劲肋连接传力。在梁翼缘对应高度处的圆钢管内焊接 20mm 厚的圆形内隔板。梁与圆钢管柱的连接采用全焊接连接，即梁的翼缘和腹板与圆钢管柱壁连接均采用全熔透坡口焊连接。

图 5-3　试件现场加工图

5.1.3 材性试验

根据 GB/T 2975—2018《钢及钢产品力学性能试验取样位置及试样制备》的规定进行采样，其中，圆钢管柱采用纵向弧形试样。试样的材性与相应母材材性一致，各加工了一组标准拉伸试样，每组 3 个，分别为：12mm 厚板材（竖向加劲肋）、16mm 厚板材（上部箱形截面柱、梁腹板）、20mm 厚板材（梁翼缘、内隔板）、6mm 厚管材（节点区大柱子）、16mm 厚管材（非节点区大柱子）。

根据 GB/T 228.1—2010《金属材料拉伸试验　第 1 部分：室温试验方法》规定的方法测量钢材的屈服强度 f_y、极限抗拉强度 f_u、弹性模量 E_s、伸长率 δ 等参数。材性试验结果见表 5-2。

表 5-2　钢材材性

类别	材料厚度 /mm	屈服强度 f_y/MPa	抗拉强度 f_u/MPa	弹性模量 E_s/10^5MPa	伸长率 δ(%)	屈服应变 ε_y/10^{-6}
板材	12	318.9	472.3	2.07	25.4	1540
	16	289.7	436.7	2.10	31.2	1379
	20	268.9	406.6	2.13	21.6	1280
管材	6	323.0	425.6	2.10	32.2	1538
	16	301.7	438.9	2.12	23.4	1423

■ 5.2 测量方法及加载方案

5.2.1 测量方法

应变片、位移计主要布置在梁端、柱端以及节点核心区。如图 5-4a 和图 5-5a 所示，在

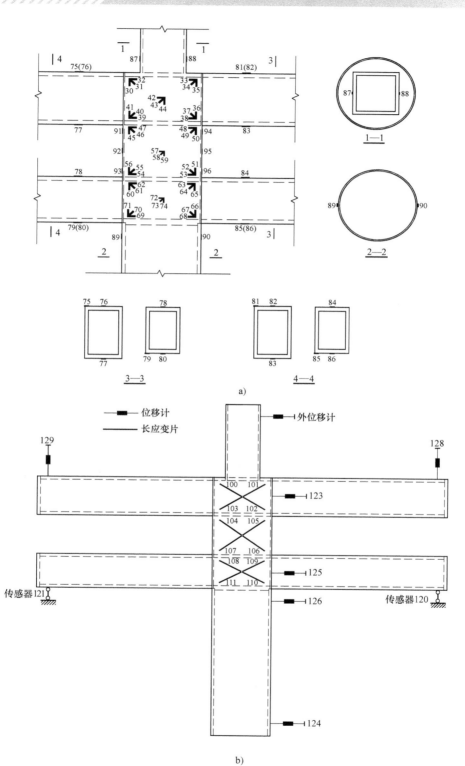

图 5-4　中节点系列试件应变片和位移计布置图

a）北立面　b）南立面

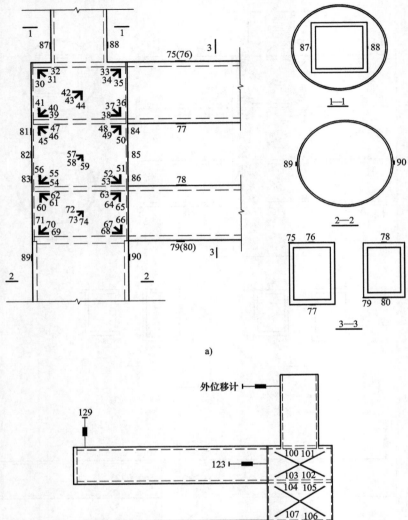

图 5-5 边节点系列试件应变片和位移计布置图

a）北立面 b）南立面

三个节点核心区分别粘贴电阻应变花。编号分别为上核心区 30~44 号、中核心区贴 45~59 号、节点下核心区 60~74 号，以记录节点核心区应变；在梁端贴 75~86 号电阻应变片以记录梁端的应变；在上部箱形截面柱翼缘底部粘贴 87~88 号电阻应变片、大柱子柱端钢管两侧壁粘贴 89~90 号电阻应变片以记录柱端应变；在节点中核心区两侧柱壁粘贴 91~96 号电阻应变片以记录此处柱壁应变。

试件的变形主要通过位移计和长应变片测量，因为本试验为圆钢管柱，在节点区安装百分表获得的数据精度也难以保证，所以此次试验粘贴 150mm 长电阻应变片来测量节点核心区剪切变形。分别在三个节点核心区粘贴 100~111 号长电阻应变片。柱顶荷载和位移由 MTS793 加载系统自动采集，梁端荷载和位移由力传感器（120 号和 121 号）和布置在梁端的竖向位移计（128 号和 129 号）测得；在梁端中部、非节点区大柱子顶部和柱角分别设置 123~126 号水平位移计来测量柱的侧向位移。具体布置如图 5-4b 和图 5-5b 所示。

5.2.2　加载装置

本次试验在西安建筑科技大学结构工程与抗震教育部重点实验室进行。试验采用了先在柱端施加恒定轴压力，然后在水平方向施加低周往复荷载的拟静力试验方法。柱顶竖向荷载采用 1000kN 油压千斤顶施加，千斤顶与反力梁之间设置滚轮装置，以使柱顶在往复荷载作用下能够水平自由移动；柱顶水平低周往复荷载由支撑于反力墙上的 500kN 电液伺服作动器施加，作动器量程为 ±250mm。整个试验过程采用 MTS973 电液伺服程控结构试验机系统控制。

目前常用的梁-柱节点试验的梁端约束装置是竖向球铰连杆，可用于常规梁-柱节点的边界约束。但是双梁-柱节点试验需要保证双梁梁端的约束条件一致，即双梁（阑额、由额）能够在水平方向上移动且保持一定的竖向距离，且双梁之间不产生剪力和弯矩，仅传递竖向力。如果使用目前常用的竖向球铰连杆来约束双梁-柱节点就必须在双梁梁端之间放置垫板，但这样就不能保证双梁间不产生剪力和弯矩，无法满足试验要求。为了解决上述问题，课题组专门设计了一种传统风格建筑双梁-柱节点试验的梁端连接装置，配合现有的竖向球铰连杆可以使阑额、由额能够在水平方向上移动且保持一定的竖向距离，双梁之间不产生剪力和弯矩，仅传递竖向力，保证双梁梁端的约束条件一致，具体为：上槽孔板和下槽孔板分别通过高强度螺杆与阑额和由额连接；上、下槽孔板之间通过条形槽和滚轴连接，以满足双梁实际的受力状态。双梁连接器如图 5-6 所示。试验装置和现场装置如图 5-7 所示。

5.2.3　加载制度

试验时首先通过液压千斤顶在柱顶施加竖向荷载至设计值并保持恒定不变，然后通过 MTS 电液伺服作动器在顶层梁端施加水平低周往复荷载。按照 JGJ/T 101—2015《建筑抗震试验规程》的规定，水平往复荷载采用力和位移混合控制的方法进行施加。试件屈服前采用力控制，每级增量为 30kN，每级循环 1 次；屈服后采用位移控制，每级递增 10mm，每级循环 3 次，直至荷载下降到峰值荷载的 85% 左右或变形达到加载设备所允许的限值时停止试验，具体如图 5-8 所示。

a)

b)

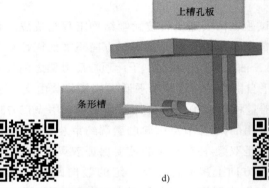
c)

d)

图 5-6 双梁连接器

a) 双梁连接器正面　b) 双梁连接器侧面　c) 连接构件　d) 上槽孔板

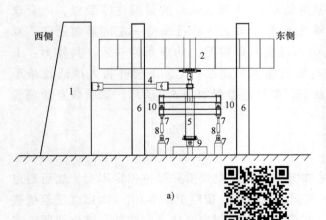
a)

b)

图 5-7 加载装置

a) 中节点试验加载装置示意图　b) 中节点加载现场图

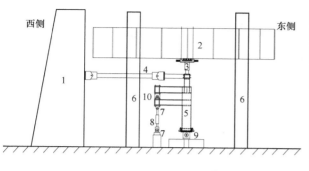

c) d)

图 5-7 加载装置（续）

c）边节点试验加载装置示意图 d）边中节点加载现场图

1—反力墙 2—反力梁 3—油压千斤顶 4—作动器 5—试件 6—反力钢架

7—梁端铰支座 8—力传感器 9—柱底铰支座 10—双梁连接器

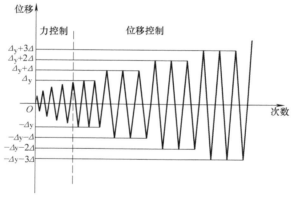

图 5-8 加载制度

5.3 试验过程

5.3.1 加载破坏过程

为便于描述，规定推向加载为正，拉向加载为负。

1. 试件 JD1（箱形梁中节点轴压比 0.3）

荷载控制阶段：加载初期，从数据采集仪上显示的数据可以看出，节点核心区的应变值都低于钢材的屈服应变，表明试件还处于弹性工作阶段，柱端荷载-位移关系呈线性。当柱端推力达到 111kN 时，下核心区的 73 号应变片的应变值超过核心区钢材的屈服应变，核心区出现第一个屈服点。当柱端荷载达到 205kN 和 -209kN 时，下核心区 73、61、67、72、64、70、62、60、74 号应变片值依次超过核心区钢材的屈服应变，表明节点核心区钢材开始屈服，按达到屈服应变的顺序来看，首先在主对角（主拉应力）方向出现屈服。此时记录仪上监测的滞回曲线开始出现明显的拐点，说明试件开始进入屈服阶段，随后改为位移控制模式进行加载。

位移控制加载阶段：在位移为±50mm 的循环加载过程中，下核心区在中部开始出现轻微的翘曲，随后下核心区主对角线方向翘曲明显，副对角方向的下部凹陷。中核心区东侧柱壁中部向外翘曲约 2mm，下方相邻位置处凹陷 2mm。在位移为±60mm 的循环加载过程中，下核心区主对角方向明显向外翘曲，副对角方向明显凹陷，东侧由额（下梁）下翼缘与柱壁连接处出现微裂缝，中核心区东西侧柱壁均出现凹凸相间的现象。当柱端位移加载到±70mm 循环时，中核心区西侧柱壁开始出现凹凸变形，东侧由额（下梁）下翼缘与柱壁连接处出现焊缝开裂，长约 75mm，下核心区沿两对角方向的变形继续加大，之后随着循环位移的继续增加，东侧由额（下梁）下翼缘焊缝完全贯通，如图 5-9a 所示。当柱端位移加载至±80mm 循环时，东侧由额（下梁）下翼缘与柱壁连接焊缝完全断开并沿柱壁贯通到柱中部，两对角方向的变形也非常明显。中核心区两侧柱壁变形都非常明显，承载力下降很大，试验加载结束。试件最终的破坏形态如图 5-9 所示。

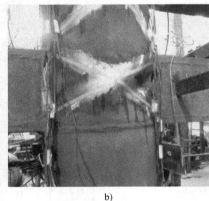

a)　　　　　　　　　　　　　　　b)

图 5-9　试件 JD1 破坏形态

a）整体变形　b）下核心区剪切变形

2. 试件 JD2（箱形梁中节点轴压比 0.6）

荷载控制阶段，当柱端荷载到达 141kN 时，下核心区的 70 号应变片的应变值超过了节点核心区钢材的屈服应变，出现第一个屈服点，此时的屈服荷载–141kN，相应的屈服位移–15mm。当柱端荷载达到 180kN，下核心区 70、73、65、71、60、61 号应变片的应变值都依次超过节点核心区钢材的屈服应变，按达到屈服应变的顺序从北立面来看，首先在副对角线（主压应力）方向发生屈服。此时记录仪上的滞回曲线开始出现明显的拐点，随后改为位移控制模式进行加载。当柱端位移加载至±40mm 循环时，下核心区两对角方向均向外翘曲，出现不同程度的凹陷。中核心区西侧柱壁中部出现大约 3mm 的翘曲。当柱端位移加载至±50mm 循环时，下核心区副对角方向明显向外翘曲。中核心区西侧柱壁继续向外翘曲并沿中部向东南方向延伸，东侧柱壁在由额（下梁）上翼缘处出现约 4mm 的翘曲，相邻的上方出现约 4mm 的凹陷。当柱端位移加载到±60mm 循环时，相应的柱顶水平荷载 225kN，下降到极限承载力的 85%，同时因下节点核心区变形较大不能继续加载以免发生平面外屈曲，试件加载结束。此时下核心区的剪切变形非常明显，中核心区两侧柱壁变形也非常明显并向中部延伸，最终破坏如图 5-10 所示。

a)   b)

图 5-10 试件 JD2 破坏形态

a）中核心区两侧柱壁屈曲 b）下核心区剪切变形

3. 试件 JD3（工字梁中节点轴压比 0.3）

荷载控制阶段，当柱端荷载超过 150kN 时，北侧下核心区对角线方向的 70 号应变片应变值最先超过核心区钢材的屈服应变。当荷载达到 170kN 时，仪器上显示的滞回曲线开始出现变化，不再呈现出直线分布趋势，试件开始进入塑性变形阶段。此时，梁端与柱端的应变值都比较小，仍然处于弹性阶段。随后改为位移加载，当柱端位移加载至 ±50mm 循环时，下核心区中下部有铁锈开始脱落，并且伴有柱壁向外鼓起，塑性变形得到发展。当柱端位移加载至 ±60mm 循环时，试件下核心区南侧右下角出现屈曲，并且中部明显凹陷，出现明显的剪切变形。下核心区北侧左下角距离下隔板焊缝 3cm 处也出现了屈曲。当柱端位移加载至 ±70mm 时，试件下核心区南侧左下角距离下隔板焊缝 4cm 处，柱壁出现了屈曲现象，剪切变形明显，鼓起周围凹陷 1cm 左右。随后下核心区柱壁突然被撕裂，形成一条较长的裂缝，如图 5-11b 所示。该裂缝由下核心区南面底部中间位置经过工字梁下梁腹板工艺孔，贯通至下核心区北侧相同位置。此时下核心区剪切变形十分明显，柱壁屈曲最大值达到 1cm 左右。当柱端位移加载至 +80mm 时，试件下核心区剪切变形非常明显，柱壁外鼓最大达到 1cm 左右，凹陷处最大达到 2cm。试件的承载力已下降到极限承载力的 85% 以下，停止加载。最终破坏如图 5-11 所示。

a)   b)

图 5-11 试件 JD3 破坏形态

a）下核心区剪切变形 b）下核心区底部母材撕裂

4. 试件 JD4（工字梁中节点轴压比 0.6）

当柱端荷载超过 134kN 时，北侧下核心区对角线方向的 70 号应变片应变值最先超过了核心区钢材的屈服应变，随后依次出现屈服。当荷载达到 170kN 时，仪器上显示的滞回曲线开始出现变化，不再呈现出直线分布趋势，试件开始进入塑性变形阶段。此时，梁端与柱端的应变值都比较小，仍然处于弹性阶段。随后改为位移加载，当柱端位移加载至 ±40mm 循环时，下核心区南侧右下角距离下隔板 5cm 处出现屈曲。下核心区北侧右下角距离下隔板 4cm 处出现凹陷，右下角有微鼓现象，塑性变形得到发展。随后下核心区南侧左下角距离下隔板焊缝 5cm 处，柱壁出现了褶皱屈曲现象，剪切变形现象明显。中核心区东侧中部也出现了明显的外鼓情况，节点域塑性变形充分发展。当柱端位移加载至 ±50mm 循环时，试件下核心区南侧距离下隔板焊缝 6cm 处，中部凹陷明显，周围出现外鼓。并且中核心区东侧和西侧的柱壁都出现了外鼓现象。随后的加载中出现声响，发现下核心区底部柱壁被撕裂，形成一条穿过梁腹板焊接工艺孔的裂缝，如图 5-12b 所示。该裂缝由下核心区南侧底部中部经过工字梁下梁腹板工艺孔，贯通至下核心区北侧底部相同位置。当柱端位移加载至 ±60mm 循环时，下核心区的贯通裂缝十分明显，裂缝宽度发展至 7mm 左右，中核心区继续变形，外鼓程度十分严重。当柱端位移加载至 ±80mm 循环时，试件下核心区剪切变形非常明显，柱壁鼓出最大能达到 0.8cm 左右，凹陷处最大达到 2cm。试件的承载能力已下降到极限承载力的 85% 以下，试件停止加载。最终破坏形态如图 5-12 所示。

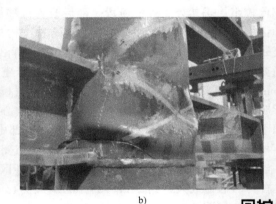

a)　　　　　　　　　　　　　　　　　　　　b)

图 5-12　试件 JD4 破坏形态

a）下核心区剪切变形　b）下核心区底部母材撕裂

5. 试件 JD5（箱形截面梁边节点轴压比 0.3）

荷载控制阶段，当柱端荷载为 −120kN ~ 108kN，从数据采集仪上显示的数据可以看出，节点核心区的应变值均低于钢材的屈服应变，表明试件还处于弹性工作阶段。当柱端推力大于 108kN 时，下核心区的 73 号应变片的应变值超过节点核心区钢材的屈服应变。当柱端荷载达到 148kN 和 −149kN，下核心区 73、72、74、61、67、60、66、62 号应变片的应变值依次超过节点核心区钢材屈服应变，按达到屈服应变的顺序来看，首先在副对角（主压应力）方向发生屈服。此时记录仪上的滞回曲线开始出现明显的拐点，说明试件开始进入屈服阶段，随后改为位移控制模式进行加载。位移控制加载阶段：因为边节点试件的不对称性，同时在加载前期发现正、负向控制位移也不对称，所以位移控制正、负向的控制位移也有所不同。当柱端加载到-65～+100mm循环时，阑额（上梁）和由额（下梁）上翼缘与柱壁连接焊缝两端的起落弧处开始出现裂缝。上部箱形截面柱和内隔板之间西侧焊缝开裂。当柱端位移加载到-75～+110mm循环时，阑额（上梁）上翼缘与柱壁连接焊缝两端附近柱壁母材开裂并沿腹板方向扩展，裂缝长约75mm，由额（下梁）上翼缘与柱壁连接底部焊缝沿腹板方向扩展，裂缝长约60mm。上部箱形截面柱和内隔板之间西侧焊缝裂缝加宽加深。当柱端位移加载到-85～+120mm时，阑额（上梁）腹板附近柱壁开裂加长加宽，长约100mm，宽约4mm。随后由额（下梁）下翼缘与柱壁连接焊缝开裂，由额（下梁）腹板附近柱壁开裂加长加宽，之后随着循环位移的继续增加，柱壁母材严重开裂，试件承载能力迅速下降，试验加载结束。试件破坏形态如图5-13所示。

a)   b)

图5-13 试件JD5破坏形态

a）阑额（上梁）腹板焊缝开裂 b）上部箱形截面柱和内隔板之间焊缝开裂

6. 试件JD6（箱形梁边节点轴压比0.6）

首先以荷载控制模式进行加载，当柱端荷载为-120～104kN，节点核心区的应变值均低于钢材的屈服应变，表明试件还处于弹性工作阶段。当柱端荷载大于104kN时，下核心区的67号应变片的应变值超过节点核心区钢材的屈服应变。当柱端荷载达到120kN和-120kN，下核心区67、65、72、74、66、73、70、71号应变片的应变值依次超过节点核心区钢材的屈服应变，按达到屈服应变的顺序来看，首先在主对角（主拉应力）方向发生屈服。试件开始进入屈服阶段，随后改为位移控制模式进行加载。

当柱端位移加载到-35～+50mm循环时，下核心区底部东侧柱壁向上约50mm处沿环向出现翘曲，并延伸至下核心区中部。当柱端位移加载到-45～+60mm循环时，下核心区底部东侧柱壁翘曲加大，如图5-14b所示。下核心区南、北两侧副对角方向翘曲。中核心区西侧两梁之间柱壁中部翘曲。随后由额（下梁）上翼缘与柱壁连接处南侧的柱壁被拉翘曲并出现裂缝，其他位置的变形更加明显。当柱端位移加载到-55～+70mm循环时，下核心区副对角方向翘曲已非常明显，由额（下梁）上翼缘与柱壁连接处的焊缝开裂并沿由额（下梁）腹板方向开展，下核心区底部东侧柱壁严重翘曲，试件承载力严重下降，试验加载结束。试件破坏如图5-14所示。

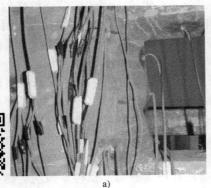
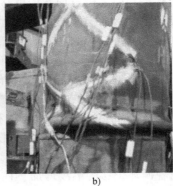

a)　　　　　　　　　　　　b)

图 5-14　试件 JD6 破坏形态

a）中核心区两侧屈曲　b）下核心区剪切变形及翘曲

7. 试件 JD7（工字梁边节点轴压比 0.3）

当柱端荷载超过 149kN 时，北侧下核心区对角线方向的 67 号应变片应变值最先超过了核心区钢材的屈服应变。当荷载达到 170kN 时，仪器上显示的滞回曲线开始出现变化，不再呈现直线分布趋势，试件开始进入塑性变形阶段，随后改为位移加载。当柱端位移加载至 −40～+60mm 循环时，试件西侧工字梁下梁下翼缘与柱连接处出现微裂缝。当柱端位移加载至 −60～+80mm 循环时，下核心区右下端距离下隔板焊缝 12cm 处鼓曲 2mm 左右，此时滞回环曲线饱满，节点区的塑性变形充分发展。随后下梁下翼缘与核心区柱壁连接处两侧出现竖向裂缝，如图 5-15a 所示。当柱端位移加载至 −80～+100mm 循环时，上梁上翼缘与柱壁连接处焊缝贯通，如图 5-15b 所示。在随后的负向加载过程中，由于柱壁竖向裂缝继续开展，承载力下降。当柱端位移加载至 −100mm 时，下梁下翼缘与柱壁连接处的柱壁已经被完全拉裂，竖向裂缝从南侧观察长度约为 9.1cm，宽度约为 1cm 左右。此时，节点区出现明显的剪切变形，试件的承载能力早已下降到极限承载力的 85% 以下，试件达到破坏。试件破坏形态如图 5-15 所示。

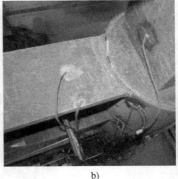

a)　　　　　　　　　　　　b)

图 5-15　试件 JD7 破坏形态

a）下核心区变形　b）上梁上翼缘和柱壁连接处焊缝开裂

8. 试件 JD8（工字梁边节点轴压比 0.6）

当柱端荷载超过 116kN 时，北侧下核心区对角线方向的 67 号应变片应变值最先超过核心区钢材的屈服应变，随后依次出现屈服。当荷载达到 140kN 时，仪器上显示的滞回曲线开始出现变化，不再呈现出直线分布趋势，试件开始进入塑性变形阶段，随后改为位移加载。当柱端位移加载至−35～+70mm 循环时，下核心区左下角距离下隔板焊缝 5cm 处外鼓，并且伴有铁锈的脱落，随后节点下核心区右下角距离下隔板焊缝 5cm 左右出现屈曲现象，塑性变形得到发展。当柱端位移加载至−45～+80mm 循环时，中核心区东侧中部外鼓趋势加大，表明塑性变形充分发展。下梁下翼缘与柱壁焊缝连接处南侧附近开始出现约 20mm 长的裂缝，北侧角部出现约 30mm 长的裂缝，如图 5-16a 所示。随后上梁上翼缘与柱壁焊缝连接处北侧附近出现了竖向裂缝，南侧也从角部开始出现了 20mm 长，1mm 宽的竖向裂缝。下核心区南侧出现剪切变形并沿着对角线方向的凹陷，并且中核心区东侧的柱翼缘上也出现了外鼓现象，节点核心区塑性变形发展充分。继续加载后上梁上翼缘与柱壁连接处焊缝出现断裂，宽约 3mm 左右，并且南侧裂缝沿着上梁上翼缘竖直向下开展 2cm，北侧竖直裂缝长达 4.5cm，如图 5-16b 所示。中核心区中部继续外鼓。当柱端位移加载至−55～+90mm 循环时，下核心区中下部有明显的外鼓趋势，中核心区中部外鼓程度继续加大，随后上梁上翼缘与柱壁之间的裂缝宽已经发展至 10mm 左右，并且下核心区对角线方向变形更加明显。试件的承载能力已下降到极限承载力的 85% 以下，停止加载。试件破坏形态如图 5-16 所示。

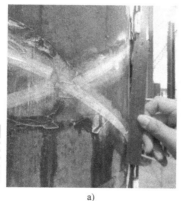 

图 5-16 试件 JD8 破坏形态

a）下核心区变形 b）上梁上翼缘和柱壁连接处焊缝开裂

5.3.2 核心区应变

分析试件节点核心区中部应变花三个方向的应变发现，沿对角线方向的应变增长最快，最早达到钢材的屈服应变。图 5-17 所示给出了各试件节点核心区应变随加载的变化情况，其中节点核心区的应变取核心区中部的应变片沿对角线方向的应变值。梁端和上柱底部应变如图 5-17 所示。

由图 5-17 可知，在柱端反复荷载作用下，下核心区对角线方向拉、压应变发展迅速，并首先达到钢材的屈服应变，随后中核心区的应变片值也达到了钢材的屈服应变。而上核心区始终未达到屈服应变。这是由于较高的正应力和剪应力导致了节点下核心区应变增长迅速。同时上核心区由于设置竖向加劲肋导致刚度很大，同时承受的弯矩最小，最终应变较小。

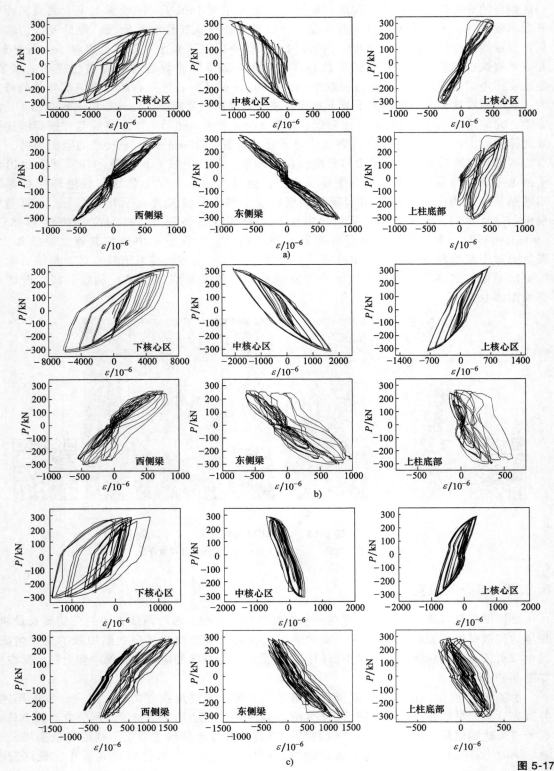

图 5-17

a) 试件 JD1　b) 试件 JD2　c) 试件 JD3

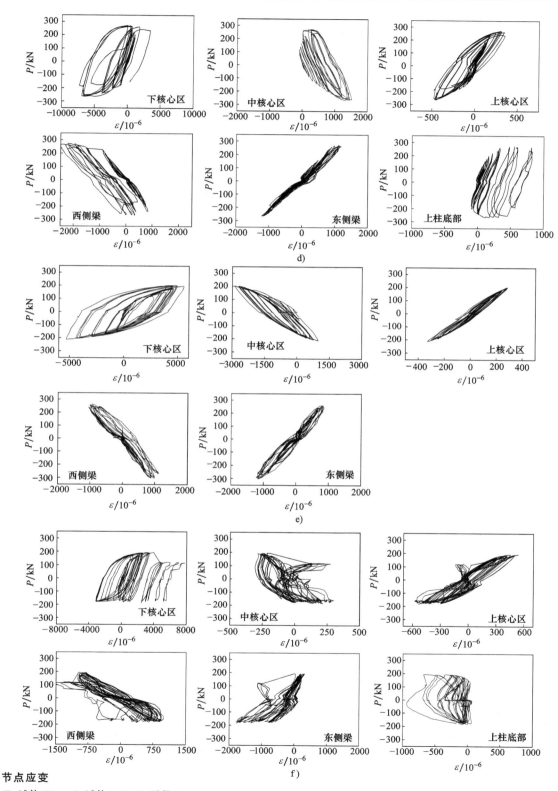

节点应变

d）试件 JD4　e）试件 JD5　f）试件 JD6

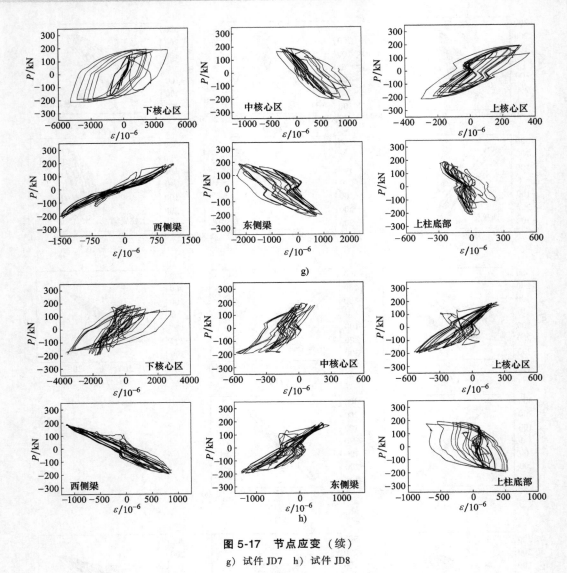

图 5-17 节点应变（续）

g）试件 JD7　h）试件 JD8

5.3.3 破坏模式

1）所有试件的梁端和柱端均没有达到屈服，破坏主要发生在节点核心区，表明本次试验达到了"强构件，弱节点"的目的。节点域塑性变形从下核心区开始，然后是中核心区，在加载后期才出现焊缝开裂和母材撕裂等现象。箱形梁节点变形主要集中在下核心区和中核心区，而工字梁节点变形主要集中在下核心区。所有试件的上核心区没有明显变形。这是因为上核心区内有 4 个竖向加劲肋把箱形柱和圆钢管柱连接在一起，刚度较大所致。

2）下核心区变形以剪切变形为主，中核心区以柱壁两侧的屈曲变形为主。节点核心区变形与柱轴压比的大小有关。当柱轴压比较大时，下核心区的剪切变形和中核心区柱壁两侧的屈曲变形更加明显。这是因为当柱轴压比较大时，由轴向力引起的 $P\text{-}\Delta$ 二阶效应加大，核心区变形更为明显。

3）对于中节点试件，柱轴压比较小时箱形截面梁节点最终破坏是下核心区发生剪切变形、同时由于下核心区所受的弯矩最大，因此在加载后期由额下翼缘和柱壁连接处的焊缝在较高的正应力和剪力的共同作用下发生断裂。柱轴压比较大时，箱形截面梁节点最终破坏是由于下核心区的剪切变形和中核心区两侧变形过大，试件丧失承载力。工字梁节点最终破坏是节点下核心区发生较大剪切变形的同时底部母材发生斜向撕裂。原因主要是下核心区底部在焊接时，温度过高导致焊缝周围母材变脆，同时在焊缝周边形成微小的裂缝，当加载到后期水平位移较大时，应力集中明显，导致焊缝周围的微小裂缝迅速扩展，母材被撕裂并沿着工字梁腹板焊接工艺孔贯穿至对面相同位置，最终核心区母材被撕裂。而箱形截面梁节点的梁端有两道腹板与节点域焊接，并与上下翼缘形成了一个封闭的区域，对节点区变形有更好的约束作用，因此没有出现核心区母材被撕裂的现象。

4）边节点试件的核心区变形比中节点小，在加载后期在阑额上翼缘和柱壁连接处两侧、由额下翼缘和柱壁连接处两侧出现裂缝并且延伸到母材上使母材撕裂。原因是这些部位的梁翼缘出现尖角使得焊缝应力集中更加严重。柱轴压比较大时，箱形截面梁试件的破坏是上部箱形截面柱与内隔板连接处出现裂缝并且贯通；柱轴压比较小时，则是由于下核心区严重翘曲，发生应力重分布从而并未出现此类贯通裂缝。工字梁试件 JD7 和 JD8 的核心区变形比箱形梁试件要小，最终破坏则是由于阑额上翼缘与柱壁连接处出现裂缝并且贯通，导致承载力急剧下降。

5.4 试验结果分析

5.4.1 滞回曲线

滞回曲线是试件在往复荷载作用下荷载和位移之间的关系曲线。它是结构抗震性能的综合体现，也是分析结构弹塑性动力反应的主要依据。试验测得各试件的柱顶荷载-位移滞回曲线如图 5-18 所示。图中 P、Δ 分别表示试件柱顶的水平荷载和水平位移。

由图 5-18 可知，传统风格建筑钢结构双梁-柱节点的柱顶荷载-位移滞回曲线具有以下特征：

1）荷载较小时，滞回曲线包围的面积很小，荷载和位移基本呈线性关系，表明试件处于弹性工作阶段。随着荷载增加，试件进入到弹塑性阶段后，滞回环逐渐张开，面积不断增大，刚度也随之降低，水平荷载减小为零时，有较大残余变形。

2）所有试件的滞回曲线都存在一定的捏缩现象，这主要是因为梁端连接器和设备有少许的缝隙，节点出现轻微滑移所致。柱轴压比相同时，箱形梁试件的滞回曲线比工字梁试件的更加饱满，说明箱形截面梁节点耗能能力更强，抗震性能更加优越。

3）试件屈服以后，随着位移的逐渐增大，承载力仍有提高，所形成的滞回环更加饱满。达到最大荷载之后，节点承载能力逐渐下降，变形迅速增加。由于节点损伤累积的影响，在同一位移量级循环中出现了承载力降低的现象。

4）柱轴压比相对较小的试件（$n=0.3$），加载进入弹塑性阶段后会经历较长且接近水平的流幅段，直到节点核心区剪切变形或焊缝及其热影响区柱壁母材开裂严重，出现明显的下降段。柱轴压比较大的试件（$n=0.6$），随着水平位移的增加，荷载-位移滞回曲线越来越早地出现下降段，流幅段变得不明显。总体上反映出随着柱轴压比的增加，节点承载力略有下降。

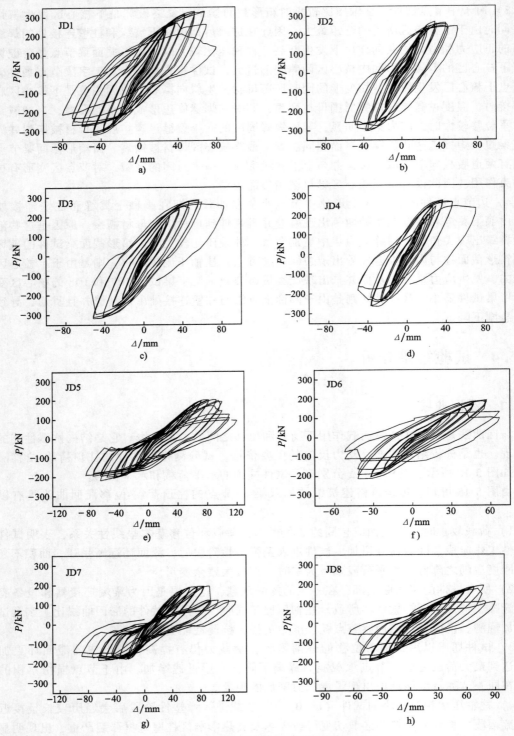

图 5-18 柱顶荷载-位移滞回曲线

a）试件 JD1　b）试件 JD2　c）试件 JD3　d）试件 JD4　e）试件 JD5

f）试件 JD6　g）试件 JD7　h）试件 JD8

5.4.2　骨架曲线

骨架曲线是指荷载-位移滞回曲线中每一级荷载第 1 次循环峰点的连接包络线。骨架曲线反映出构件受力和变形的关系，是结构抗震性能的综合体现和进行结构抗震弹塑性动力反应分析的主要依据。各试件的骨架曲线如图 5-19 所示。

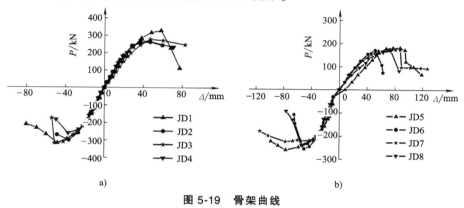

图 5-19　骨架曲线

a）中节点系列试件　　b）边节点系列试件

由图 5-19 可以看出，所有试件骨架曲线的变化趋势基本一致，各试件都经历了弹性、屈服和破坏三个阶段。

1）各试件初始刚度相差不多，受柱轴压比和梁截面形式的影响较小，但柱轴压比较大的试件先达到屈服并进入弹塑性阶段。达到峰值荷载时，柱轴压比较大的试件极限承载力略低，这主要是因为柱轴压比较大的试件，受 P-Δ 效应的影响更显著，其节点核心区发生剪切变形较早，达极限承载力时变形更加严重。

2）比较柱轴压比相同的试件的骨架曲线可以发现，箱形截面梁试件的承载力比工字梁的稍大。这是因为箱形截面梁截面对核心区的约束作用更强，可见节点两侧梁截面形式对节点的峰值荷载有一定影响。

3）所有试件的骨架曲线在加载后期都有荷载突然下降的现象，这是由于节点焊接热影响区内的母材撕裂以及梁-柱连接处焊缝由于应力集中在大位移下焊缝脆断所致。

5.4.3　变形能力

各试件骨架曲线特征点的试验值见表 5-3。表中 P_y 为屈服荷载，由通用屈服弯矩法确定，P_m 为峰值荷载，P_u 为破坏荷载（取峰值荷载下降到 85% 时对应的值），Δ_y、Δ_m、Δ_u 分别为与 P_y、P_m、P_u 对应的位移值。

延性是衡量结构抗震性能的一个重要指标，通常采用位移延性系数来度量延性的大小。位移延性系数是指试件破坏时位移 Δ_u 与其屈服位移 Δ_y 的比值，即

$$\mu = \frac{\Delta_u}{\Delta_y} \tag{5-1}$$

式中，μ 为位移延性系数；Δ_u 为极限位移；Δ_y 为屈服位移。

位移角可以定义为 $\theta = \Delta/H$，Δ 表示柱顶水平位移，H 表示试件的高度。各试件的位移角和位移延性系数见表 5-4。

表 5-3　骨架曲线主要特征点的试验值

试件编号	加载方向	屈服点		峰值点		破坏点	
		P_y/kN	Δ_y/mm	P_m/kN	Δ_m/mm	P_u/kN	Δ_u/mm
JD1	正向	218.96	26.62	328.56	57.95	279.28	62.90
	负向	-252.34	-27.21	-316.85	-48.00	-269.32	-59.55
JD2	正向	223.71	26.77	261.54	46.92	243.31	59.34
	负向	-246.83	-25.66	-301.64	-36.11	-270.09	-48.32
JD3	正向	194.80	26.14	277.22	47.05	246.39	82.59
	负向	-216.82	-21.61	-317.72	-50.98	-269.69	-51.98
JD4	正向	228.01	24.45	269.04	37.03	232.22	70.81
	负向	-234.90	-26.33	-261.61	-36.95	-222.37	-43.22
JD5	正向	159.41	49.44	201.51	90.90	171.28	98.22
	负向	-155.71	-27.07	-217.83	-64.50	-185.16	-83.14
JD6	正向	153.03	24.90	191.10	57.00	162.44	61.33
	负向	-159.94	-18.86	-212.80	-39.30	-180.88	-43.92
JD7	正向	169.27	51.27	194.03	91.10	164.92	105.13
	负向	-163.70	-25.09	-183.57	-64.90	-156.03	-90.61
JD8	正向	161.39	34.97	172.00	57.55	162.12	78.00
	负向	-177.42	-21.27	-196.56	-43.00	-167.08	-46.54

表 5-4　位移角和位移延性系数

试件编号	加载方向	屈服点	峰值点	破坏点	位移延性系数
		θ_y	θ_m	θ_u	μ
JD1	正向	1/84	1/38	1/35	2.36
	负向	1/82	1/46	1/37	2.18
JD2	正向	1/84	1/48	1/37	2.21
	负向	1/87	1/62	1/46	1.88
JD3	正向	1/86	1/47	1/27	3.15
	负向	1/104	1/44	1/43	2.40
JD4	正向	1/92	1/60	1/31	2.89
	负向	1/85	1/60	1/52	1.64
JD5	正向	1/45	1/24	1/22	1.98
	负向	1/83	1/34	1/27	3.07
JD6	正向	1/91	1/39	1/36	2.46
	负向	1/119	1/57	1/51	2.32
JD7	正向	1/43	1/24	1/21	2.05
	负向	1/89	1/34	1/24	3.61
JD8	正向	1/64	1/39	1/28	2.23
	负向	1/105	1/52	1/48	2.19

　　由表 5-3 和表 5-4 可知，传统风格建筑钢结构双梁-柱节点的位移延性系数为 1.64～3.61，表明其变形性能较差。其原因一方面是受到焊缝和母材开裂的影响，另一方面是此类节点尺寸受古建筑形制要求的制约，各小核心区的高宽比较小。在罕遇地震作用下，为防止结构倒塌，结构的非弹性变形不能过大，GB 50011—2010《建筑抗震设计规范》规定的多、高层钢结构的弹塑性层间位移角限值为 1/50。传统风格建筑钢结构双梁-柱中节点极限位移角大部分大于 1/50，超过现行抗震规范中钢结构构件弹塑性变形的限值，表明此类节点具有较强的抗倒塌能力。

5.4.4 耗能能力

结构的耗能能力是指结构在往复荷载作用下吸收和消耗能量的能力，一般以滞回环包围的面积来衡量，也是表示结构抗震性能的一个重要指标。结构的耗能能力常采用等效黏滞阻尼系数 h_e 作为衡量指标。

$$h_e = \frac{1}{2\pi} \cdot \frac{S_{(ABCDA)}}{S_{(OBE+ODF)}} \qquad (5-2)$$

式中，$S_{(ABCDA)}$ 为滞回环的面积；$S_{(OBE+ODF)}$ 为滞回环上、下顶点相对应的三角形面积。

$S_{(ABCDA)}$、$S_{(OBE+ODF)}$ 分别为图 5-20 中实线所围的面积和虚线与位移轴所围的面积。

各试件特征点所对应的等效黏滞阻尼系数见表 5-5。

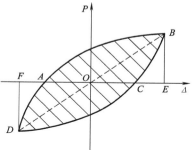

图 5-20 荷载-位移滞回环示意图

表 5-5 等效黏滞阻尼系数

试件编号	屈服点 h_{ey}	峰值点 h_{em}	破坏点 h_{eu}
JD1	0.094	0.207	0.288
JD2	0.113	0.240	0.348
JD3	0.084	0.208	0.242
JD4	0.104	0.220	0.294
JD5	0.089	0.159	0.230
JD6	0.092	0.180	0.289
JD7	0.082	0.197	0.227
JD8	0.100	0.155	0.387

由表 5-5 可知，各试件的等效黏滞阻尼系数随位移增加而增大，说明试件的耗能随着加载不断增大。同时各试件的等效黏滞阻尼系数随着柱轴压比的增加而增大，这是因为柱轴压比较大时节点区的塑性变形更大。并且可以看出，采用箱形截面梁的传统风格建筑钢结构双梁-柱节点试件的等效黏滞阻尼系数略大于工字梁节点试件。

5.4.5 刚度退化

结构的刚度随着加载循环次数的增加以及位移接近极限值而不断下降的现象称为刚度退化。它可以取同一级变形下的割线刚度来表示。割线刚度的计算方法参见 JGJ/T 101—2015《建筑抗震试验规程》，本试验中某一级加载位移下的割线刚度取同级三个循环割线刚度的平均值。试件刚度退化曲线如图 5-21 所示。

由图 5-21 可以看出，各试件刚度退化规律基本相似，所有试件刚度退化大体呈现出先快后慢的趋势，但整体下降速度较快，这是由于节点高宽比较小，在剪切变形发生后，刚度急剧下降。边节点的正向加载刚度小于反向加载刚度，这是由于边节点构件的不对称性所致。随着柱轴压比的增大，试件刚度退化速度变快，这是因为当轴压比较大时，$P-\Delta$ 效应引起的附加弯矩随水平位移的增加对节点塑性变形的影响更加明显，进一步增加了节点屈服后

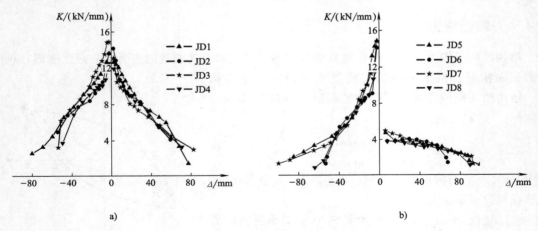

图 5-21 刚度退化曲线

a）中节点系列试件 b）边节点系列试件

的累积损伤。

5.4.6 强度衰减

低周往复荷载作用下，结构在同一级位移时的承载力随加载循环次数的增加而不断减小的现象，称为强度衰减。强度衰减是结构抗震性能的一个重要指标。而为了定量的表示强度衰减的程度，一般用强度衰减系数 λ_i 表示，即同一级位移下第 i 次循环的峰值荷载与第 1 次循环的峰值荷载之比 P_i/P_1。

图 5-22 所示为各试件的强度衰减变化。如图 5-22 所示，各试件强度退化规律基本相同，试件开始屈服直至达到峰值荷载附近这一阶段，强度退化系数都在 1.0 左右，这表明正向加载和负向加载时试件的同级加载强度未出现退化或退化不明显，这是因为钢材本身是一种各向同性的材料，而且试验过程中在达到极限承载力之前几乎没有发生焊缝破坏。

试件强度退化速度随轴压比的增大而增大，这是因为节点下核心区钢管柱壁发生剪切变

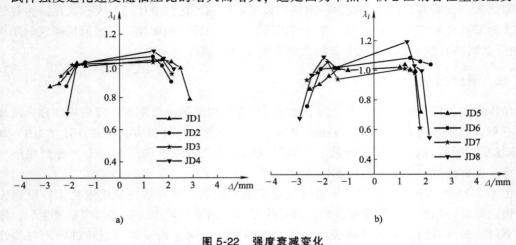

图 5-22 强度衰减变化

a）中节点系列试件 b）边节点系列试件

形后，轴压力越大，变形发展得越快，同时有的试件出现焊缝开裂或焊缝热影响区母材开裂，轴压力增大加快了裂缝的发展和延伸，使节点承载力迅速下降。在加载后期，边节点正向加载时强度退化速度要快于负向加载时强度退化速度，这是由于边节点的结构不对称性所致。

5.4.7　核心区剪切应变

节点各核心区在水平剪力作用下将产生剪切变形。为计算方便，可将本次试验各试件的节点核心区截面等效为矩形，截面宽度取阑额和由额宽度的平均值。节点核心区的剪切角 γ_j 可按式（5-3）和式（5-4）计算。

$$\gamma_j = \alpha_1 + \alpha_2 = \frac{\cos\theta \cdot \overline{X}}{a} + \frac{\sin\theta \cdot \overline{X}}{b} = \frac{1}{2} \left[(\delta_1 + \delta_1') + (\delta_2 + \delta_2') \right] \frac{\sqrt{a^2 + b^2}}{ab} \tag{5-3}$$

$$\delta = \varepsilon \cdot l = \varepsilon \cdot \frac{\sqrt{a^2 + b^2}}{2} \tag{5-4}$$

式中，γ_j 为节点核心区的剪切角；a 为节点核心区剪切变形计算宽度，取图 5-23 中标注宽度 a；b 为节点核心区剪切变形计算高度，阑额高度和由额高度的平均值；$(\delta_1 + \delta_1')$ 为节点核心区两对角线相对伸长量；$(\delta_2 + \delta_2')$ 为节点核心区两对角线相对缩短量；α_1 为梁轴线与水平方向的夹角；α_2 为柱轴线与竖直方向的夹角。

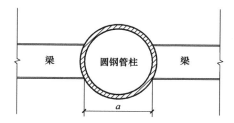

图 5-23　节点核心区剪切变形计算宽度 a

图 5-24 为试件的节点核心区各特征点对应的剪切角。由图 5-24 可知，在加载初期，试件各核心区的剪切角很小，基本都在 0.003rad 左右。从屈服点到峰值荷载点，下核心区剪切变形发展迅速，中核心区和上核心区发展较为缓慢。在峰值荷载时，中核心区的剪切变形也有所发展，而上核心区的剪切变形依然较小。

以中节点试件为例，试件在屈服阶段的剪切变形几乎一样，但是从屈服点到峰值点，箱形梁的下核心区剪切变形比工字梁节点更加明显，其剪切角在峰值点大约是工字梁节点的 2 倍。这是由于箱形梁中节点的下核心区变形比较充分，而工字梁中节点的下核心区由于母材撕裂导致的变形不如箱形梁试件的充分。在破坏时，两个箱形梁中节点试件的剪切角件最终分别达到了最终约 0.03 rad 和 0.05rad，工字梁试件最终约为 0.01rad，这和试验现象比较吻合，同时也表明了箱形梁节点试件比工字梁节点试件的变形能力更好。

对比图 5-24a 和图 5-24b 中不同轴压比下各试件下核心区从峰值荷载点到破坏时的剪切变形，可以看出在加载后期轴压比较大的节点的下核心区剪切变形相对较小，说明柱轴压力对节点的剪切应变有一定的抑制作用。

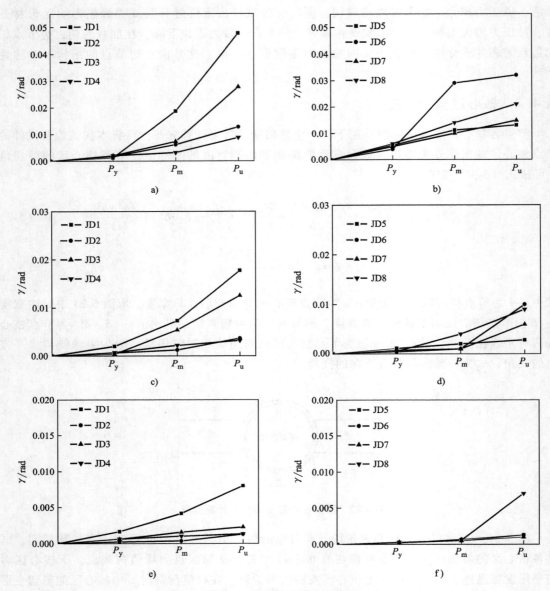

图 5-24　节点核心区剪切变形

a) 中节点下核心区　b) 边节点下核心区　c) 中节点中核心区
d) 边节点中核心区　e) 中节点上核心区　f) 边节点上核心区

■ 5.5　本章小结

本章设计了 8 个传统风格建筑钢结构双梁-柱节点，包括 2 个箱形梁中节点试件、2 个工字梁中节点、2 个箱形梁边节点和 2 个工字梁边节点，并对其进行了水平低周往复加载试验。为了研究节点核心区的抗震性能和抗剪承载力，所有试件均按照"强构件，弱节点"进行设计。重点描述了各试件的破坏过程，分析了试件的破坏模式、柱顶荷载-位移滞回曲

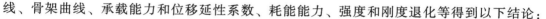

线、骨架曲线、承载能力和位移延性系数、耗能能力、强度和刚度退化等得到以下结论：

1）传统风格建筑钢结构双梁-柱节点在低周往复荷载作用下，梁、柱没有达到屈服，破坏发生在核心区，试验所用双梁连接装置运行良好，达到了本次试验的设计要求。

2）各试件的破坏主要发生在下核心区，然后是中核心区；上核心区始终处于弹性阶段，主要是上核心区由于连接构造导致刚度较大，同时也证明了此种连接方式的可靠性。其中下核心区以剪切变形为主，中核心区以柱壁两侧的屈曲变形为主。

3）柱轴压比较小时，箱形截面梁中节点试件最终破坏模式是下核心区剪切变形过大、同时由额下翼缘和柱壁连接处的焊缝发生脆断；柱轴压比较大时的最终破坏模式是由于下核心区的剪切变形和中核心区两侧变形过大，试件丧失承载力。工字梁中节点试件最终破坏模式是节点下核心区发生较大剪切变形的同时底部母材发生斜向撕裂。箱形梁边节点试件的破坏模式是下核心区变形的同时阑额上翼缘和柱壁连接处两侧、由额下翼缘和柱壁连接处两侧出现裂缝并且延伸到母材上使母材撕裂；工字梁边节点试件的破坏模式是下核心区变形的同时阑额上翼缘与柱壁连接处出现裂缝并且贯通。

4）传统风格建筑钢结构双梁-柱节点的滞回曲线饱满，破坏之前试件的承载力一直稳定上升，但加载后期因下核心区剪切变形过大和母材撕裂以及焊缝断裂等原因而出现下降段。

5）柱轴压比为 0.3 的试件极限承载能力高于轴压比为 0.6 的试件，而相同轴压比下中节点试件的承载能力高于边节点试件。

6）本次试验试件的位移延性系数相对较低，大约为 1.64～3.61。这主要是由于节点核心区尺寸受古建筑形制要求的制约及焊缝和母材开裂影响。

7）试件剪切变形主要发生在下核心区，从开始加载到试件屈服时剪切变形很小。从试件屈服到试件破坏，下核心区剪切变形发展较快；试件达到破坏荷载时，下核心区剪切角为 0.03～0.05rad。而中核心区和上核心区的剪切角则变化较小。

8）试件强度退化速度随轴压比的增大而增大。但加载前期，其强度衰减比较缓慢，在加载后期，边节点正向加载时强度退化速度要快于负向加载时强度退化速度。

9）试件刚度退化大体呈现出先快后慢的趋势，但整体下降速度较快，且试件刚度退化速度随柱轴压比的增大而增大。

10）工程中应采取措施提高梁翼缘与柱壁之间焊缝的焊接质量，降低焊接热影响区的残余应力。从建筑学观点来看，实际工程中需要把工字梁按照古建筑形制装饰。因此无论从抗震性能还是施工方便程度来说，梁截面形式应优先采用箱形截面。

第6章

传统风格建筑钢结构双梁-柱节点
抗剪承载力分析

传统风格建筑钢结构双梁-柱节点是一种特殊的节点形式。该类节点每侧有阑额（上梁）、由额（下梁）两根梁并将节点核心区分为上核心区、中核心区和下核心区共三个区，因此节点核心区范围较常规梁-柱节点大，受力更加复杂，在水平低周往复荷载作用下，每个核心区的受力都不同。目前国外几乎没有涉足传统风格建筑领域的研究，国内在传统风格建筑领域的研究也还处于起步阶段，在传统风格建筑梁-柱节点设计时，主要参考现有的常规节点的相关规范和规程，以"强柱弱梁"、"强剪弱弯"、"强节点，弱构件"的设计原则进行设计，在非抗震设计时，认为在水平荷载及竖向荷载作用下，结构节点不会发生破坏，可不进行计算；在抗震设计时，参考常规钢结构梁-柱节点设计要求进行节点核心区的抗剪强度验算，但是缺乏相应的双梁-柱节点的抗剪承载力计算公式。

因此，本章基于试验结果和有限元分析结果分析传统风格建筑钢结构双梁-柱节点的受力机理，并推导抗剪承载力计算公式，对其在水平荷载作用下的抗剪承载力进行讨论研究。

■ 6.1 受力分析模型

钢结构传统风格建筑双梁-柱节点将节点核心区分为三个核心区，分别为上核心区、中核心区和下核心区。根据本书第5章所述试验现象和结果分析，在保证焊缝质量的前提条件下，该类双梁-柱节点的破坏主要是下核心区发生剪切破坏和中核心区两侧柱壁屈曲，因此本章主要以下核心区和中核心区为研究对象，建立相应的承载力计算公式。

由于中核心区两端没有梁约束，其范围是阑额（上梁）、由额（下梁）两根梁之间的净间距，主要承受上部结构传递的弯矩、剪力、轴力，在试验过程中中核心区东西两侧柱壁变形比较大，出现局部屈曲。而下核心区两侧受到梁的约束，同时承担梁-柱传递的作用力，梁端、柱端产生的剪力使得下核心区受剪，而且试验过程发现都是下核心区先发生剪切破坏，然后中核心区才会屈服，因此主要建立下核心区的抗剪承载力计算公式。

以中节点试件为例，取下核心区为隔离体，其荷载作用下的受力情况如图6-1所示，图中 N_c^T、N_c^B 分别表示上、下柱端施加于节点核心区的轴向压力，M_c^T、M_c^B 分别表示上、下柱端作用于节点核心区的弯矩，V_c^T、V_c^B 分别表示上、下柱端作用于节点核心区的剪力，M_b^L、M_b^R 分别表示左、右两侧梁端作用于节点核心区的弯矩，V_b^L、V_b^R 分别表示左、右两侧梁端作用于节点核心区的剪力。因此，对于中节点试件而言，由节点核心区的弯矩平衡可得

$$M_b^L + M_b^R = M_c^T + M_c^B \tag{6-1}$$

同理，对于边节点试件，梁端作用于节点核心区的弯矩为 M_b，则有

$$M_\mathrm{b} = M_\mathrm{c}^\mathrm{T} + M_\mathrm{c}^\mathrm{B} \tag{6-2}$$

在节点核心区取一截面 I-I，并取其下部为隔离体，在水平方向由力的平衡可知作用在节点域的剪力 V_j

$$V_\mathrm{j} = T_\mathrm{b}^\mathrm{R} + C_\mathrm{b}^\mathrm{L} - V_\mathrm{c}^\mathrm{B} \tag{6-3}$$

同理，对边节点试件取隔离体，在水平方向由力的平衡可知作用在节点域的剪力 V_j

$$V_\mathrm{j} = C_\mathrm{b} - V_\mathrm{c}^\mathrm{B} \tag{6-4}$$

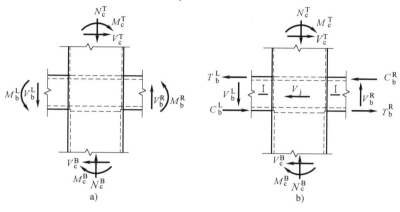

图 6-1 中节点系列试件下核心区受力简图

a) 节点受力分析模型 b) 节点剪力分析模型

对于中节点试件，T_b^L、C_b^L、T_b^R、C_b^R 为由梁端弯矩 M_b^L、M_b^R 计算得出的等效剪力，设 h_bw 为箱形梁翼缘重心之间的距离，则

$$T_\mathrm{b}^\mathrm{R} = C_\mathrm{b}^\mathrm{R} = M_\mathrm{b}^\mathrm{R}/h_\mathrm{bw}, \ T_\mathrm{b}^\mathrm{L} = C_\mathrm{b}^\mathrm{L} = M_\mathrm{b}^\mathrm{L}/h_\mathrm{bw} \tag{6-5}$$

对于边节点试件，T_b、C_b 为由梁端弯矩 M_b 计算得出的等效剪力

$$T_\mathrm{b} = C_\mathrm{b} = M_\mathrm{b}/h_\mathrm{bw} \tag{6-6}$$

试验时，首先在节点试件的柱端施加恒定轴压力至设计值，再施加水平低周往复荷载作用。为研究该双梁-柱节点核心区的抗剪承载力，采用图 6-2 所示计算模型，图中杆件模型近似取各截面的中性轴，用力法求得该模型在轴压力 N 和水平力 F 作用下的弯矩图，如图

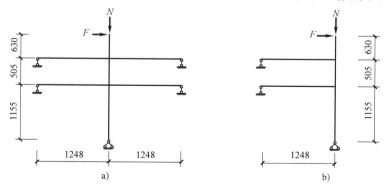

图 6-2 双梁-柱节点计算模型

a) 中节点系列试件简化模型 b) 边节点系列试件简化模型

6-3 所示。由图 6-3 可知，下核心区受力最大，为危险截面，试件的抗剪承载力应围绕下核心区来研究。

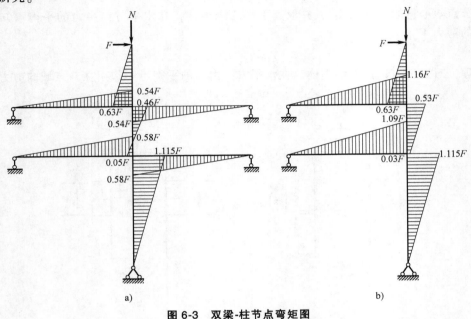

图 6-3 双梁-柱节点弯矩图
a）中节点系列试件弯矩图　b）边节点系列试件弯矩图

6.2 下核心区抗剪承载力计算

6.2.1 节点域受力模型

由试验结果和受力分析可知，传统风格建筑钢结构双梁-柱节点的抗剪承载力计算应以下核心区为研究对象。下核心区发生剪切破坏时，其核心区中部先达到屈服。分析所用的计算模型、所取截面位置和相关尺寸如图 6-4 所示。M_b^L、M_b^R 分别为核心区两侧作用的梁端弯矩，圆钢管柱在轴力 N_c^T、水平剪力 V_c^T、弯矩 M_c^T 共同作用下，在下核心区钢管上取水平截

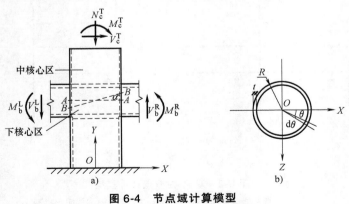

图 6-4 节点域计算模型
a）正立面图　b）截面尺寸

面 *A-A* 和斜截面 *B-B*，由材料力学可知，圆环形截面上任意点的剪应力与周边相切，最大剪应力在中性轴上各点处，其方向与剪力平行。

　　为研究下核心区抗剪承载力，在水平截面 *A-A* 上距离 x 轴 θ 角处取单元体，如图6-4所示。单元体应力状态如图6-5所示，其中 σ_x 为紧箍力（假设在整个圆环截面上均匀分布）；σ_y 为轴力和弯矩共同作用下产生的竖向正应力，$\sigma_y = -(\sigma_y^N + \sigma_y^M \cos\theta)$，$\sigma_y^N$ 为柱轴力 N_c^T 产生的竖向正应力，σ_y^M 为柱端弯矩 M_c^T 产生的竖向正应力，τ 为剪应力，各应力沿圆环截面分布如图6-6所示。

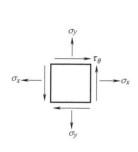

图6-5　水平截面 *A-A* 单元体应力状态

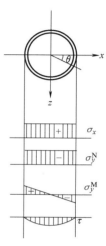

图6-6　柱端应力分布

6.2.2　下核心区斜截面抗剪承载力计算

　　设节点域斜截面 *B-B* 上 θ 角处的单元体是由水平截面 *A-A* 上 θ 角处的单元体逆时针旋转 β 角得到的，此时 θ 角处的单元体所在平面不在 x-y 平面内，因此 β 角与 α 角不相等，在下核心区，对圆钢管柱斜截面上的单元体应力状态进行分析，如图6-7所示。

　　由材料力学相关知识可知，节点域圆钢管斜截面上的正应力和切应力分别为

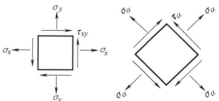

图6-7　斜截面 *B-B* 单元体应力状态

$$\sigma_\alpha = \frac{\sigma_x + \sigma_y}{2} + \frac{\sigma_x - \sigma_y}{2}\cos 2\alpha - \tau_{xy}\sin 2\alpha \qquad (6-7)$$

$$\tau_\alpha = \frac{\sigma_x - \sigma_y}{2}\sin 2\alpha + \tau_{xy}\cos 2\alpha \qquad (6-8)$$

由空间解析几何计算得

$$\beta = \frac{\pi}{2} - \arctan(\sin\theta \cot\alpha) \qquad (6-9)$$

则斜截面 *B-B* 抗剪承载力 $V_{B\text{-}B}$ 为

$$V_{B\text{-}B} = \int_A \tau_\alpha \mathrm{d}A = 2\int_0^\pi \left(\frac{\sigma_x - \sigma_y}{2}\sin 2\alpha - \tau\cos 2\alpha\right)\frac{t}{\sin\alpha}R\mathrm{d}\theta$$

$$\approx \pi Rt\cot\alpha \cdot \sigma_x + 2Rt\int_0^\pi \tau_\theta \sin\theta\mathrm{d}\theta = \frac{A_s}{2}\sigma_x\cot\alpha + \pi Rt\tau_{\max} \tag{6-10}$$

式中，A_s 为斜截面 $B\text{-}B$ 所截圆环在水平面的投影面积，即水平截面 $A\text{-}A$ 的面积。

在斜截面 $B\text{-}B$ 上，考虑钢管任意 θ 角处单元体的应力状态，如图 6-8 所示。

由能量强度理论可得

$$\sigma_x^2 + \sigma_y^2 - \sigma_x\sigma_y + 3\tau_{xy}^2 = f_y^2$$

式中

$$\sigma_y = -(\sigma_y^N + \sigma_y^M\cos\theta)$$

$$\tau_{xy} = -\tau_\theta = -\tau_{\max}\sin\theta$$

代入上式可得

$$\sigma_x^2 + (\sigma_y^N + \sigma_y^M\cos\theta)^2 + \sigma_x(\sigma_y^N + \sigma_y^M\cos\theta) + 3\tau_{\max}^2\sin^2\theta = f_y^2 \tag{6-11}$$

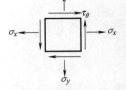

图 6-8 斜截面 $B\text{-}B$
单元体应力图

将上式对 θ 求导，可得最危险点所在位置 θ_0 以及最大剪应力 $\tau_{\max}$

$$\cos\theta_0 = \frac{\sigma_y^M(2\sigma_y^N + \sigma_x)}{6\tau_{\max}^2 - 2(\sigma_y^M)^2} \tag{6-12}$$

$$\tau_{\max} = \sqrt{\frac{f_y^2 - \sigma_x^2 - (\sigma_y^N + \sigma_y^M\cos\theta_0)^2 - \sigma_x(\sigma_y^N + \sigma_y^M\cos\theta_0)}{3\sin^2\theta_0}} \tag{6-13}$$

式中，σ_x 为紧箍力，即钢管环向拉应力，近似取 $\sigma_x = 0.1f_y$；f_y 为钢材的屈服强度。

1. 圆钢管柱在柱端轴力 N_c^T 作用下的纵向应力 σ_y^N

假设圆钢管柱的变形符合平截面假定，由平截面假定可知

$$\frac{\sigma_s}{E_s} = \varepsilon \qquad N_c^T = \sigma_s A_s$$

则有

$$\sigma_y^N = \sigma_s = \frac{N_c^T}{A_s} = \frac{N_c^T}{\pi(R^2 - (R-t)^2)} \approx \frac{N_c^T}{2\pi Rt} \tag{6-14}$$

式中，N_c^T 为圆钢管柱上柱端轴力；A_s 为圆钢管柱水平截面面积。

2. 圆钢管柱在柱端弯矩 M_c^T 作用下的纵向应力 σ_y^M

假设圆钢管柱的变形符合平截面假定，由平截面假定可知

$$\sigma_s = E_s\varepsilon = E_s\frac{r\cos\theta}{\rho}\quad(R-t \leqslant r \leqslant R) \tag{6-15}$$

式中，r 为圆环上计算点到圆心的距离；ρ 为截面弯曲的曲率半径。

由内外力平衡可得

$$M_c^T = 2\int_{R-t}^{R}\int_{-\frac{\pi}{2}}^{\frac{\pi}{2}} r\mathrm{d}\theta \cdot \mathrm{d}r \cdot \sigma_s \cdot r\cos\theta = \frac{E_s}{\rho}\frac{\pi}{4}(R^4 - (R-t)^4) = \frac{E_s}{\rho}I_z \tag{6-16}$$

则有

$$\frac{1}{\rho} = \frac{M_c^T}{E_s I_z} \tag{6-17}$$

将式（6-16）代入式（6-15）可得

$$\sigma_s = \frac{M_c^T \cdot r\cos\theta}{I_z}$$

$$\therefore \sigma_y^M = \sigma_s \Big|_{\substack{r=R \\ \theta=\pi}} = \frac{M_c^T \cdot R}{I_z} \tag{6-18}$$

将 σ_x、σ_y^N、σ_y^M 代入式（6-13）得

$$\tau_{max} = \sqrt{\frac{f_y^2 - (0.1f_y)^2 - \left(\frac{N_c^T}{A_s} + \frac{M_c^T R}{I_z}\cos\theta_0\right)^2 - 0.1f_y\left(\frac{N_c^T}{A_s} + \frac{M_c^T R}{I_z}\cos\theta_0\right)}{3\sin^2\theta_0}} \tag{6-19}$$

经计算可知，当 $\theta_0 = \dfrac{\pi}{2}$ 时（即试验中核心区中部）取极值，则有

$$\tau_{max} = \sqrt{\frac{f_y^2 - (0.1f_y)^2 - \left(\frac{N_c^T}{A_s}\right)^2 - 0.1f_y\frac{N_c^T}{A_s}}{3}} = f_y\sqrt{\frac{1}{3}(0.99 - n^2 - 0.1n)} \tag{6-20}$$

式中，n 为圆钢管柱的轴压比，即 $n = \dfrac{N_c^T}{f_y A_s}$。

将式（6-20）代入式（6-10）可得双梁-柱下核心区斜截面抗剪承载力公式

$$V^\alpha = \frac{A_s}{2}\sigma_x\cot\alpha + \pi R t\tau_{max} = \pi R t f_y\left(0.1\cot\alpha + \sqrt{\frac{1}{3}(0.99 - n^2 - 0.1n)}\right) \tag{6-21}$$

在水平力作用下计算下核心区的抗剪承载力时，只需计算节点的水平抗剪强度，即当 $\alpha = \dfrac{\pi}{2}$ 时，即为考虑轴力影响的传统风格建筑钢结构双梁-柱节点下核心区水平截面抗剪承载力公式为

$$V = \pi R t f_y\sqrt{\frac{1}{3}(0.99 - n^2 - 0.1n)} \tag{6-22}$$

式（6-22）为由前面的应力分析得出的抗剪承载力计算公式，但并没有考虑梁对节点核心区的约束作用。由本书第5章所述实验结果分析可知核心区两侧梁对核心区有一定的约束作用，因此需要对式（6-22）进行相应的系数修正，可以考虑在公式（6-22）上加入梁对核心区抗剪的贡献的调整系数。另外由于中节点与边节点的承载力存在一定的差异，因此还应加入中节点和边节点的抗剪承载力调整系数。

美国钢结构协会 AISC 规范给出的一般节点核心区的抗剪承载力计算公式为

$$V_u = 0.6f_y d_c t_w\left(1 + \frac{3b_{cf}t_{cf}^2}{d_b d_c t_w}\right) \tag{6-23}$$

式中，f_y 为核心区钢材的屈服强度；d_c 为柱截面的高度；t_w 为核心区腹板的厚度；b_{cf} 为柱翼

缘的宽度；t_{cf} 为柱翼缘的厚度；d_b 为梁截面的高度。

式（6-23）中括号内的第二项是考虑了柱翼缘对核心区抗剪的贡献。因此我们在式（6-22）中引入式（6-23）第二项得到

$$V = \pi R t f_y \sqrt{\frac{1}{3}(0.99 - n^2 - 0.1n)} \left(1 + \frac{3b_{cf}t_{cf}^2}{d_b d_c t_w}\right) \qquad (6\text{-}24)$$

为了简化计算，将核心区截面形状等效为矩形，如图 6-9 所示。由于传统风格建筑中梁、柱截面尺寸要遵循固定的古建筑营造标准，其尺寸要按照固定的比例。本次试验所用试件均按照宋《营造法式》所设计，梁、柱尺寸均按照宋代的"材份等级"制度进行设计，其中由额高 27 份，

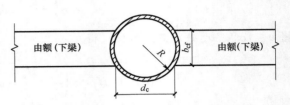

图 6-9 节点核心区截面

宽 18 份，柱径为 42 份，即：d_b 为 27 份，R 为 21 份，b_{cf} 为 18 份，d_c 由图 6-9 中几何关系求得约为 36 份。由于核心区为圆钢管柱，因此 $t_w = 2t$，$t_{cf} = t$。经系数归并后，式（6-24）可以简化为

$$V = \eta \pi R t f_y \sqrt{\frac{1}{3}(1 - n^2 - 0.1n)} \left(1 + \frac{7t}{12R}\right) \qquad (6\text{-}25)$$

式中，f_y 为核心区钢材的屈服强度；t 为核心区壁厚；R 为核心区外径；η 为中节点和边节点抗剪承载力调整系数，根据试验结果中节点和边节点分别取 1 和 0.9。

式（6-25）是在试验和理论分析的基础上提出的，并且合理考虑了传统风格建筑钢结构双梁-柱节点的特殊形制，其中公式右边括号内第二项考虑了梁对核心区抗剪承载力的贡献。值得注意的是，式（6-25）仅适用于传统风格建筑钢结构双梁-柱节点，且轴压比小于 0.6。

抗震设计时，要考虑承载力抗震调整系数 γ_{RE}，即为

$$V = \frac{1}{\gamma_{RE}} \pi R t f_y \sqrt{\frac{1}{3}(1 - n^2 - 0.1n)} \left(1 + \frac{7t}{12R}\right) \qquad (6\text{-}26)$$

根据 GB 50011—2010《建筑抗震设计规范》建议，γ_{RE} 取 0.75。

■ 6.3 验证分析

6.3.1 公式计算值和试验值对比

试验时的下核心区剪力 V_t 可由下核心区斜对角方向的应变达到钢材屈服应变时所对应的梁端荷载（由梁端铰支座处的力传感器测得）经过计算得出，并与式（6-25）计算值 V_e 进行对比，见表 6-1。由表 6-1 可知，公式计算值和试验值比值的平均值为 1.069，标准差 σ 为 0.056，变异系数为 0.053，表明公式计算值与试验值误差较小。总体上来说，公式计算结果偏安全。

表 6-1 公式计算值与试验值对比

节点编号	V_t/kN	V_e/kN	V_t/ V_e
JD1	628.10	598.19	1.050
JD2	511.75	485.64	1.054
JD3	635.37	598.19	1.062
JD4	612.89	485.64	1.126
JD5	559.86	538.37	0.974
JD6	474.63	437.07	1.086
JD7	524.27	538.37	1.040
JD8	506.41	437.07	1.159

6.3.2 公式计算值和有限元计算值对比

将下核心区剪力的有限元计算值 V_f 与式（6-25）计算值 V_e 进行对比，见表6-2。

表 6-2 公式计算值与有限元计算值对比

节点编号	V_f/kN	V_e/kN	V_f/ V_e
JD2-4mm	298.39	321.68	0.928
JD4-4mm	316.93	321.68	0.985
JD6-4mm	286.63	289.51	0.990
JD8-4mm	283.33	289.51	0.979
JD2-8mm	588.37	651.68	0.903
JD4-8mm	640.93	651.68	0.984
JD6-8mm	604.29	586.51	1.030
JD8-8mm	634.96	586.51	1.083

注：节点编号第一项为试件原型，第二项为核心区壁厚，例如 JD2-4mm 表示试件 JD2 的核心区壁厚变为 4mm。

表 6-2 中有限元计算的下核心区剪力 V_f 可由有限元计算中下核心区斜对角方向钢材出现屈服所对应的梁端荷载经过计算得到。由表 6-2 可知，公式计算值和试验值比值的平均值为 0.985，标准差 σ 为 0.056，变异系数为 0.056，说明公式计算值和有限元计算值一致性较好，表明有限元计算模型能有效预测传统风格建筑钢结构双梁-柱节点发生剪切破坏时的抗剪承载力。

■ 6.4 本章小结

通过对传统风格建筑钢结构双梁-柱节点的试验和理论分析结果可知，该类节点在轴压力和水平低周往复荷载作用下，首先在下核心区发生剪切变形并达到屈服，因此设计中应首先保证下核心区的强度。

　　本章结合传统风格建筑钢结构框架双梁-柱节点的破坏特点分析了传统风格建筑钢结构双梁-柱节点的受力机理。从下核心区钢管柱壁上选取任意点的单元体，对其应力状态进行分析，基于试验结果和有限元分析结果并考虑传统风格建筑的形制要求，推导了下核心区的抗剪承载力计算公式：它适用于轴压比小于 0.6 的传统风格建筑钢结构双梁-柱节点。将公式计算值分别和试验值与有限元计算值进行对了对比，总体上来说误差较小，且公式计算结果偏安全。

第7章

传统风格建筑钢结构新型阻尼节点动力加载试验

■ 7.1　试验目的

　　雀替是我国古建筑木结构中特有的构件，位于古建筑的梁-柱交接处，因其外轮廓与鸟的双翼形似而得名，如图7-1所示。雀替在结构上的作用主要体现在以下几个方面：与柱子一起共同承担柱顶传递的压力；减小了梁、枋的净跨距，从而减小了梁与柱交接处的剪力，增强了梁、枋的抗剪承载力；提高了节点的抗弯刚度，同时防止横材与竖材之间的角度发生倾斜，增强了构架的稳定性。如今，雀替同样是传统风格建筑中重要的仿古元素，但它在传统风格建筑中主要被用作建筑外观的装饰，在结构上的作用几乎被忽略。

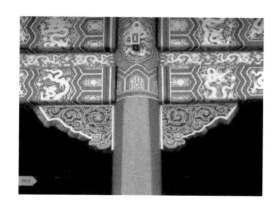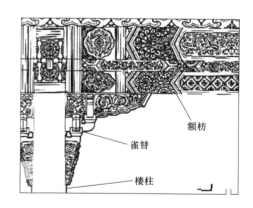

额枋

雀替

楼柱

图 7-1　雀替示意图

　　传统风格建筑继承古建筑之形体，其梁-柱节点也有单梁-柱和双梁-柱之分，且梁下常布置雀替作为装饰性构件，但梁-柱连接方式却由半刚性榫卯连接变成了刚性连接。大量的研究成果表明：钢结构刚性节点的变形与破坏主要集中于梁下翼缘-柱连接处焊缝。主要原因除了焊接和钢材本身的因素之外，也与梁-柱节点的梁下翼缘-柱连接处应力较高有关。针对梁下翼缘-柱连接处焊缝易开裂的弱点，国内外学者进行了大量研究，提出了各种新型节点构造形式。总体来说有两个研究方向：①减小节点区的应力集中，改善应力分布；②将塑性铰的位置外移，提高钢结构梁-柱节点的延性。但这些研究都属于传统的抗震方法，即通过增强结构本身的抗震性能来抵御地震作用，由结构本身存储和消耗地震能量，属于被动消极的抗震对策。近年来，一种基于减震的新型节点形式被众多学者所关注，即在梁-柱节点处设置阻尼器来增加节点的耗能能力，此类节点称为新型阻尼节点。

由于黏滞阻尼器本身不储存刚度，因此对结构不会造成过大的额外受力负担，且相比之下设计较简便，同时黏滞阻尼器能向结构提供较大的阻尼，有效地消耗输入结构中的地震能量，并且在小位移时也能发挥较好的作用。因此本次试验基于减震技术并考虑传统风格建筑的独特形制，引入黏滞阻尼器作为雀替使用，即在梁-柱节点处安装黏滞阻尼器并将外观装饰成雀替形状，从而形成一种新型阻尼节点，称之为传统风格建筑钢结构新型阻尼节点。设计此类节点的目的是通过设置耗能减震装置来提高传统风格建筑钢结构节点的抗震性能，并改善梁-柱连接部位焊缝易开裂的问题。本章通过试验传统风格建筑钢结构新型阻尼节点的周期性动力加载试验，研究传统风格建筑钢结构节点附设黏滞阻尼器后在动力加载作用下的变形发展及破坏特点，对破坏模式进行总结。

■ 7.2 试件的设计及制作

本次试验共设计制作了 6 个传统风格建筑钢结构节点试件，根据节点形式的不同，把试件分成单梁-柱节点（SBJ）系列和双梁-柱节点（DBJ）系列两组。每个系列分别有 3 个节点试件，包括 1 个未设置黏滞阻尼器的节点试件（以下简称无控节点）和 2 个设置黏滞阻尼器的节点试件（以下简称有控节点）。试件编号分别为 SBJ-1、SBJ-2、SBJ-3 和 DBJ-1、DBJ-2、DBJ-3。其中，SBJ-1 和 DBJ-1 两个节点试件没有设置黏滞阻尼器，为无控节点试件；SBJ-2、SBJ-3 和 DBJ-2、DBJ-3 四个节点试件分别设置了不同型号的黏滞阻尼器，为有控节点试件。

7.2.1 无控节点试件设计

本次试验的试件模型是以西安市某景区的二级殿堂式钢结构传统风格建筑为原型，同时结合我国古建筑中有关尺寸的规定，按照宋《营造法式》"材份等级"制进行换算，并考虑实验室加载装置的条件和选用无缝圆钢管的规格尺寸，最终模型比例确定为 1∶2.6。所有试件柱轴压比均为 0.3（即轴压力 560kN）。本次试验主要是为了研究附设黏滞阻尼器对传统风格建筑钢结构节点抗震性能的影响，试件按照"强柱弱梁"原则进行设计。本次试验为了使阻尼器发挥更大的作用需要梁有更大的变形，因此削弱了梁的厚度。无控节点试件（SBJ-1 和 DBJ-1）的尺寸如图 7-2 所示，所有试件均采用 Q235B 钢，其中檐柱（大柱子）采用无缝圆钢管；参考本书第 5 章所述试验的结果，梁截面形式均采用抗震性能更好的箱形截面；上部箱形截面柱采用钢板焊接，插入下部檐柱（大柱子）至阑额（上梁）下翼缘处，并在通过其四周的四块竖向加劲肋板和其底部的水平环板连接传力；试件高度为 2650mm，宽度为 3000mm。

7.2.2 阻尼器和有控试件设计

黏滞阻尼器因具有容易更换、只提供阻尼不附加额外刚度和在小位移下即发挥作用等优点而广泛应用于土木工程当中。本课题组提出了一种附设黏滞阻尼器的新型阻尼节点形式。将黏滞阻尼器安装于结构的梁-柱节点位置，通过配套的双耳连接支座一端与梁连接，另一端与柱连接，并仿照古建筑中雀替的形状对其外观进行装饰，形成具有传统风格建筑特色的

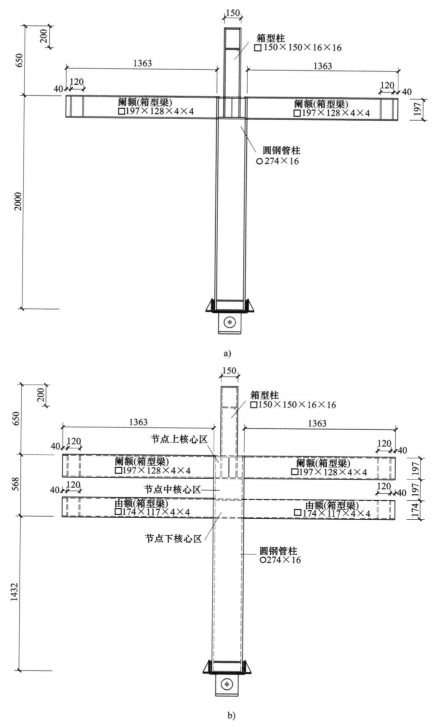

图 7-2　无控系列节点试件尺寸图

a）试件 SBJ-1 尺寸图　b）试件 DBJ-1 尺寸图

新型阻尼节点。该节点形式将现代的减震技术与传统风格建筑中特有的构件（雀替）完美融合，避免了使用其他附属安装及支撑试件，无须占用过多的建筑空间，在保证传统风格建筑外形的前提下改善其节点的抗震性能，不会造成空间不和谐感和影响传统风格建筑美观。

黏滞阻尼器的尺寸应小于雀替尺寸，且放置角度应考虑雀替外形。赵鸿铁教授在所著《中国古建筑结构及其抗震》书中指出，根据宋《营造法式》，唐宋时期雀替的水平长度约占明间净面宽的三分之一，发展至明清时期，雀替的水平长度占开间净面宽的四分之一，高度取本身长度的一半，厚度取柱径的3/10。传统风格建筑中最常见的二等殿堂式建筑的最大开间约为5.4~5.7m，因此雀替水平长度最大约为1.35~1.8m，但为了给外部包装留有一定的装饰空间，实际水平长度应小于1.5m。由于古建筑中雀替的高度取本身长度的一半，黏滞阻尼器与柱夹角初步确定为60°。

通过与专业阻尼器生产厂商进行技术沟通，选定了一款附带拉压传感器的智能黏滞阻尼器，其阻尼力可以通过自带的拉压传感器实时输出。由于附加了拉压传感器，因此其长度达到了0.77m，和柱夹角60°放置时的水平跨度为0.772m，稍微超过了缩尺比例后的黏滞阻尼器水平长度，但影响不大。

黏滞阻尼器两端通过配套的双耳连接支座一端与梁连接，另一端与柱连接，与柱夹角为60°，如图7-3所示。此次试验选用了2种不同参数的非线性黏滞阻尼器，详细参数见表7-1，有控系列节点的尺寸如图7-4所示。其中SBJ-2、DBJ-2采

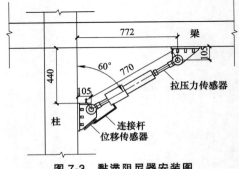

图7-3　黏滞阻尼器安装图

用阻尼系数为60kN·s/m的黏滞阻尼器，SBJ-3、DBJ-3采用阻尼系数为88kN·s/m的黏滞阻尼器，阻尼指数均为0.38。

表7-1　黏滞阻尼器设计参数

阻尼器编号	设计阻尼力 F/kN	阻尼系数 C/(kN·s/m)	阻尼指数 a	设计位移/mm
VD1	50	60	0.38	±50
VD2	80	88	0.38	±50

表7-2　试件设计基本参数

试件名称	试件编号	阻尼器编号	阑额		由额		圆钢管柱/mm	方钢管柱/mm
			翼缘/mm	腹板/mm	翼缘/mm	腹板/mm		
单梁-柱	SBJ-1	—	128×4	197×4	—	—	274×16	150×16
	SBJ-2	VD1	128×4	197×4			274×16	150×16
	SBJ-3	VD2	128×4	197×4			274×16	150×16
双梁-柱	DBJ-1	—	128×4	197×4	117×4	174×4	274×16	150×16
	DBJ-2	VD1	128×4	197×4	117×4	174×4	274×16	150×16
	DBJ-3	VD2	128×4	197×4	117×4	174×4	274×16	150×16

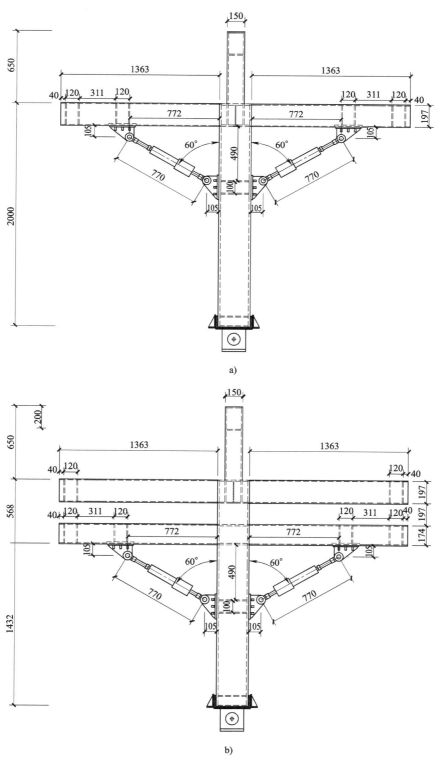

图 7-4　有控系列节点试件尺寸图

a）试件 SBJ-2 和 SBJ-3　　b）试件 DBJ-2 和 DBJ-3

7.2.3　试件制作

单梁-柱节点（SBJ系列）试件包括圆钢管柱、方钢管柱以及阑额，双梁-柱节点（DBJ系列）试件除此之外还包括由额。试件各部分均使用Q235B钢。试验模型的制作主要遵循以下步骤：箱形梁的焊接制作→上部箱形截面柱的焊接制作→上部箱形截面柱与圆钢管柱的拼装和焊接→梁与柱的拼装和焊接→焊接阻尼器支座→安装黏滞阻尼器。

阑额、由额均为箱形截面梁，由四块厚度为4mm的钢板拼装焊接而成，截面尺寸分别为□197mm×128mm×4mm×4mm、□174mm×117mm×4mm×4mm，梁长度均为1363mm；上部箱形截面柱也由四块厚度为16mm的钢板拼装焊接而成，长度为837mm，截面尺寸为□150mm×150mm×16mm×16mm；圆钢管柱长2000mm，其截面尺寸为274mm×16mm。上部箱形截面柱插入圆钢管柱内至阑额下翼缘处，并通过水平隔板以及四块竖向加劲肋与圆钢管柱焊接在一起。在梁-柱拼接之前，首先将箱形截面梁一侧梁端切割成半径为137mm的圆弧形，然后将阑额上翼缘与圆钢管柱顶面平齐，并使阑额中线与方钢管柱中线对齐后进行焊接。本次试验试件钢材均为Q235B钢，焊条根据规范采用E4303焊条。由额位于阑额正下方，并与之平行，两者间距197mm。图7-5所示为试件现场加工图。

阻尼器为可拆卸式，每个有控节点试件安装两个阻尼器，呈对称式安装在柱子两侧雀替位置，一个阻尼器配备两个支座，分别焊接在圆钢管柱和箱形截面梁下翼缘，并保证两个支座的螺孔间距为770mm。阻尼器则通过螺栓与支座相连。阻尼器支座由阻尼器生产厂家提供，阻尼器支座所在梁-柱相应位置均焊有厚度为10mm的加强板。阻尼器的安装位置如图7-4所示。

7.2.4　材性试验

按照GB/T 2975—2018《钢及钢产品力学性能试验取样位置及试样制备》的规定采集标准拉伸试样。试样与相应部件为同一批材料，每组3个，分别为：16mm厚板材（上部箱形截面柱）、4mm厚板材（梁）和16mm管材（圆钢管柱）。

本次材性试验是在西安建筑科技大学土木工程学院材性实验室完成的。严格按照GB/T 228—2010《金属材料室温拉伸试验方法》规定的方法测得了相应钢材的弹性模量E_s、屈服强度f_y、极限抗拉强度f_u以及伸长率δ等参数。材性试验结果见表7-3。

表7-3　钢材材性试验结果

类别	材料厚度 /mm	屈服强度 f_y/MPa	抗拉强度 f_u/MPa	弹性模量 E_s/10^5MPa	伸长率 δ(%)	屈服应变 ε_y/10^{-6}
板材	4	275.9	402.1	1.98	35.1	1393
板材	16	277.2	412.6	2.01	37.2	1379
管材	16	283.4	415.3	2.05	34.5	1417

7.2.5　试验装置和加载制度

目前，国内外学者对这种在梁-柱节点处设置阻尼器的新型阻尼节点进行了一定的研究，但是所用的阻尼器多为铅阻尼器、金属阻尼器、摩擦阻尼器等位移型阻尼器，而设置黏滞阻尼器的新型阻尼节点的研究近乎空白。另外，目前对新型阻尼节点的试验研究方法也是使用

图7-5　试件现场加工图

a）上部箱形截面柱的制作　　b）上部箱形截面柱与圆钢管柱的连接　　c）箱形截面梁的制作加工

d）箱形截面梁和圆钢管柱的焊接　　e）制作完成的单梁-柱节点试件　　f）制作完成的双梁-柱节点试件

的常规的低周往复加载。但是这种加载方式的加载周期较长，无法发挥此次试验试件所布置
的速度相关型黏滞阻尼器的减震效果。这是因为黏滞阻尼器是一种速度相关型阻尼器，需要
加载中提供一定的速度才能发挥黏滞阻尼器的功效。主要问题在于以往的加载设备的性能不

足，加载频率较低，无法获得较大的加载速度；如果提高输出速度或者输出频率，则无法达到较大的位移幅值。

因此，进行附设黏滞阻尼器的新型阻尼节点的试验研究，就必须对现有的试验方法进行改进。改进方法有两种：一种是在黏滞阻尼器上设置位移放大系统，使黏滞阻尼器具有位移放大功能，从而提高其耗能减震效果。另一种方法是直接提高试验加载设备的性能。

香港理工大学 Chung 使用第一种改进方法在2007 年进行了 2 个装有 HDADS（在黏滞阻尼器上连接液压缸）的新型混凝土梁-柱节点的低周往复加载试验，虽然试验中加载的控制位移和频率较小，但是由于为黏滞阻尼器设置了液压缸放大装置，因此取得了不错的试验效果，为附设黏滞阻尼器的新型阻尼节点的试验研究奠定了基础。图7-6 所示为 Chung 进行的新型混凝土阻尼节点试验加载装置图。试验中采用了梁端加载方式，柱顶施加轴向力，梁端施加竖向力。

图 7-6　Chung 进行的新型混凝土
阻尼节点试验加载装置图

第二种改进方法主要是受到加载装置性能的限制，即现有的加载设备使用较高的加载频率就无法达到较大的控制位移。然而随着科技的发展，电液伺服程控结构试验机功能越来强大。西安建筑科技大学结构工程实验室作为结构工程教育部重点实验室，最新引进的 MTS 电液伺服程控结构试验机已经可以实现在较大的位移幅值内输出较大频率的水平力，因此第二种改进方法已具备了试验条件。

本课题组参考 Chung 进行的钢筋混凝土新型阻尼节点试验，对低周往复加载试验方法进行改进，经过反复测试提出了一种新的周期性动态加载试验方法，具体如下：

1. 加载装置

试验采用柱顶加载方式，通过油压千斤顶对柱顶施加竖向荷载至设计值并在整个试验过程中保持竖向荷载不变，同时为了保证在水平荷载作用下千斤顶能随柱顶一起移动，在千斤顶和反力梁之间设置滚轮装置。柱顶水平动力荷载由支撑于反力墙上的 500kN 电液伺服作动器施加，作动器量程为±250mm。柱底约束为固定铰支座。在双梁-柱（DBJ 系列）节点加载时，在双梁之间设置滚轴以保证阑额和由额的端部在动力加载下能保持良好的水平错动，图 7-7 和图 7-8 所示为试验加载装置示意图和现场加载图。双梁之间的连接如图 7-9 所示。

2. 加载制度

在对节点进行抗震性能试验时，通常采用拟静力加载的方式。但由于拟静力加载的加载速度较慢，因此只适用于附设位移型阻尼器的阻尼节点。为了更加有效地研究本次试验中所布置的速度型黏滞阻尼器的减震效果，同时因为地震波在一定意义上可以看作是由许多不同频率的正弦波叠加而成的，因此本次试验的加载选用以位移和频率进行控制的正弦波加载。

本次试验的周期性动力水平荷载通过 MTS 电液伺服作动器在柱顶施加。同时参考南京工业大学刘伟庆在 2004 年进行的附设黏滞阻尼器的方钢管钢筋混凝土框架结构性能试验研

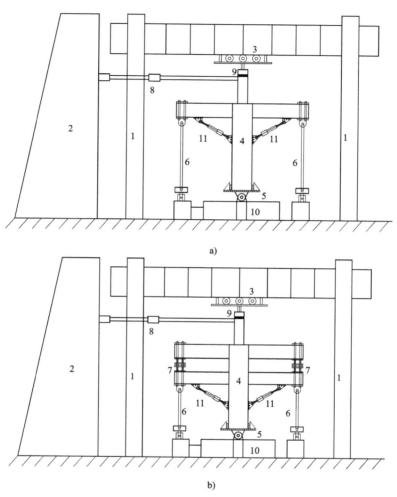

图 7-7 加载装置示意图

a）单梁-柱节点加载装置示意图 b）双梁-柱节点加载装置示意图

1—反力架 2—反力墙 3—反力梁 4—试件 5—铰支座 6—拉杆 7—双梁连接器
8—MTS 电液伺服作动器 9—液压千斤顶 10—地梁 11—黏滞阻尼器

究中所用加载制度和 JG/T 209—2012《建筑消能阻尼器》中黏滞阻尼器力学性能试验方法中最大阻尼力和阻尼系数的测定方法，即采用作动器输入正弦波激励，每工况循环 5 次。在刘伟庆试验和 Chung 试验加载制度上结合实验室设备性能提出了更加完善的加载制度，即相邻的两个工况采用相同的位移幅值，但是使用不同频率；为了充分获得黏滞阻尼器的试验数据，本次试验最大工况对应的位移幅值为 77mm，远远大于 Chung 试验的控制位移（10mm）。

本次试验的周期性动力加载制度的具体参数见表 7-4 和图 7-10。同时表 7-5 列出了本次试验加载制度和 Chung 试验加载制度的区别，以便更好地了解本次试验。

由表 7-5 可知，Chung 试验的试验方法使用了第一种改进方法。本次试验的试验方法使用的是第二种改进方法，并综合了 Chung 试验和刘伟庆试验的加载制度。本次试验在最大位移、频率上均有较大的改进。

a)

b)

c)

d)

图 7-8　试验现场加载图

a）SBJ-1 试件现场加载图　b）SBJ-2 和 SBJ-3 试件现场加载图

c）DBJ-1 试件现场加载图　d）DBJ-2 和 DBJ-3 试件现场加载图

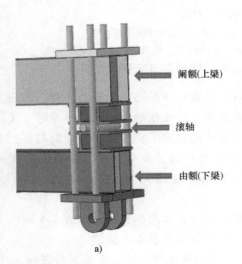

阑额(上梁)

滚轴

由额(下梁)

a)

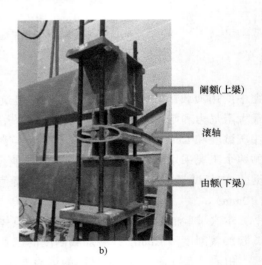

阑额(上梁)

滚轴

由额(下梁)

b)

图 7-9　双梁连接示意图

a）双梁连接示意图　b）双梁连接试验图

表7-4 周期性动力加载工况表

工况	加载形式	峰值加速度/(cm/s²)	位移幅值/mm	频率/Hz
工况1		50	5	1.59
工况2		80	5	2.01
工况3		100	8	1.78
工况4		125	8	1.99
工况5		150	11	1.86
工况6		200	11	2.15
工况7		250	15	2.05
工况8		300	15	2.25
工况9	正弦波加载；每一工况循环5圈。	350	27	1.81
工况10		425	27	2.00
工况11		460	40	1.71
工况12		480	40	1.75
工况13		500	53	1.55
工况14		550	53	1.62
工况15		570	65	1.50
工况16		578	65	1.55
工况17		585	77	1.39

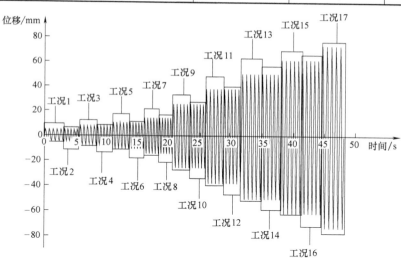

图7-10 试验加载工况

表7-5 试验加载制度对比

试验名称	试验对象	加载方式	加载波形	最大位移/mm	每级增幅/mm	每工况循环次数	频率/Hz	阻尼器布置方式
Chung试验	钢筋混凝土节点	梁端竖向加载	谐波	10	1mm	2	1	安装在梁-柱节点处；附加液压位移放大装置
本次试验	传统风格建筑钢结构节点	柱顶水平加载	正弦波	77	屈服前每级增加3mm；屈服后每级增加12mm	5	0.7~2	安装在梁-柱节点处
刘伟庆试验	钢筋混凝土框架	水平加载	正弦波	20	5mm	5	0.1~1	沿着框架对角线布置

7.2.6 试验量测内容及测点布置

本次试验的柱顶位移和荷载由 MTS793 加载系统自动采集，其他位置不另外布置位移传感器。每级荷载加载结束后观测试件变形和破坏情况。由于本次试验为周期性动力加载试验，因此不能使用拟静力加载所用的应变采集仪。受试验条件限制，动态应变数据采集仪只有 8 个通道可以采集动力加载数据，因此将全部 8 个应变片都布置在梁端塑性铰区以及柱核心区。在 SBJ 系列节点试件中，各节点试件均在梁上下翼缘距离梁端 5cm 处粘贴 1~5 号应变片，其中 4 号应变片与 3 号应变片并排放置，在距离上部箱形截面柱底部 7cm 处粘贴 6 号应变片，在核心区中部粘贴 7 号应变片，在圆钢管柱壁距梁端下翼缘 5cm 的位置粘贴 8 号应变片，应变片具体位置如图 7-11a 所示。在 DBJ 系列节点试件中，试件 DBJ-1 上梁下翼缘距离梁端 5cm 处粘贴 1、2 号应变片，在其下梁上、下翼缘相应位置处粘贴 3~6 号应变片，7、8 号应变片分别粘贴在距离上部箱形截面柱底部 7cm 处和下核心区；在对 DBJ-1 加载过程中发现 7、8 号应变片始终处于弹性阶段，应力应变变化很小，故对 DBJ-2 和 DBJ-3 的应变片位置进行调整，1~8 号应变片均粘贴在梁上下翼缘距离梁端 5cm 处，应变片具体位置如图 7-11b、c 所示。

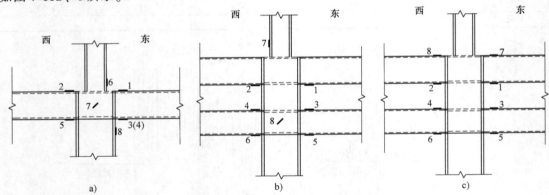

图 7-11　各试件应变片布置图

a）SBJ 系列试件　b）试件 DBJ-1　c）试件 DBJ-2 和 DBJ-3

为了能够准确测得试验过程中阻尼器的出力和位移等数据，本次试验中的阻尼器采用智能型黏滞阻尼器，由专业阻尼器生产厂家提供。它主要由黏滞流体阻尼器和监测系统组成。监测系统包括传感器、信号采集系统、数据传输和显示系统等。当阻尼器受力和产生位移时，阻尼力和位移的信号将通过数据采集记录仪自动进行采集。

■ 7.3　试验过程描述

本次试验试件是按照"强柱弱梁"的原则设计的，在试验过程中，主要是梁端塑性铰区的试验现象比较明显，节点核心区并无明显变化。各试件的破坏过程既有其相同之处，又各有差异，对每个试件的破坏过程分述如下：

定义作动器推的方向为正向"+"，拉的方向为负向"-"。定义阻尼器受压为正向"+"，受拉为负向"-"。试验开始正式加载时，首先给柱顶施加 560kN（柱设计轴压比 0.3）的轴向压力，然后再连接试件两端的竖向球铰链杆。最后在柱顶施加水平周期性动力荷载。

1. 试件 SBJ-1

在工况 1~8 加载阶段，从动态应变采集仪数据显示可以看出，所有应变片的应变值都低于钢材的屈服应变，表明试件还处于弹性工作阶段。

在工况 9 加载阶段，梁端上、下翼缘塑性铰区的 5 号、3 号、2 号、4 号、1 号应变片的应变值依次超过梁钢材的屈服应变，表明梁端塑性铰区钢材开始屈服，此时记录仪上监测的滞回曲线开始出现拐点，说明试件开始进入屈服阶段。当加载至工况 11 时，东、西两侧梁上、下翼缘距柱壁5cm处（塑性铰区）出现内凹或者外鼓。东侧梁南侧腹板距柱壁5cm处内凹。当加载至工况 12 时，原有凹陷、外鼓现象均有所发展。当加载至工况 13 时，东侧梁上翼缘与柱壁连接处的焊缝开裂，宽度约3mm。当加载至工况 14 时，东、西两侧梁的塑性铰区均出现母材撕裂；梁南、北两侧腹板距焊缝2cm处出现凹陷或者外鼓；东侧梁上翼缘焊缝向南侧腹板延伸4cm；西侧梁上翼缘与柱壁连接处焊缝全开裂，宽度约3mm，向南侧延伸4cm。当加载至工况 15 时，焊缝开裂宽度加大；梁南侧腹板母材继续撕裂，向斜下方延伸；西侧梁上翼缘距柱壁3cm处母材撕裂。当加载至工况 16 时，西侧梁北侧腹板上部焊缝水平延伸3cm，竖向延伸3cm。当加载至工况 17 时，梁塑性铰区原有的凹陷、外鼓现象更加严重，原有焊缝开裂继续发展，东、西两侧梁腹板母材继续向下撕裂，呈对称状。试件的最终破坏形态如图 7-12 所示。

a)

b)

c)

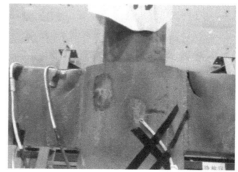

d)

图 7-12　试件 SBJ-1 破坏过程图

a）西侧梁上翼缘屈服变形　b）西侧梁翼缘和柱连接处焊缝开裂　c）东侧梁翼缘和
柱连接处焊缝开裂　d）梁破坏位置呈对称状

2. 试件 SBJ-2

在工况 1~8 加载阶段，从动态应变采集仪数据显示可以看出，所有应变片的应变值都低于钢材的屈服应变，表明试件处于弹性工作阶段。从阻尼器数据采集仪上可以看出，阻尼器最大出力 10.72kN，最大位移 1.34mm，表明在试件的弹性工作节点，阻尼器出力和相对位移都较小。在工况 9 加载阶段，梁端塑性铰区的 2 号、3 号、1 号、4 号、5 号应变片的应变值依次超过了梁钢材的屈服应变，表明梁塑性铰区钢材开始屈服，此时记录仪上监测的滞回曲线开始出现明显的拐点，说明试件开始进入屈服阶段。此时阻尼器最大出力 17.39kN，位移 3.80mm。当加载至工况 11 时，梁端翼缘塑性铰区明显屈曲。由于动力荷载加载速度较快，因此梁翼缘在加载过程中上下波动，但是梁翼缘和柱壁连接处的焊缝并未开裂，而无控节点试件 SBJ-1 在同一工况下已经出现裂缝。此时阻尼器最大出力 19.37kN，位移 6.73mm。当加载至工况 13 时，试件外鼓现象有所发展；东侧梁南侧腹板距离柱壁 9cm 处母材撕裂，宽 5mm。此时阻尼器最大出力 20.91kN，位移达到了 9.8mm。当加载至工况 14 时，东侧梁上翼缘塑性铰区与南侧腹板连接处的焊缝撕裂，缝宽 5mm。加载结束时，东侧梁北侧腹板距离焊缝 5cm 处凹陷，西侧梁上翼缘距离柱壁 4cm 处外鼓。此时阻尼器最大出力 21.41kN，位移 10.16mm。当加载至工况 15 时，东侧梁上翼缘距离柱壁 7cm 处母材撕裂，且在加载过程中焊缝不断开合，并向两侧腹板分别延伸 3cm，如图 7-13b 所示。西侧梁上翼缘母材也撕裂并向两侧腹板分别延伸 1.5cm 母材撕裂。此时阻尼器最大出力 22.02kN，位移 13.64mm。当加载至工况 16 时，东、西梁侧梁下翼缘距离柱壁 7cm 处均出现母材撕裂，长度 5cm。阻尼器最大出力 21.72kN，位移 13.69mm。当加载至工况 17 时，西侧梁两侧腹板距离焊缝 5cm 处外鼓并由下向上开裂 3cm。东侧梁上翼缘母材撕裂处裂缝几乎贯通。此时阻尼器最大出力 21.25kN，位移 16.73mm。试件水平承载力已经下降至峰值荷载的 85% 以下，试件最终的破坏形态如图 7-13 所示。

3. 试件 SBJ-3

在工况 1~8 加载阶段，从动态应变采集仪数据显示可以看出，所有的应变片的应变值都低于钢材的屈服应变，表明试件还处于弹性工作阶段。从阻尼器数据采集仪上可以看出，阻尼器最大出力 8.29kN，位移 0.72mm。

在工况 9 加载阶段，梁端上、下翼缘塑性铰区的 2 号、3 号、1 号、4 号、5 号应变片的应变值依次超过了梁钢材的屈服应变，此时记录仪上监测的滞回曲线开始出现明显的拐点，说明试件开始进入屈服阶段。此时阻尼器最大出力 24.91kN，位移 3.44mm。当加载至工况 11 时，西侧梁上翼缘距离柱壁 3cm 处有轻微外鼓。东侧梁下翼缘距离柱壁 2cm 有轻微凹陷。此时阻尼器最大出力 28.62kN，位移 5.98mm。当加载至工况 13 时，西侧梁上翼缘外鼓更加明显，高 5mm，下翼缘距离柱壁 3cm 处凹陷。东侧梁上翼缘凹陷明显，下翼缘距离柱壁 3cm 处凹陷。东侧梁南侧腹板距离柱壁 3cm 处外鼓。西侧梁南侧腹板距离柱壁 4cm 凹陷。此时阻尼器最大出力 30.96kN，位移 9.17mm。当加载至工况 14 时，试件凹陷和外鼓更加明显。此时阻尼器最大出力 31.8kN，位移 9.12mm。当加载至工况 15 时，东侧梁上翼缘和柱壁连接处焊缝开裂，长度约为上翼缘宽度的四分之三，南侧向下延伸至母材 4cm，并且在上翼缘北侧凹陷处出现母材撕裂。西侧梁上翼缘外鼓处南北侧母材撕裂各 5cm。此时阻尼器最大出力 32.69kN，位移 12.81mm。当加载至工况 16 时，东侧梁南侧腹板原撕裂位置继续往右下发展。所有裂缝均有所发展，无新裂缝出现。此时阻尼器最大出力为 32.12kN，位移为

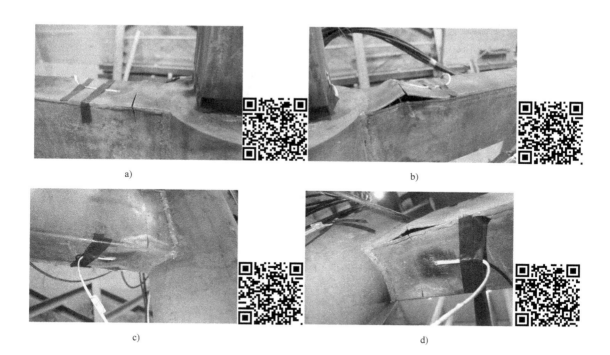

图 7-13 试件 SBJ-2 最终破坏形态

a) 西侧梁上翼缘母材撕裂   b) 东侧梁上翼缘母材斯裂   c) 西侧梁下翼缘母材撕裂

d) 东侧梁下翼缘母材撕裂

12.55mm。当加载至工况 17 时，西侧梁上翼缘母材撕裂贯通。东侧梁上翼缘焊缝贯通延伸至母材。此时阻尼器最大出力 31.33kN，位移 15.01mm。试件最终的破坏形态如图 7-14 所示。

4. 试件 DBJ-1

在工况 1~8 加载阶段，所有应变片的应变值都低于钢材的屈服应变，表明试件还处于弹性工作阶段。在工况 9 加载阶段，从动态应变采集仪数据显示可以看出，梁端塑性铰区的 1 号、2 号、3 号、5 号应变片的应变值依次超过了梁钢材的屈服应变。此时记录仪上监测的滞回曲线开始出现明显的拐点，说明试件开始进入屈服阶段。当加载至工况 11 时，东、西两侧上梁上翼缘距离柱壁 4cm 处有轻微凹陷，下梁上翼缘距离焊缝 4cm 有凹陷。当加载至工况 13 时，西侧上梁和下梁的上翼缘凹陷更加严重。东侧上梁下翼缘距离焊缝 3cm 有明显凹陷。东侧下梁下翼缘距离焊缝 5cm 有轻微外鼓。同时各梁的腹板也有不同程度的外鼓。当加载至工况 14 时，西侧上梁上翼缘凹陷处南侧距离柱壁 4cm 处母材撕裂并向腹板发展。当加载至工况 15 和工况 16 时，东侧下梁南侧腹板距离柱壁 5cm 处凹陷明显，各梁的上翼缘凹陷处母材撕裂都开始向腹板发展。同时可以观察到梁端的双梁连接器的上、下端板之间的滚轴滑动十分明显，表明双梁连接器工作性能良好。当加载至工况 17 时，各梁翼缘凹陷处母材撕裂持续向腹板发展，除东侧下梁外，其余各梁的上翼缘母材撕裂几乎完全贯通。试件失去承载力，试件最终的破坏形态如图 7-15 所示。

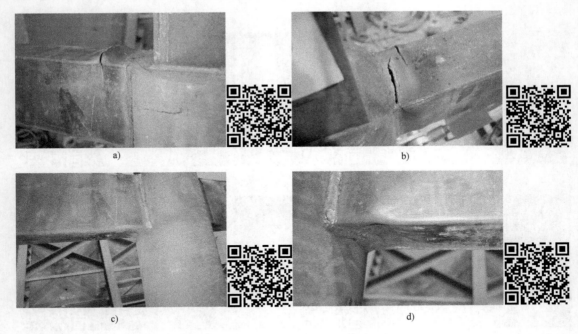

图 7-14 试件 SBJ-3 最终破坏形态

a) 西侧梁上翼缘母材撕裂   b) 东侧梁上翼缘母材撕裂   c) 西侧梁
下翼缘内凹   d) 东侧梁下翼缘内凹

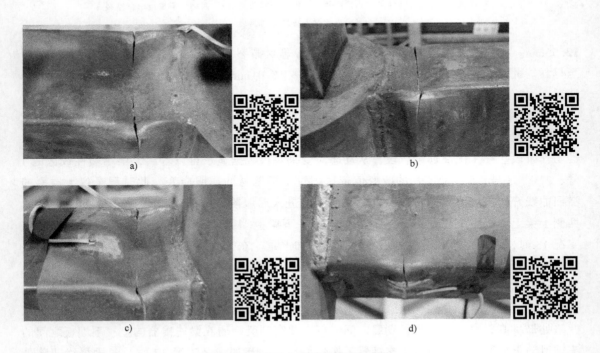

图 7-15 DBJ-1 试件最终破坏形态

a) 西侧上梁上翼缘母材撕裂   b) 东侧上梁上翼缘母材撕裂   c) 西侧下梁上翼缘母材撕裂

d) 东侧下梁下翼缘母材撕裂

5. 试件 DBJ-2

在工况 1~8 加载阶段，所有应变片的应变值都低于钢材的屈服应变，表明试件还处于弹性工作阶段。从阻尼器数据采集仪上可以看出，阻尼器最大出力 7.40kN，位移 2.15mm。在工况 9 加载阶段，梁端塑性铰区的 1 号、3 号、7 号、2 号、8 号、6 号、4 号、5 号应变片的应变值依次超过了梁钢材的屈服应变，此时记录仪上监测的滞回曲线开始出现明显的拐点，说明试件开始进入屈服阶段。此时阻尼器最大出力 17.22kN，位移 4.11mm。当加载至工况 13 时，各梁上、下翼缘出均出现轻微凹陷。西侧上、下梁南侧腹板上部距离焊缝 3cm处轻微外鼓。东侧上梁南侧腹板下部距离焊缝 3cm 处轻微外鼓。阻尼器最大出力 20.04kN，位移 8.97mm。当加载至工况 14 时，之前凹陷均有所发展。东侧上、下梁的下翼缘距离柱壁 3cm 处有明显凹陷。此时阻尼器最大出力 20.42kN，位移 8.94mm。当加载至工况 15 时，上梁凹陷更加严重。所有梁的北侧腹板距离焊缝 3cm 处外鼓。阻尼器最大出力 21.11kN，位移 11.52mm。当加载至工况 16 时，上梁下翼缘南北两侧距离焊缝 2cm 处母材撕裂并向腹板发展。同时西侧下梁上翼缘南侧距离焊缝 3cm 处母材撕裂并向腹板发展。阻尼器最大出力 21.04kN，位移 12.71mm。当加载至工况 17 时，东侧上梁上翼缘和西侧上梁下翼缘塑性铰区母材撕裂并贯通，其余位置的塑性铰区母材撕裂较小，所有梁-柱连接处焊缝未开裂。此时阻尼器最大出力 21.06kN，位移 19.25mm。试验加载中可以观察到梁端的双梁连接器的上、下端板之间的滚轴滑动十分明显，表明双梁连接器工作性能良好。试件最终的破坏形态如图 7-16 所示。

a)　　　　　　　　　　　　　　　　　b)

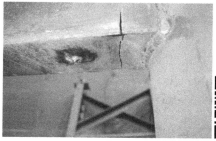

c)　　　　　　　　　　　　　　　　　d)

图 7-16　DBJ-2 试件最终破坏形态

a) 西侧上梁上翼缘母材撕裂　b) 东侧上梁上翼缘母材撕裂　c) 西侧上梁下翼缘母材撕裂
d) 西侧下梁上翼缘母材撕裂

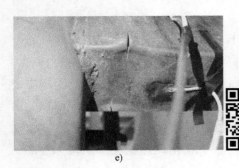

e)
f)

图 7-16　DBJ-2 试件最终破坏形态（续）

e）东侧下梁下翼缘母材撕裂　f）梁塑性铰区腹板均有鼓曲

6. 试件 DBJ-3

在工况 1~8 加载阶段，所有应变片的应变值都低于钢材的屈服应变，表明试件还处于弹性工作阶段。从阻尼器数据采集仪上可以看出，阻尼器最大出力 18.03kN，位移 1.52mm。在工况 9 加载阶段，梁端塑性铰区域的 3 号、2 号、8 号、6 号、4 号、1 号、7 号、5 号应变片的应变值依次超过了梁钢材的屈服应变，此时记录仪上监测的滞回曲线开始出现明显的拐点，说明试件开始进入屈服阶段。阻尼器最大出力 33.23kN，位移 4.12mm。当加载至工况 12 时，两侧梁的上翼缘塑性铰区域均有轻微凹陷。此时阻尼器最大出力 31.78kN，位移 6.28mm。当加载至工况 13 时，西侧上梁下翼缘外鼓，同时下梁下翼缘凹陷。西侧下梁南侧腹板都有轻微外鼓。此时阻尼器最大出力 33.97kN，位移 9.06mm。当加载至工况 14 时，各梁的凹陷外鼓进一步发展。西侧下梁下翼缘距离壁厚 1cm 处母材撕裂并向腹板发展。此时阻尼器最大出力 33.84kN，位移 8.81mm。当加载至工况 15 时，各梁北侧腹板均出现外鼓现象。东侧下梁上翼缘距离柱壁 5cm 处母材撕裂，距离柱壁 15cm 处母材撕裂 2cm。西侧下梁下翼缘母材撕裂继续发展。此时阻尼器最大出力 34.94kN，位移 12.29mm。当加载至工况 16 时，东侧上梁下翼缘距离柱壁 4cm 处母材撕裂。东侧下梁上翼缘母材撕裂有所发展。西侧下梁下翼缘母材撕裂继续发展。西侧上梁上翼缘距离柱壁 4cm 处母材撕裂。此时阻尼器最大出力 34.76kN，位移 12.54mm。当加载至工况 17 时，各翼缘的母材撕裂有所发展。西侧上梁的上、下翼缘、东侧上梁下翼缘和东侧下梁上翼缘母材撕裂；阻尼器最大出力 34.92kN，位移 15.90mm。试件最终的破坏形态如图 7-17 所示。

a)
b)

图 7-17　DBJ-3 试件最终破坏形态

a）西侧上梁上翼缘母材撕裂　b）东侧上梁上翼缘母材撕裂

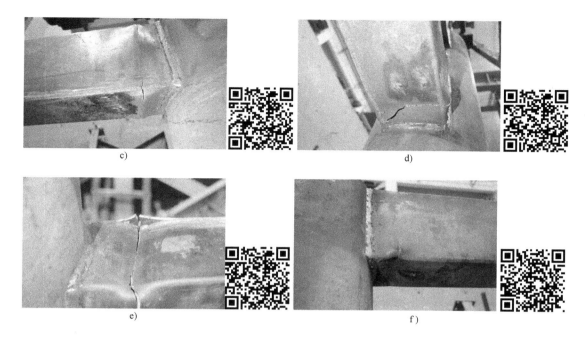

图 7-17　DBJ-3 试件最终破坏形态（续）

c）西侧上梁下翼缘母材撕裂　d）西侧下梁下翼缘母材撕裂　e）东侧下梁上翼缘母材撕裂　f）东侧下梁下翼缘凹陷

7.4　应变分析

图 7-18 和图 7-19 所示分别为 SBJ 系列试件和 DBJ 系列试件梁端塑性铰区应变片在不同工况下的应变值。其应变值取各工况加载第 1 圈时其应变值的最大绝对值。由图可知，在加载前期各试件的塑性铰区的应变值相差不大，这是因为加载前期试件的变形较小，阻尼器发挥的作用也较小，因此有控节点和无控节点的应变差异较小。在加载后期，有控节点和无控节点的应变值开始出现明显差异，表明随着试件变形的增大，阻尼器开始发挥较大的作用。从试验现象来看，附设黏滞阻尼器的有控试件梁端塑性铰区的屈曲变形要小于相应的无控试件，母材撕裂也迟于相应的无控试件。

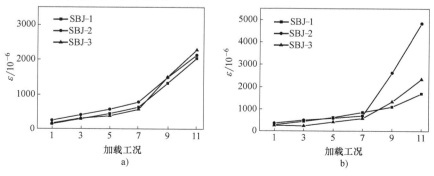

图 7-18　SBJ 系列试件应变

a）1 号应变片　b）2 号应变片

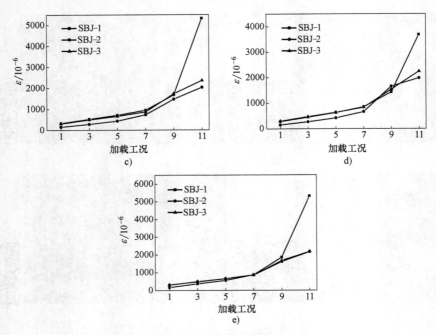

图 7-18 SBJ 系列试件应变（续）

c）3 号应变片　d）4 号应变片　e）5 号应变片

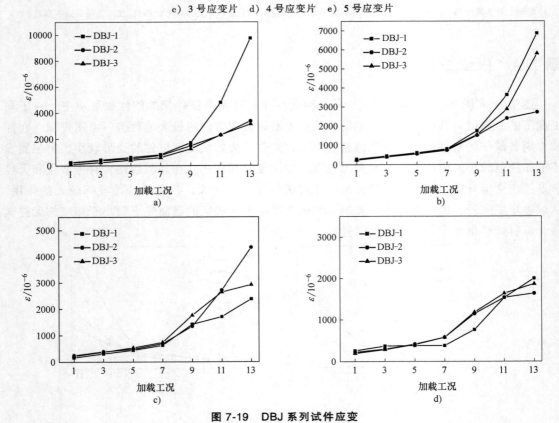

图 7-19 DBJ 系列试件应变

a）1 号应变片　b）2 号应变片　c）3 号应变片　d）4 号应变片

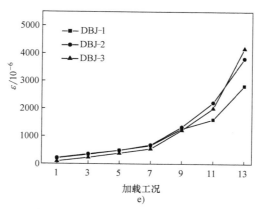

图 7-19　DBJ 系列试件应变（续）

e）5 号应变片

■ 7.5　破坏模式分析

1）本次试验试件的设计以"强柱弱梁"为原则，试验加载过程中各节点试件的破坏均发生在梁端塑性铰区。首先在塑性铰区梁翼缘、腹板出现不同程度的屈曲。随着加载的进行，在梁端塑性铰区较大变形位置处开始出现母材的撕裂，并不断发展延伸，最终几乎贯通梁的腹板和翼缘。整个加载过程中，节点核心区并没有屈服。

2）从各节点试件的破坏形态可以看出，设置黏滞阻尼器后，试件的破坏形态发生了变化。对于单梁-柱系列节点试件，在梁端塑性铰区屈服并产生塑性变形之后，未设置黏滞阻尼器的无控节点试件 SBJ-1 首先在东侧梁上翼缘的梁-柱连接处发生焊缝开裂，之后从两侧梁端塑性铰区出现母材撕裂，并斜向下延伸；而设置黏滞阻尼器的有控节点试件 SBJ-2 和 SBJ-3 则是先在梁端塑性铰区的翼缘及腹板相应位置出现不同程度的母材撕裂，裂缝在循环的动力荷载作用下反复地闭合张开，并且随着加载不断发展延伸，最终在加载后期，梁端塑性铰区的翼缘和腹板的母材裂缝几乎贯通。

3）与无控节点试件相比，附设黏滞阻尼器的节点试件承载能力有了较大的提升，试件的破坏模式也发生了改变。从对试验现象的观察可以得出：附设黏滞阻尼器的有控节点试件变形发展得到了延迟，梁端塑性铰区的屈曲、母材裂缝和焊缝开裂都滞后于相应的无控节点试件；对于 SBJ 系列构件而言，其破坏模式发生了根本改变，梁-柱连接处的焊缝不再开裂，全部表现为梁端塑性铰区母材的撕裂，表明黏滞阻尼器起到了减震作用。

■ 7.6　试验结果分析

7.6.1　滞回曲线

本次动力试验各试件的柱顶荷载-位移滞回曲线如图 7-20 所示，图中 P 为柱顶水平荷载，Δ 为对应的柱顶水平位移。

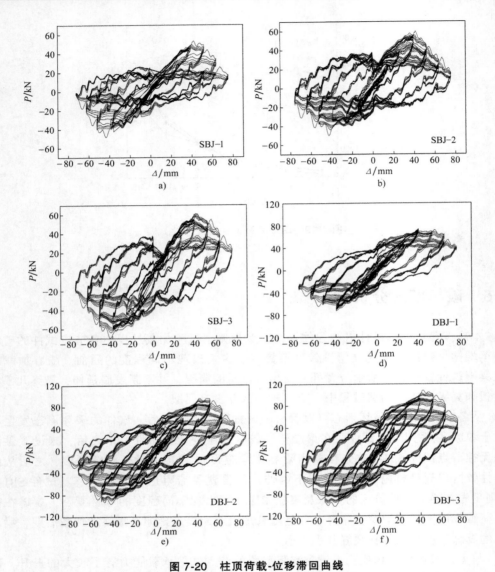

图 7-20　柱顶荷载-位移滞回曲线

a）试件 SBJ-1　b）试件 SBJ-2　c）试件 SBJ-3　d）试件 DBJ-1　e）试件 DBJ-2　f）试件 DBJ-3

　　如图 7-20 所示，传统风格建筑钢结构新型阻尼节点在周期性动力加载下的滞回曲线具有下列特点：

　　1）传统风格建筑钢结构新型阻尼节点周期性动力加载下的滞回曲线与常规节点在拟静力加载下的滞回曲线相比，曲线呈现轻微的波浪形，但整体形状相似，大致呈梭形。

　　2）在加载初期，试件处于弹性阶段，柱顶的荷载-位移变化基本呈线性关系，滞回环包围的面积很小，残余变形较小。随工况的增加，试件梁端塑性铰区发生屈曲。滞回环逐渐变得饱满，表现出了良好的耗能特性；在水平荷载完全卸载时，柱顶位移不为零，开始出现较大的残余变形；滞回环的初始斜率逐渐减小，这表明随着梁端塑性铰区的变形以及裂缝的出现和持续开展，节点刚度在不断退化。

3）对滞回环的饱满程度分析可以发现，SBJ-1、SBJ-2、SBJ-3 的滞回环依次更加饱满，DBJ-1、DBJ-2、DBJ-3 的滞回环亦是如此，表明附设黏滞阻尼器的有控节点具有更强的耗能能力。阻尼器的阻尼系数越大，节点的滞回环越饱满，耗能能力越强。

4）在加载后期，同一工况下的每一圈的滞回环并不重合，在位移保持不变的情况下，荷载逐步降低。这是因为试件进入了塑性变形阶段，每圈的加载都会产生残余变形和累积损伤，从而导致试件的强度退化。

图 7-21 和图 7-22 所示为试验中测得的阻尼器阻尼力-位移滞回曲线。图中 P 为阻尼器阻尼力即阻尼器的对外出力，由传感器测得；Δ 为阻尼器位移，指阻尼器两端的相对位移，即伸长量或者缩短量，由设置在阻尼器上的位移传感器测得。

由图 7-21 和图 7-22 可见，传统风格建筑钢结构新型阻尼节点在周期性动力加载下的阻尼器阻尼力-位移滞回曲线有以下几个特点：

1）所有的阻尼器阻尼力-位移滞回曲线存在一定的倾斜现象。导致这种现象的原因是阻尼介质（油液）具有一定的压缩性，当活塞开始运动时阻尼介质不能迅速地从高压区通过阻尼孔道流向低压区，于是阻尼介质被压缩，黏滞阻尼器表现出一种瞬时刚度。

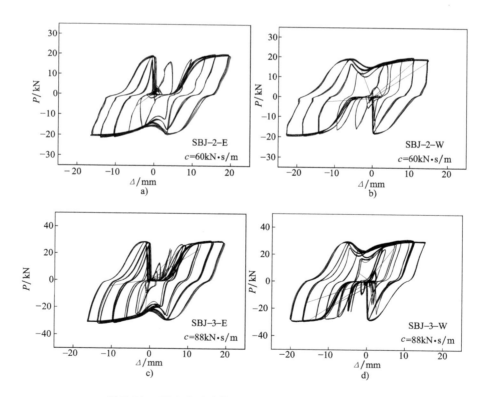

图 7-21　SBJ 系列试件阻尼器阻尼力-位移滞回曲线

a）试件 SBJ-2 东侧阻尼器　b）试件 SBJ-2 西侧阻尼器　c）试件 SBJ-3 东侧阻尼器
d）试件 SBJ-3 西侧阻尼器

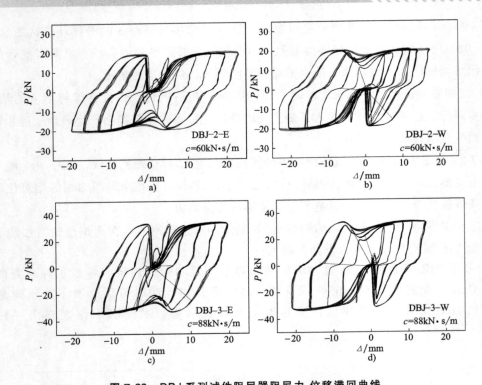

图 7-22 DBJ 系列试件阻尼器阻尼力-位移滞回曲线

a) 试件 DBJ-2 东侧阻尼器 b) 试件 DBJ-2 西侧阻尼器 c) 试件 DBJ-3 东侧阻尼器

d) 试件 DBJ-3 西侧阻尼器

2) 所有阻尼器阻尼力-位移滞回曲线在位移零点附近都存在"凹陷"现象，这是由于在试验当中加载一圈后会稍微停顿一下，然后再进行下一圈加载，因此每一圈加载起始时阻尼器活塞都是从中间位置起步，而且也是在中间位置结束，阻尼器活塞的运动速度会下降至零，因此阻尼器的出力也将降至零，导致阻尼器滞回曲线在零点附近存在"凹陷"。图 7-23 所示为阻尼器厂家在厂内做性能检测时的阻尼力-位移滞回曲线示意图，测试方法为直接在黏滞阻尼器两端施加正弦波荷载。图中也出现了"凹陷"现象，这证明了本次试验中黏滞阻尼器阻尼力和相对位移的测试方法和所得数据有效合理。

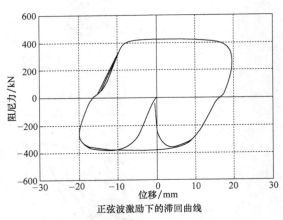

正弦波激励下的滞回曲线

图 7-23 阻尼器厂内性能检测时阻尼力-位移滞回曲线示意图

3) 所有阻尼器出力-位移滞回曲线沿位移轴有平移错动，即阻尼器产生一定的位移，但不产生阻尼力。发生这种情况的原因是阻尼器两端耳环连接存在一定的间隙和阻尼器在注油的过程中可能存在一定的气泡。

4) 由图 7-23 可以看出。在位移较小时，滞回曲线依然很饱满，说明黏滞阻尼器在微小位移时依然有较好的耗能能力。随着工况的增加，即加载位移和频率的增大，滞回环面积不断增大，这说明黏滞阻尼器的阻尼力在相似激振频率下，耗能能力随着位移幅值的增大而增大。

7.6.2 骨架曲线

本次动力加载试验的各试件的骨架曲线如图7-24所示。由图7-24可见：

1）在加载初期，骨架曲线基本呈直线，试件处于弹性阶段。相同系列试件的初始刚度相差不大，这是因为加载初期试件变形较小，同时黏滞阻尼器的出力也较小。进入塑性阶段后，设置黏滞阻尼器的有控试件的承载力与无控试件相比有较大的提高。而有控试件中采用较高阻尼系数阻尼器的试件 SBJ-3 和 DBJ-3 分别比 SBJ-2 和 DBJ-2 的峰值荷载略高。

2）当试件进入屈服阶段后，骨架曲线的斜率不断变小，变形发展快于荷载增长，试件刚度不断下降。试件在达到峰值荷载之后，由于母材撕裂和焊缝开裂，骨架曲线出现下降段。

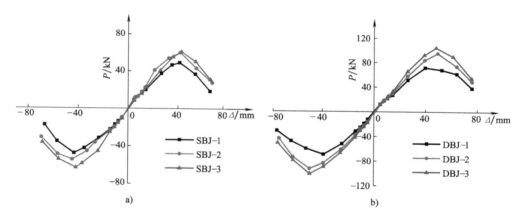

图 7-24　试件骨架曲线

a）SBJ 系列试件　b）DBJ 系列试件

7.6.3 变形能力

本次动力加载试验中各试件的特征试验点的值见表7-6，其中，P_y 和 Δ_y 分别为屈服荷载和相应的屈服位移，由通用屈服弯矩法确定；P_m 和 Δ_m 分别为峰值荷载和相应的位移；P_u 和 Δ_u 分别为破坏荷载和相应的位移，取骨架曲线上荷载下降到 85% 时对应的荷载和位移。

表 7-6　各试件的特征点试验值

试件	加载方向	屈服点		峰值点		破坏点	
		P_y/kN	Δ_y/mm	P_m/kN	Δ_m/mm	P_u/kN	Δ_u/mm
SBJ-1	正向	38.62	27.63	49.04	38.80	41.68	48.92
	负向	-35.74	-27.64	-48.30	-39.32	-41.06	-50.92

（续）

试件	加载方向	屈服点		峰值点		破坏点	
		P_y/kN	Δ_y/mm	P_m/kN	Δ_m/mm	P_u/kN	Δ_u/mm
SBJ-2	正向	50.07	29.11	59.88	42.68	50.90	55.69
	负向	−39.51	−28.29	−54.94	−44.57	−46.70	−58.02
SBJ-3	正向	44.63	28.45	60.75	43.67	51.64	52.63
	负向	−51.04	−29.01	−63.49	−42.73	−53.97	−55.94
DBJ-1	正向	55.39	28.84	71.45	39.51	60.73	54.46
	负向	−55.48	−27.40	−69.67	−38.95	−59.22	−53.22
DBJ-2	正向	71.40	32.97	95.17	49.16	80.89	58.99
	负向	−68.96	−30.08	−93.06	−49.61	−79.10	−58.99
DBJ-3	正向	76.66	31.41	104.55	47.89	88.87	61.50
	负向	−75.15	−30.67	−101.29	−49.49	−86.10	−58.45

由表 7-6 可知，与无控节点试件 SBJ-1 和 DBJ-1 相比，有控节点试件 SBJ-2、SBJ-3 和 DBJ-2、DBJ-3 的屈服荷载 P_y 和峰值荷载 P_m 均有明显的提高。对于 SBJ 系列试件，试件峰值荷载与 SBJ-1 相比，SBJ-2 增幅约 18%，SBJ-3 增幅约 28%；对于 DBJ 系列试件，试件峰值荷载与 DBJ-1 相比，DBJ-2 增幅约 34%，DBJ-3 增幅约 46%；双梁-柱节点系列的荷载增幅比单梁-柱系列的荷载增幅略大，说明阻尼器对双梁-柱节点峰值荷载的提高效果较单梁-柱节点明显。

试件 SBJ-3 和 DBJ-3 分别比试件 SBJ-2 和 DBJ-2 的荷载增幅略高，这是因为试件 SBJ-3 和 DBJ-3 选用阻尼器的阻尼系数比试件 SBJ-2 和 DBJ-2 的大，速度相同时，阻尼器出力较大，由此说明阻尼系数越高，构件峰值荷载越高。

延性是衡量构件或结构抗震性能的重要指标，它表征了构件或结构在达到极限承载能力时或在极限承载能力不显著降低的情况下发生弹塑性变形的能力。延性通常用延性系数来表示，其中位移延性系数是指试件破坏时位移 Δ_u 与其屈服位移 Δ_y 之比。在本次试验中，通过计算试件的位移延性系数 μ 计算公式如下

$$\mu = \frac{\Delta_u}{\Delta_y} \tag{7-1}$$

式中，μ 为位移延性系数；Δ_u 为极限位移；Δ_y 为屈服位移。

本次动力加载试验所有试件的位移延性系数如表 7-7 所示。

表 7-7　试件的位移延性系数

试件编号	加载方向	Δ_y/mm	Δ_u/mm	延性系数 μ	平均值
SBJ-1	正向	27.63	48.92	1.77	1.81
	负向	−24.64	−50.92	1.84	
SBJ-2	正向	29.11	55.69	1.91	1.98
	负向	−28.29	−58.02	2.05	
SBJ-3	正向	28.45	52.63	1.85	1.89
	负向	−29.01	−55.94	1.93	
DBJ-1	正向	28.84	54.46	1.89	1.92
	负向	−27.40	−57.22	1.94	
DBJ-2	正向	32.97	58.99	1.79	1.88
	负向	−30.08	−58.99	1.96	

（续）

试件编号	加载方向	Δ_y/mm	Δ_u/mm	延性系数 μ	平均值
DBJ-3	正向	31.41	61.50	1.96	1.93
	负向	-30.67	-58.45	1.91	

由表7-7可知：本次试验中SBJ系列节点试件的正向位移延性系数为1.84~2.05，负向延性系数为1.77~1.91，相比之下，有控节点比无控节点的延性略有提升，但是并不明显；DBJ系列节点试件的正向位移延性系数为1.91~1.96，负向延性系数为1.79~1.96，有控节点与无控节点的延性系数基本相等。由此可见，黏滞阻尼器对节点延性的提升有一定影响，但是作用并不明显，这主要是因为加载后期试件受焊缝和母材开裂的影响较大。

7.6.4 耗能分析

耗能能力是评定结构体系或试件抗震性能的重要指标。在每个加载工况下，试件都会经历加载、卸载的循环，在加载时吸收或储存能量，卸载时释放能量，但二者并不相等，二者之差即为结构或试件在一个循环中的滞回耗能，即一个滞回环所包围的面积。本文选用等效黏滞阻尼系数 h_e 来评价节点试件的耗能能力，其计算方法见第5章所述相同。试件的等效黏滞阻尼系数（见表7-8）。

表7-8 等效黏滞阻尼系数

试件编号	等效黏滞阻尼系数		
	工况 9	工况 11	工况 13
SBJ-1	0.051	0.231	0.378
SBJ-2	0.127	0.338	0.440
SBJ-3	0.091	0.280	0.410
DBJ-1	0.045	0.180	0.253
DBJ-2	0.071	0.179	0.326
DBJ-3	0.093	0.216	0.355

由表7-8可知：在试件达到屈服荷载时，无控节点和有控节点的等效黏滞阻尼系数分别为 $h_e = 0.045 \sim 0.051$ 和 $h_e = 0.071 \sim 0.127$，有控节点的耗能能力是无控节点的1.6~2.5倍；在试件达到峰值荷载时，无控节点和有控节点的等效黏滞阻尼系数分别为 $h_e = 0.08 \sim 0.231$ 和 $h_e = 0.179 \sim 0.338$，有控节点的耗能能力是无控节点的1.5~2.2倍；在试件达到破坏荷载时，无控节点和有控节点的等效黏滞阻尼系数分别为 $h_e = 0.213 \sim 0.378$ 和 $h_e = 0.326 \sim 0.440$，有控节点的耗能能力是无控节点的1.1~1.5倍。因此可以看出，黏滞阻尼器的设置有效提高了节点的耗能能力。

为了进一步量化黏滞阻尼器对节点耗能能力的提高，根据各试件的柱端荷载-位移滞回曲线计算试件各工况下的总耗能，其中总耗能取每个工况第3圈的滞回环面积，如图7-25所示；图7-26所示为阻尼器各工况下的耗能，其中阻尼器耗能取东、西两个阻尼器每个工况第3圈的滞回耗能之和；表7-9列出了有控节点试件相对于无控节点试件的总耗能提高比例；表7-10列出了阻尼器耗能占总耗能的比例。

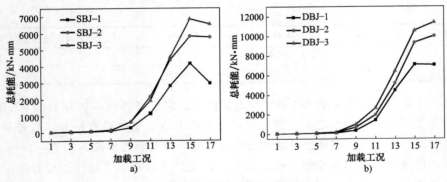

图 7-25　试件总耗能变化图

a）SBJ 系列试件　　b）DBJ 系列试件

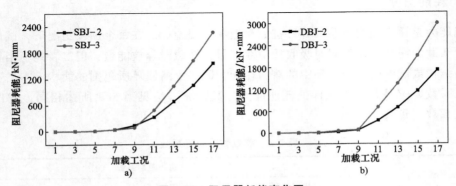

图 7-26　阻尼器耗能变化图

a）SBJ 系列试样　　b）DBJ 系列试件

表 7-9　有控节点试件相对于无控节点试件的总耗能提高比例　　　（单位：%）

工况	SBJ 系列		DBJ 系列	
	SBJ-2	SBJ-3	DBJ-2	DBJ-3
工况 1	20	7	7	7
工况 3	12	12	2	21
工况 5	27	29	4	32
工况 7	43	55	14	44
工况 9	127	129	96	181
工况 11	89	68	38	86
工况 13	55	61	16	44
工况 15	39	64	31	49
工况 17	94	120	42	61

注：试件总耗能提高比例＝（有控试件总耗能−无控试件总耗能）/无控试件总耗能×100%。

表 7-10　阻尼器耗能占总耗能的比例　　　（单位：%）

工况	SBJ 系列		DBJ 系列	
	SBJ-2	SBJ-3	DBJ-2	DBJ-3
工况 1	3	2	2	5
工况 3	4	3	2	7

（续）

工况	SBJ 系列		DBJ 系列	
	SBJ-2	SBJ-3	DBJ-2	DBJ-3
工况 5	10	9	6	10
工况 7	26	26	20	32
工况 9	20	12	10	8
工况 11	15	25	17	27
工况 13	15	23	13	21
工况 15	18	24	12	20
工况 17	27	34	17	26

注：阻尼器耗能比例＝东、西两阻尼器耗能之和/试件总耗能×100%。

由图 7-25 和图 7-26 可知，在加载前期各试件耗能区别不大，这是因为工况 1~8 时，试件处于弹性阶段。在工况 9 以后，黏滞阻尼器的滞回耗能迅速增长，因此附设黏滞阻尼器的有控节点试件的滞回耗能要显著高于同系列无控节点试件。

由表 7-9 和表 7-10 中数据可知，SBJ-2、SBJ-3、DBJ-2 和 DBJ-3 试件的阻尼器耗能占试件总耗能的比例在工况 13 时分别可达 15%、22%、13% 和 21%；相应地，有控节点试件的总耗能相比无控节点试件分别提升了 55.%、61%、16%和 44%。另外可以看到表中工况 9 时的数据存在突变，这是因为工况 9 时各试件梁端塑性铰区开始出现明显变形，导致应变片的应变值急剧增长，试件自身耗能突然增大，导致阻尼器在总耗能中所占比例有一个明显下降。但工况 9 之后各耗能比例趋于稳定。综上所述，附设黏滞阻尼器的有控节点试件的耗能能力得到了显著改善，并且随着阻尼系数的提高而提高。

7.6.5 强度衰减

各试件在不同加载工况时的强度退化系数（承载力降低系数）λ_i 的计算结果见表 7-11。其中 λ_i 为同一工况加载下最后一次循环的峰值荷载与第 1 次循环的峰值荷载之比。图 7-27 所示为各试件的强度退化曲线图。

表 7-11 强度退化系数

试件编号	负 向		正 向	
	Δ/Δ_y	λ_i	Δ/Δ_y	λ_i
SBJ-1	1.45	0.85	1.45	0.96
	1.92	0.90	1.92	0.79
	2.35	0.61	2.35	0.67
	2.79	0.49	2.79	0.63
SBJ-2	1.41	1.06	1.37	0.91
	1.87	0.72	1.82	0.82
	2.30	0.65	2.23	0.79
	2.72	0.53	2.65	0.82
SBJ-3	1.38	0.91	1.41	0.94
	1.83	0.78	1.86	0.89
	2.24	0.75	2.28	0.68
	2.65	0.69	2.71	0.59

（续）

试件编号	负 向		正 向	
	Δ/Δ_y	λ_i	Δ/Δ_y	λ_i
DBJ-1	1.46	0.94	1.39	0.98
	1.93	0.96	1.84	0.97
	2.37	0.65	2.25	0.77
	2.81	0.58	2.67	0.76
DBJ-2	1.33	0.94	1.21	0.99
	1.76	0.84	1.61	0.90
	2.16	0.72	1.97	0.76
	2.56	0.60	2.34	0.70
DBJ-3	1.30	0.94	1.27	0.97
	1.73	0.84	1.69	0.87
	2.12	0.75	2.07	0.74
	2.51	0.63	2.45	0.71

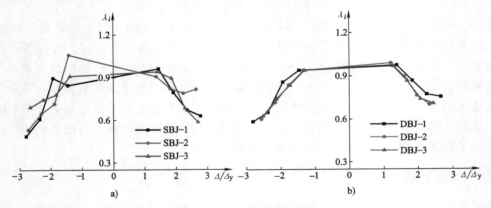

图 7-27　试件强度退化曲线

a）SBJ 系列试件强度退化曲线　b）DBJ 系列试件强度退化曲线

由图 7-27 和表 7-11 可以得出以下结论：

1）试件强度退化的总体趋势基本相同，从屈服点到极限点，各试件在同级正负向加载过程中，强度退化并不明显，甚至强度有略微提高，强度退化系数均在 1.0 左右。这主要是因为钢材是一种材质均匀各向同性的材料，并且试件达到极限承载力之前几乎没有发生焊缝破坏及母材开裂等现象。

2）在试件达到极限承载力之后，试件的强度有明显的退化现象，而且总体上呈加快的趋势。这主要是因为各试件达到极限承载力之后，梁端塑性铰区域的变形过大，梁端塑性铰区翼缘和腹板的母材开裂以及梁-柱连接处的焊缝破坏等现象，而且在动力荷载的往复作用下，试件的累积损伤效应越来越明显，从而导致各节点试件的承载力迅速下降，强度衰减加快。

7.6.6　刚度退化

本次动力加载试验中某工况下的割线刚度取同一工况 5 个循环割线刚度的平均值。表 7-12 和表 7-13 为各试件的割线刚度 K_i。图 7-28 所示为各试件的动力加载试验下刚度退化曲

线。由表 7-12、表 7-13 和图 7-28 可知:

1) 随着工况的增加,各试件的刚度退化都呈先慢后快的趋势。这主要是因为在加载初期,梁端塑性铰区变形较小,阻尼器出力也较小,试件的累积损伤比较小。当试件达到极限承载力之后,在动力荷载反复作用下,梁端塑性铰区出现严重的变形并且开裂,从而使试件刚度退化相应加快。

2) 分别对 SBJ 系列和 DBJ 系列中各节点试件的刚度退化进行对比可知,在整个试验加载过程中,有控节点试件的割线刚度高于无控节点试件的割线刚度,这是由于设置黏滞阻尼器之后,在相同工况下试件的承载能力有所增强,因此割线刚度相应提高。

表 7-12 SBJ 系列试件割线刚度

SBJ-1		SBJ-2		SBJ-3	
Δ/Δ_y	$K_i/(\text{kN/mm})$	Δ/Δ_y	$K_i/(\text{kN/mm})$	Δ/Δ_y	$K_i/(\text{kN/mm})$
1.45	1.28	1.37	1.53	1.41	1.57
1.92	1.15	1.82	1.33	1.86	1.47
2.35	0.66	2.23	0.84	2.28	0.96
2.79	0.28	2.65	0.43	2.71	0.51

表 7-13 DBJ 系列试件割线刚度

DBJ-1		DBJ-2		DBJ-3	
Δ/Δ_y	$K_i/(\text{kN/mm})$	Δ/Δ_y	$K_i/(\text{kN/mm})$	Δ/Δ_y	$K_i/(\text{kN/mm})$
1.39	1.80	1.21	2.14	1.27	2.34
1.84	1.22	1.61	1.91	1.69	2.11
2.25	0.85	1.97	1.16	2.07	1.37
2.67	0.46	2.34	0.62	2.45	0.70

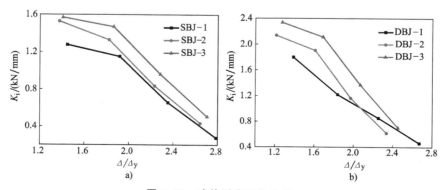

图 7-28 试件刚度退化曲线

a) SBJ 系列试件刚度退化曲线 b) DBJ 系列试件刚度退化曲线

■ 7.7 本章小结

本章将现代减震技术巧妙地应用于传统风格建筑结构中,在其梁-柱节点位置,以黏滞阻尼器替代雀替,设计了一种传统风格建筑钢结构新型阻尼节点,并通过周期性动力加载试验对其进行了试验研究。

本次试验设计了 2 个系列共 6 个试件，分为 3 个单梁-柱节点和 3 个双梁-柱节点，而每个系列的 3 个试件又分为一个无控试件和安装不同参数阻尼器的两个有控试件。本章重点介绍了专为本次试验而设计的加载制度，详细描述了试验加载中各试件的破坏过程，分析了破坏模式。处理分析获得了试件滞回曲线、阻尼器滞回曲线、骨架曲线、强度和刚度退化、延性以及耗能能力等抗震性能指标，并得出以下主要结论：

　　1）与无控节点试件相比，附设雀替阻尼器的节点试件承载能力有了较大的提升，试件的破坏模式也发生了改变。对于 SBJ 系列构件而言，其破坏模式发生了根本改变，梁-柱连接处的焊缝不再开裂，全部表现为梁端塑性铰区母材的撕裂，表明黏滞阻尼器起到了减震作用。

　　2）传统风格建筑钢结构新型阻尼节点周期性动力加载下的滞回曲线与常规节点在拟静力加载下的滞回曲线相比，曲线呈现轻微的波浪形，但整体形状一样，大致呈梭形。附设黏滞阻尼器的有控节点试件的滞回曲线比无控节点试件的滞回曲线更加饱满。

　　3）附设黏滞阻尼器后，传统风格建筑钢结构节点的峰值荷载与无阻尼节点试件相比提高了 18%～46%，其中对双梁-柱节点试件的作用尤其明显，且阻尼器的阻尼系数越大，试件的峰值荷载提高越多。

　　4）各节点试件的位移延性系数为 1.77～2.05，设置黏滞阻尼器后试件的延性略有提高，但总体影响不大。

　　5）附设黏滞阻尼器的有控节点的等效黏滞阻尼系数是无控节点的 1.1～1.5 倍。在加载前期各试件总耗能区别不大，这是因为工况 1～8 时，试件处于弹性阶段。在工况 9 以后，各试件总耗能有明显提高，同时黏滞阻尼器的滞回耗能迅速增长，附设黏滞阻尼器的有控节点试件的滞回耗能要显著高于同系列无控节点试件。

　　6）各节点试件强度退化的总体趋势基本相同，从试件开始屈服到极限承载力之前这一阶段，强度退化并不明显，强度退化系数均在 1.0 左右。达到极限承载力之后，试件的强度有明显的退化现象，而且总体上呈加快的趋势。

　　7）有控节点试件的割线刚度明显高于无控节点试件。在试件达到峰值荷载之前，各节点试件的刚度退化较为缓慢，达到极限承载力之后，各试件的刚度退化速率明显加快。

第8章

传统风格建筑钢结构新型阻尼节点性能分析及设计建议

目前进行耗能减震分析的软件比较有代表性的是 SPA2000、ETABS、MIDAS、ANSYS、ADINA 等，其中前三种软件内自带耗能减震构件非线性连接单元，后两种软件通过各种单元组合来模拟非线性连接单元，其分析范围更加广泛。但 ABAQUS 在非线性分析当中拥有其他有限元软件无可比拟的优势。本章选用 ABAQUS 软件对本书第 7 章中所述的传统风格建筑钢结构新型阻尼节点周期性动力加载试验进行有限元计算，并分析柱轴压比、阻尼器阻尼系数、阻尼器尺寸及阻尼器设置角度等参数对试件抗震性能的影响。在更深入了解传统风格建筑钢结构新型阻尼节点抗震性能的同时也为研究人员提供一种能更准确模拟减震节点或结构的有限元分析方法。

■ 8.1 有限元模型的建立

8.1.1 材料的本构模型

常用的钢材本构模型有双折线模型和多折线模型等，但这些本构关系模型比较简单，难以精确描述钢材在非线性阶段的应力-应变关系。本章有限元本构关系基于实际材性试验结果，假定材料都为各向同性材料，弹性模量为 2.07×10^5 MPa，泊松比取 0.3，屈服强度 $f_y=275$ MPa，极限强度 $f_u=400$ MPa。钢材的应力-应变关系曲线采用三折线模型加以模拟，并对这一模型进行了简化处理，如图 8-1 所示。

为了反映钢材实测材性特点，钢材采用 Von Mises 屈服准则、随动强化法则以及相关流动法则。Von Mises 屈服应力的定义见下式。

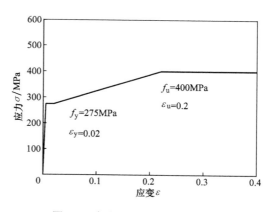

图 8-1　钢材应力-应变关系曲线

$$\sigma_e = \sqrt{\frac{1}{2}\left[(\sigma_1-\sigma_2)^2+(\sigma_2-\sigma_3)^2+(\sigma_3-\sigma_1)^2\right]} \qquad (8\text{-}1)$$

式中，σ_1、σ_2、σ_3 分别为第一、第二和第三主应力。

8.1.2　单元类型和网格划分

采用 ABAQUS 的隐式动力学模块 Standard/Implicit 进行有限元分析，以实体单元（Solid Element）建模。模型尺寸依据试验试件的真实尺寸。为确保有限元模拟的精确性，本次试验中所有钢材均采用 C3D8R 单元，即 8 节点六面体线性减缩积分三维实体单元，该单元的优点有：对位移的求解结果较精确；网格存在扭曲变形时，分析精度不会受到大的影响；在弯曲荷载下不容易发生剪切自锁。

由于本次试验的试件按照"强柱弱梁"设计，试件的变形和破坏基本都发生在梁端塑性铰区，因此为了保证计算精度同时又能提高计算效率，对梁端塑性铰区的网格划分较为细密，而其他部分的网格适量粗化。梁端塑性铰区单元尺寸为 30mm，其他区域单元尺寸为 60mm。网格划分如图 8-2 所示。

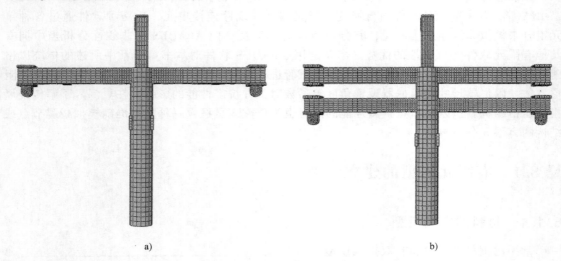

a)   b)

图 8-2　网格划分

a）SBJ 系列构件网格划分　b）DBJ 系列构件网格划分

8.1.3　接触关系和分析步设置

本次试验的传统风格建筑钢结构新型阻尼节点均采用全焊接刚性连接，在有限元模拟中，不考虑焊缝开裂的情况，梁-柱之间的焊接接触和其他如内隔板与圆钢管柱内壁的连接、阻尼器支座与梁、柱表面的焊接连接均采用绑定连接（Tie）。

为模拟试验中的柱底固定铰支座，在柱底中心下方 200mm（柱底到固定铰支座孔中心之间的距离）处建立参考点并与柱底设置分布耦合约束，将参考点设为铰接。为避免加载端出现应力集中，在柱顶部设置垫块并施加刚体约束和分布耦合约束，之后在垫块顶面中心位置处设置参考点并施加轴向荷载；在柱顶侧面设置垫块，以模拟试验中设置在柱顶加载端的钢板，在该垫块中心点左侧 200mm 处设置参考点（用以模拟试验过程中施加水平荷载的作动器的球铰），并对垫块施加刚体约束和分布耦合约束，然后在该点施加水平周期性动力荷载。所有垫块和试件接触采用绑定连接（Tie）。

本章模型共设置了 8 个分析步：其中第一分析步为初始分析步，主要用于建立接触关系以及完成对模型边界条件的施加；第二分析步为静力分析步，用于竖向轴压力的施加；第三至第八分析步为动力隐式分析步，是用于施加不同工况下柱端周期性动力水平荷载。

8.1.4 双梁连接器和阻尼器的模拟

试验中双梁连接器的模拟采用 ABAQUS 连接单元的 SLOT 单元。在有限元中建立加载器的各个端板并分别通过参考点设置为刚体，然后分别与梁端进行绑定连接（Tie）。将双梁连接器的中间两块端板的刚性约束点之间通过 SLOT 单元进行连接（被约束的相对运动分量为 U2、U3，可用相对运动分量为 U1），这样就实现了上、下梁之间的水平错动并允许梁端发生转动和传递竖向力。在双梁连接器的下端板通过参考点设置为刚体，然后对参考点设置铰接。

黏滞阻尼器的模拟采用 ABAQUS 连接单元中的 AXIAL 单元。在有限元中模型中加入垫板并通过参考点设置为刚体，分别与梁、柱绑定连接（Tie），两个参考点之间添加 AXIAL 单元。在 AXIAL 单元中添加阻尼特性，并输入本书第 7 章中阻尼器力学性能试验测得的阻尼器阻尼力-速度拟合曲线中的数据来描述其力学性能。阻尼器阻尼力-速度拟合曲线如图8-3所示。本文所有阻尼指数 α 均为 0.38。有限元模型如图 8-4 所示。

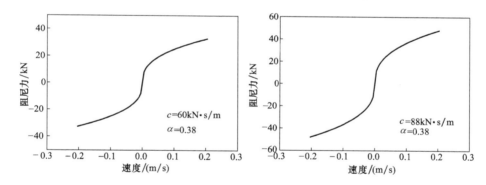

图 8-3 阻尼力-速度拟合曲线

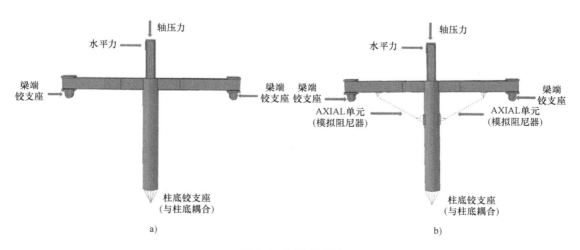

图 8-4 有限元模型

a）SBJ 系列无控节点模型 b）SBJ 系列有控节点模型

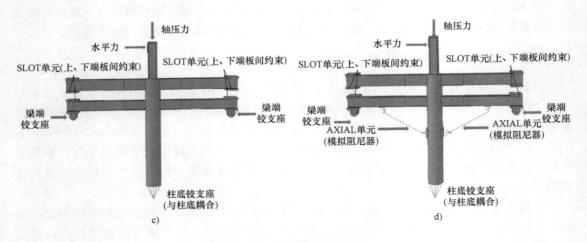

图 8-4 有限元模型（续）

c）DBJ 系列无控节点模型 d）DBJ 系列有控节点模型

8.2 计算结果与试验结果的对比分析

8.2.1 破坏模式分析

图 8-5 以 SBJ-3 试件为例，给出了 SBJ 系列试件有限元计算和试验变形对比。图 8-6 以 DBJ-3 试件为例，给出了 DBJ 系列试件有限元计算和试验变形对比。在达到屈服荷载时，试件梁端的上、下翼缘首先出现屈服，随着加载的进行，屈服区域开始扩散至整个梁端塑性铰区，有限元模型的应力发展过程与试验中试件变形过程吻合较好；在进入极限状态时，梁端塑性铰区都进入了塑性状态，这与试验中的试件变形破坏的区域吻合。

a)   b)

图 8-5 SBJ 系列试件有限元计算和试验变形对比

a）屈服荷载时应力云图 b）屈服荷载时试件变形

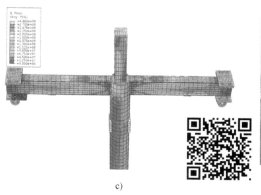

c)

d)

图 8-5　SBJ 系列试件有限元计算和试验变形对比（续）

c) 峰值荷载时应力云图　d) 峰值荷载时试件变形

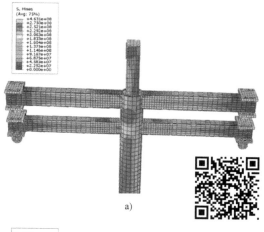

a)

b)

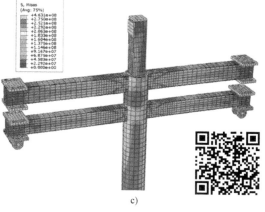

c)

d)

图 8-6　DBJ 系列试件有限元计算和试验变形对比

a) 屈服荷载时应力云图　b) 屈服荷载时试件变形　c) 峰值荷载时应力云图　d) 峰值荷载时试件变形

8.2.2　滞回曲线

由于本次有限元模型采用实体单元建模，在周期性动力荷载下所需计算时间较长，计算结果的 ODB 文件异常庞大，导致计算效率低下。同时由本书第 7 章的试验结果分析可知，对于控制位移相同的相邻两个工况（如工况 5 和工况 6）来说，偶数工况比奇数工况的承载力稍微低一些，这是由于加载中试件的损伤累积造成。偶数工况的滞回曲线均被包括在奇数工况所形成的外包络线以内。因此，如果滞回曲线只保留奇数工况（即工况 1、3、5、7、9、11、13、15 和 17）几乎不影响试件的骨架曲线形状和其他抗震性能指标。因此，为了简化计算并提高运算效率，本次有限元模拟仅模拟试验中加载工况的奇数工况。图 8-7 所示为有限元计算结果与试验结果的柱顶荷载-位移滞回曲线进行对比图。其中，实线表示试验（Test）结果，虚线表示有限元（Abaqus）计算结果。所有阻尼指数 α 均为 0.38。

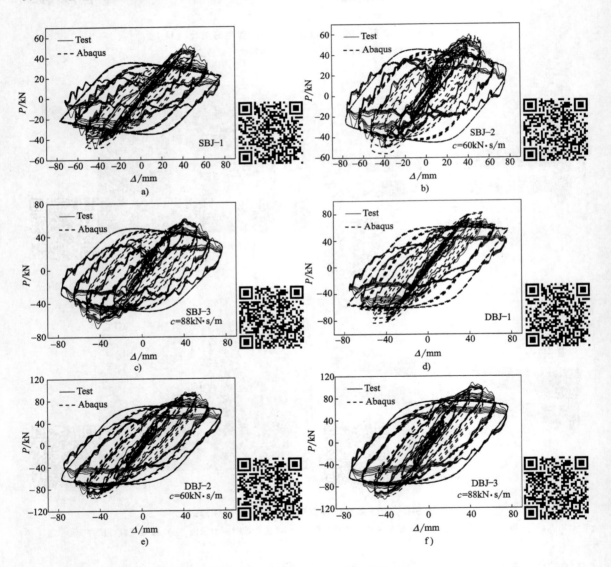

图 8-7 柱端荷载-位移滞回曲线

a）试件 SBJ-1 b）试件 SBJ-2 c）试件 SBJ-3 d）试件 DBJ-1 e）试件 DBJ-2 f）试件 DBJ-3

由图 8-7 可以看到，在加载前期，有限元计算结果和试验结果吻合较好；在达到峰值荷载之后，有限元计算结果的滞回曲线更为饱满。这是因为试件在试验中达到极限工况后，开始出现焊缝破坏和梁端塑性铰区母材撕裂，而有限元计算未能考虑这些因素的影响，但两者总体上吻合良好。将工况 9、工况 11、工况 13 及工况 15 下的有限元计算结果的滞回环与试验结果进行对比，如图 8-8～图 8-11 所示。其中，实线表示试验（Test）结果，虚线表示有限元（Abaqus）计算结果。

由以上各图可以看出：

1）在工况 9 和工况 11 时，仅无控节点（SBJ-1 和 DBJ-1）的有限元计算结果没有试验

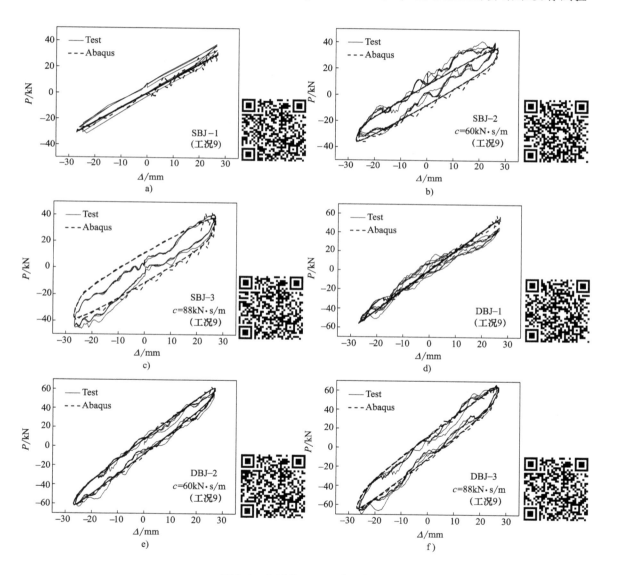

图 8-8　各试件工况 9 滞回曲线

a）试件 SBJ-1　b）试件 SBJ-2　c）试件 SBJ-3　d）试件 DBJ-1

e）试件 DBJ-2　f）试件 DBJ-3

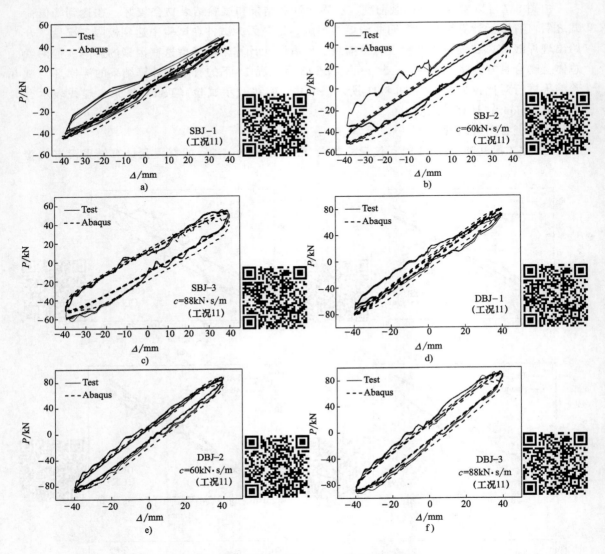

图 8-9　各试件工况 11 滞回曲线

a）试件 SBJ-1　b）试件 SBJ-2　c）试件 SBJ-3　d）试件 DBJ-1　e）试件 DBJ-2　f）试件 DBJ-3

结果饱满，但其他试件均和试验结果吻合较好。

2）工况 13 时，有限元计算结果和试验结果吻合较好。

3）工况 15 时，有限元模拟计算的滞回曲线比试验的滞回曲线略微饱满。这主要是因为在工况 15 时，试验中各试件的梁端已经出现母材撕裂，试件破坏比较严重，从而降低了试件的耗能能力，而在有限元中，未考虑母材撕裂和焊缝破坏的情况，因此有限元的计算结果更加饱满。

综上所述，虽然在滞回环的饱满程度上，有限元计算结果和试验结果存在一些偏差，但是偏差在可接受范围以内。所有试件的有限元计算结果和试验结果的滞回环最大位移和对应的荷载非常吻合。表明本文所建立的 ABAQUS 有限元模型能较好地反映传统风格建筑钢结构新型阻尼节点的受力性能。

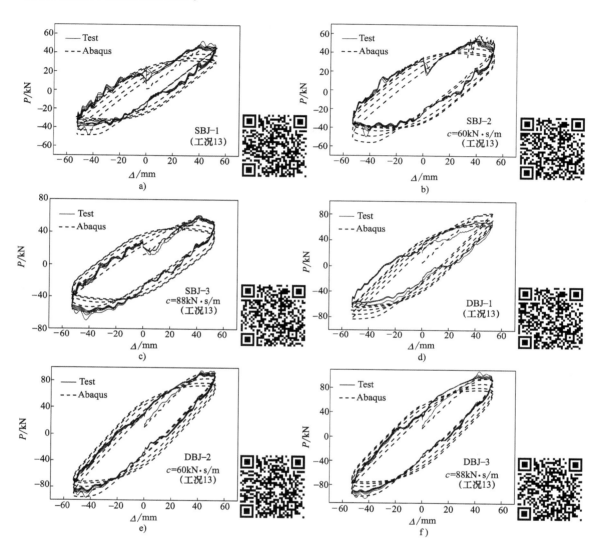

图 8-10　各试件工况 13 滞回曲线

a）试件 SBJ-1　b）试件 SBJ-2　c）试件 SBJ-3　d）试件 DBJ-1　e）试件 DBJ-2　f）试件 DBJ-3

8.2.3　骨架曲线

图 8-12 所示给出了试验和有限元计算结果的骨架曲线对比图。表 8-1 和表 8-2 分别给出了试验结果和有限元计算结果在峰值点处的对比。

由图 8-12 可以看出，骨架曲线的整体趋势基本相似，峰值点也较为吻合。从表 8-1 和表 8-2 可以看出，对于无控节点试件（SBJ-1 和 DBJ-1），有限元计算的峰值位移略大于试验结果，其原因主要在于，在动力荷载作用下无控节点试验的梁塑性铰区变形和母材撕裂更严

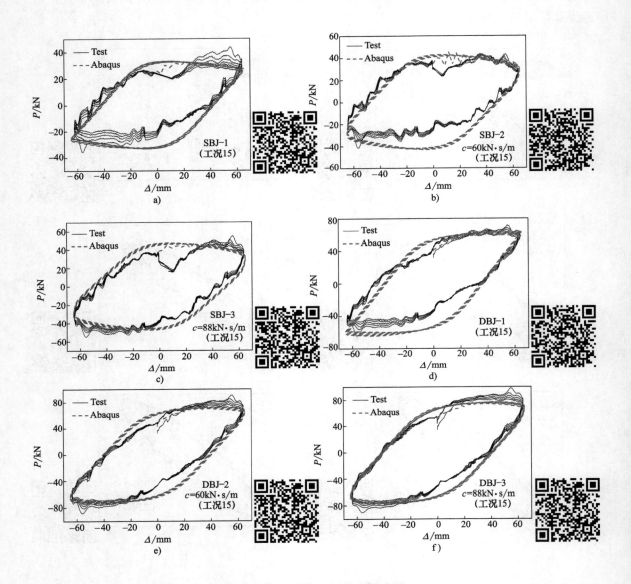

图 8-11 各试件工况 15 滞回曲线

a）试件 SBJ-1 b）试件 SBJ-2 c）试件 SBJ-3 d）试件 DBJ-1

e）试件 DBJ-2 f）试件 DBJ-3

重。SBJ-1 试件在工况 13 时甚至出现了焊缝开裂。而有限元模拟未考虑焊缝开裂，因而有限元计算的无控节点的峰值位移滞后于试验结果。

有限元模拟结果与试验结果存在偏差的原因主要是有限元中未考虑试件在制作工程中存在初始缺陷、焊接残余应力以及在加载过程中存在损伤累积和梁塑性铰区母材撕裂等情况。

但就总体而言，有限元计算结果和试验结果吻合性较好，其偏差在可接受的范围之内，从而验证了有限元模型的正确性。

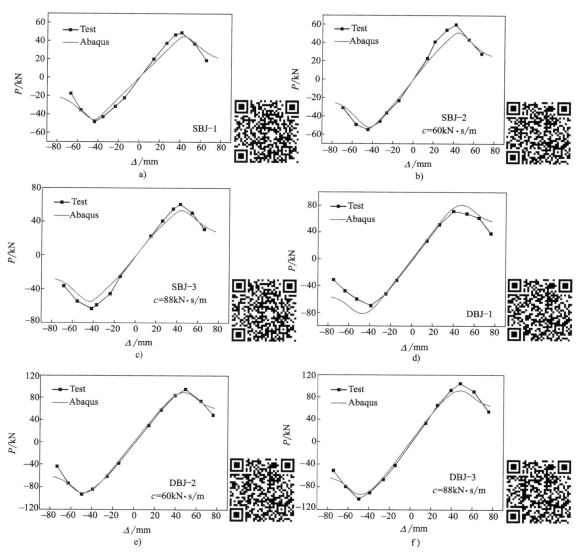

图 8-12　试件骨架曲线

a) 试件 SBJ-1　b) 试件 SBJ-2　c) 试件 SBJ-3　d) 试件 DBJ-1　e) 试件 DBJ-2　f) 试件 DBJ-3

表 8-1　正向加载时峰值点的试验值和有限元计算值对比

试件编号	峰值荷载 P_m/kN		差值 δ(%)	峰值位移 Δ_m/mm		差值 δ(%)
	Test	Abaqus		Test	Abaqus	
SBJ-1	49.04	46.93	4.31	38.80	45.90	18.29
SBJ-2	59.88	54.00	9.83	42.68	45.90	7.53
SBJ-3	60.75	56.21	7.47	43.67	45.90	5.10
DBJ-1	71.45	82.92	16.05	39.51	52.46	32.78
DBJ-2	95.17	92.02	3.31	49.16	52.46	6.71
DBJ-3	104.55	94.58	9.54	47.89	52.46	9.54

注：差值 δ =（有限元计算值−试验值）/试验值×100%。

表 8-2　负向加载时峰值点的试验值和有限元计算值对比

试件编号	峰值荷载 P_m/kN		差值 δ(%)	峰值位移 $\Delta_m$mm		差值 δ(%)
	Test	Abaqus		Test	Abaqus	
SBJ-1	-48.30	-48.39	0.19	-39.32	-45.90	16.73
SBJ-2	-54.94	-55.37	0.77	-44.57	-45.90	2.98
SBJ-3	-63.49	-58.70	7.55	-42.73	-45.90	7.41
DBJ-1	-69.67	-83.30	19.56	-38.95	-52.04	33.61
DBJ-2	-93.06	-94.75	1.82	-49.61	-52.04	4.90
DBJ-3	-101.29	-97.35	3.89	-49.49	-52.04	5.15

注：差值 δ=(有限元计算值-试验值)/试验值×100%。

8.2.4　阻尼器阻尼力-位移滞回曲线

本次有限元模拟的重点和难点在于如何使用 ABAQUS 软件准确模拟非线性黏滞阻尼器的力学特性。将有限元计算结果中的阻尼器阻尼力-位移滞回曲线与试验数据进行对比分析如图 8-13、图 8-14 所示。其中 E 代表东侧阻尼器，W 代表西侧阻尼器。表 8-3 列出了阻尼器最大阻尼力和位移的有限元计算值和试验值的对比。本文中所用的阻尼器阻尼力 P 即阻尼器的对外出力；位移 Δ 指阻尼器两端受拉或者受压时的相对位移，即伸长量或者缩短量。

表 8-3　阻尼器最大阻尼力和位移对比

试件编号	阻尼器最大出力/kN		差值 δ(%)	阻尼器最大位移/mm		差值 δ(%)
	Test	Abaqus		Test	Abaqus	
SBJ-2	20.17	22.16	9.86	17.41	16.62	4.53
SBJ-3	30.63	32.39	5.74	17.46	16.57	5.09
DBJ-2	20.57	21.96	6.75	20.34	16.36	19.51
DBJ-3	33.86	32.16	5.02	17.30	16.26	6.01

注：1. 阻尼器最大出力和最大位移选取东、西两个阻尼器正负向最大值的绝对值。

　　2. 差值 δ=(有限元计算值-试验值)/试验值×100%。

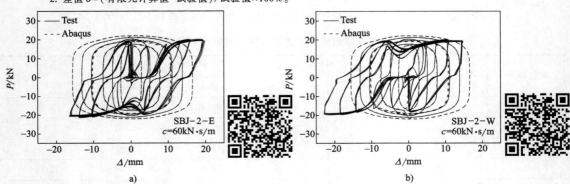

图 8-13　SBJ 系列试件阻尼器阻尼力-位移滞回曲线

a) 试件 SBJ-2 东侧阻尼器　b) 试件 SBJ-2 西侧阻尼器

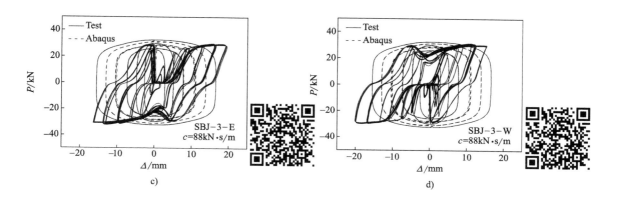

c)

d)

图 8-13　SBJ 系列试件阻尼器阻尼力-位移滞回曲线（续）

c）试件 SBJ-3 东侧阻尼器　d）试件 SBJ-3 西侧阻尼器

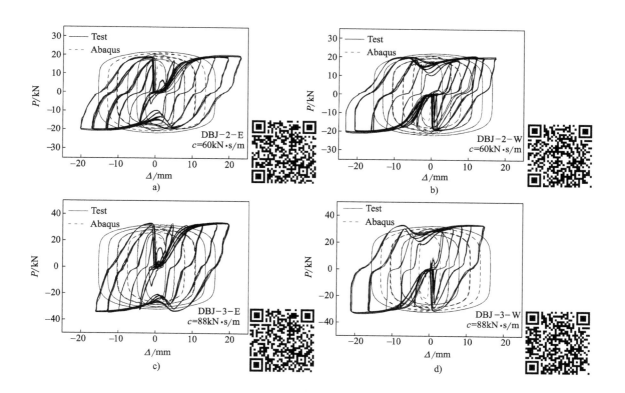

a)

b)

c)

d)

图 8-14　DBJ 系列试件阻尼器阻尼力-位移滞回曲线

a）试件 DBJ-2 东侧阻尼器　b）试件 DBJ-2 西侧阻尼器　c）试件 DBJ-3 东侧阻尼器

d）试件 DBJ-3 西侧阻尼器

从图 8-13、图 8-14 和表 8-3 可以看到：

1）试验结果中阻尼器阻尼力-位移滞回曲线整体有倾斜现象，而有限元计算结果没有出现倾斜，这是由于有限元计算中未考虑黏滞阻尼器的阻尼介质（油液）被压缩而产生的阻尼器瞬时刚度。

2）有限元计算结果并未出现试验结果中的"凹陷"现象，这主要是由于试验中加载完一圈之后有短暂的停顿，然后再进行下一圈加载，导致每一圈加载开始时阻尼器活塞都是从中间位置起步，而且也是在中间位置结束，阻尼器两端的相对速度会下降至零，因此阻尼器的出力也将降至零，而在有限元模拟中每一工况都是连续加载 5 圈，中间没有停顿，所以滞回曲线在零点并不会归零。

3）有限元计算结果呈"回"字形，十分饱满，没有出现沿位移轴的平移错动，这是因为有限元计算未考虑阻尼器两端耳环连接的间隙和设备其他间隙。

虽然有限元计算结果的阻尼器阻尼力-位移曲线的形状和试验结果有一些偏差，但从最大阻尼力和最大位移这两个工程设计人员最关注的参数来看，有限元计算和试验结果的误差较小，有限元计算可以较好地反映黏滞阻尼器的受力情况。

■ 8.3　有限元参数分析

本节通过有限元拓展分析，在保证其他参数不变的情况下，分析柱轴压比、黏滞阻尼器的阻尼系数、阻尼器长度以及阻尼器安装位置对传统风格建筑钢结构新型阻尼节点承载能力和耗能能力等抗震性能的影响。所有阻尼指数 α 均为 0.38。

8.3.1　柱轴压比

1. 骨架曲线

保持其他参数不变，分别设定柱轴压比 $n = 0.3$、0.4、0.5、0.6 进行分析。有限元分析得到的骨架曲线如图 8-15 所示。表 8-4 中给出了各试件在峰值点处荷载和位移的有限元计算结果，其中 P_m 和 Δ_m 分别为峰值荷载和相应的位移。

表 8-4　不同柱轴压比下各试件峰值点有限元计算值

试件编号	轴压比	正向峰值点		负向峰值点	
		P_m/kN	Δ_m/mm	P_m/kN	Δ_m/mm
SBJ-2	0.3	58.00	45.90	−55.37	−45.90
	0.4	49.04	45.64	−51.75	−45.87
	0.5	45.98	45.90	−48.17	−45.86
	0.6	42.15	45.64	−45.12	−48.96
SBJ-3	0.3	56.21	45.90	−58.70	−45.90
	0.4	52.58	45.90	−55.51	−45.87
	0.5	49.09	45.90	−51.63	−45.87
	0.6	45.62	45.90	−48.07	−45.90
DBJ-2	0.3	92.02	52.46	−98.75	−52.04
	0.4	87.70	52.04	−90.16	−52.04
	0.5	88.89	52.04	−87.17	−52.04
	0.6	81.51	52.04	−83.18	−52.04

（续）

试件编号	轴压比	正向峰值点		负向峰值点	
		P_m/kN	Δ_m/mm	P_m/kN	Δ_m/mm
DBJ-3	0.3	98.58	52.46	-97.35	-52.04
	0.4	90.65	52.04	-92.76	-52.04
	0.5	87.53	52.04	-89.77	-52.04
	0.6	83.78	52.04	-85.80	-52.04

由图 8-15 可知，轴压比的变化对试件骨架曲线有一定的影响，即轴压力越大，其承载能力越低。由表 8-4 可知，轴压比 n 为 0.4、0.5、0.6 的试件与轴压比为 0.3 的同一试件相比，SBJ-2 试件的峰值荷载分别下降了 7.86%、13.93%、20.23%；SBJ-3 试件的峰值荷载分别下降了 5.94%、12.36%、18.47%；DBJ-2 试件的峰值荷载分别下降了 8.77%、7.87%、11.81%；DBJ-3 试件的峰值荷载分别下降了 8.43%、7.62%、11.64%。

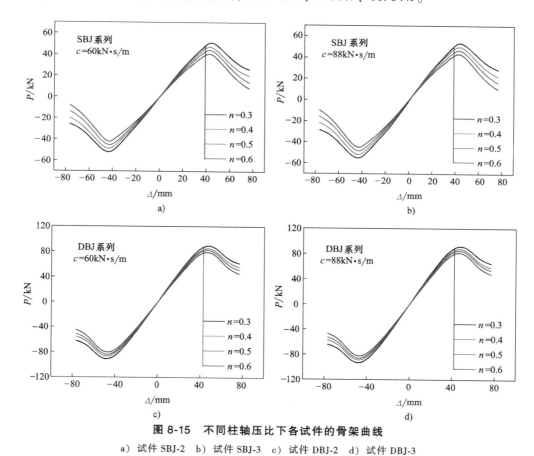

图 8-15　不同柱轴压比下各试件的骨架曲线
a）试件 SBJ-2　b）试件 SBJ-3　c）试件 DBJ-2　d）试件 DBJ-3

2. 试件耗能分析

对不同轴压比下第 9 工况、第 11 工况和第 13 工况的第 3 个循环所对应的滞回环进行对比分析，如图 8-16～图 8-18 所示。表 8-5 中列出了对应的滞回耗能和黏滞阻尼系数，其中滞回耗能即滞回环的面积。

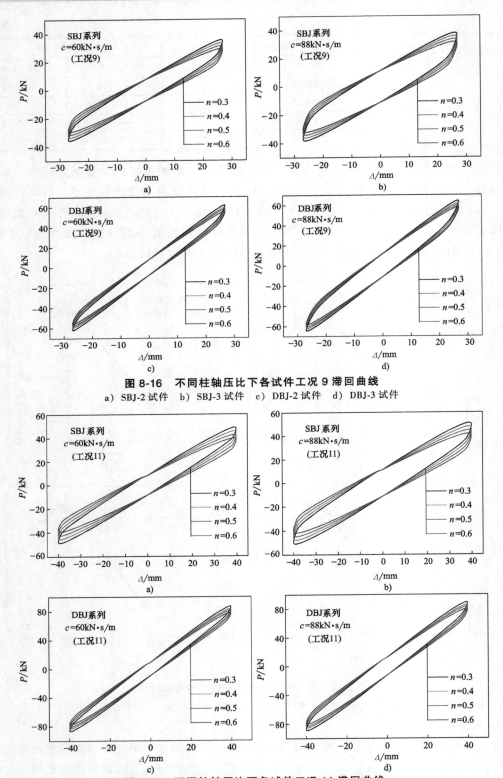

图 8-16 不同柱轴压比下各试件工况 9 滞回曲线

a）SBJ-2 试件 b）SBJ-3 试件 c）DBJ-2 试件 d）DBJ-3 试件

图 8-17 不同柱轴压比下各试件工况 11 滞回曲线

a）试件 SBJ-2 b）试件 SBJ-3 c）试件 DBJ-2 d）试件 DBJ-3

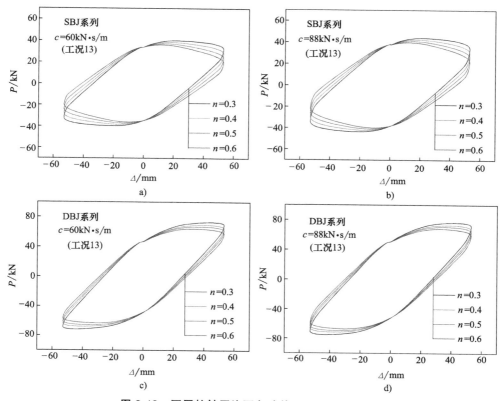

图 8-18 不同柱轴压比下各试件工况 13 滞回曲线

a）试件 SBJ-2　b）试件 SBJ-3　c）试件 DBJ-2　d）试件 DBJ-3

表 8-5 不同柱轴压比下各试件耗能分析

试件	工况	轴压比	滞回耗能/kN·mm		等效黏滞阻尼系数	
			$c=60\text{kN}\cdot\text{s/m}$	$c=88\text{kN}\cdot\text{s/m}$	$c=60\text{kN}\cdot\text{s/m}$	$c=88\text{kN}\cdot\text{s/m}$
SBJ	工况 9	0.3	720.32	737.02	0.121	0.117
		0.4	720.39	736.85	0.129	0.124
		0.5	720.43	736.72	0.137	0.132
		0.6	720.47	736.51	0.148	0.141
	工况 11	0.3	1180.36	1613.91	0.098	0.128
		0.4	1178.21	1611.24	0.104	0.136
		0.5	1175.77	1607.42	0.111	0.145
		0.6	1172.76	1603.21	0.122	0.156
	工况 13	0.3	4879.02	5527.36	0.442	0.467
		0.4	4878.33	5521.66	0.503	0.521
		0.5	4869.37	5515.79	0.584	0.603
		0.6	4868.63	5509.77	0.698	0.702
DBJ	工况 9	0.3	1055.50	1077.93	0.101	0.100
		0.4	1055.21	1077.18	0.106	0.104
		0.5	1058.87	1090.14	0.108	0.108
		0.6	1058.51	1075.95	0.113	0.110

（续）

试件	工况	轴压比	滞回耗能/kN·mm		等效黏滞阻尼系数	
			$c=60kN·s/m$	$c=88kN·s/m$	$c=60kN·s/m$	$c=88kN·s/m$
DBJ	工况 11	0.3	1353.23	1795.97	0.063	0.081
		0.4	1343.70	1785.83	0.065	0.084
		0.5	1336.98	1779.14	0.066	0.086
		0.6	1328.32	1769.44	0.069	0.089
	工况 13	0.3	1696.40	7367.33	0.287	0.307
		0.4	1712.30	7349.41	0.308	0.328
		0.5	1642.31	7337.15	0.323	0.343
		0.6	1697.20	7320.65	0.344	0.365

从图 8-16~图 8-18 及表 8-5 可以看出试件的轴压比越高，滞回环越向位移轴倾斜，即试件的刚度降低，但试件的滞回耗能基本保持不变。同时等效黏滞阻尼系数增加的幅度也不大，这表明试件轴压比的变化对试件的耗能能力影响较小。这是因为本次试验的试件为"强柱弱梁"，一方面，增大试件的轴压比并没有改变节点的破坏模式，试件的破坏依然发生于梁端塑性铰区；另一方面阻尼器两端发生相对变形主要依赖于梁的变形。

3. 阻尼器出力和耗能分析

将各试件在不同轴压比下的第工况 9、工况 11 和工况 13 的阻尼器最大出力、最大位移和滞回耗能列于下表 8-6。

表 8-6　不同柱轴压比下的各试件阻尼器的出力及耗能

试件	柱轴压比	最大出力/kN	最大位移/mm	滞回耗能/kN·mm		
				工况 9	工况 11	工况 13
SBJ-2	0.3	22.16	16.62	732.36	970.66	1526.76
	0.4	22.12	16.65	731.61	967.66	1525.54
	0.5	22.15	16.68	730.81	966.46	1524.26
	0.6	22.09	16.71	730.21	965.18	1522.96
SBJ-3	0.3	32.39	16.57	1065.62	1416.52	2226.78
	0.4	32.39	16.60	1063.74	1414.64	2224.72
	0.5	32.38	16.63	1062.56	1412.84	2222.78
	0.6	32.38	16.65	1061.34	1410.96	2220.82
DBJ-2	0.3	21.02	13.68	749.14	992.56	1494.96
	0.4	21.95	16.38	748.02	990.92	1492.91
	0.5	21.95	16.38	747.26	989.81	1491.41
	0.6	21.94	16.39	746.24	988.31	1489.34
DBJ-3	0.3	32.16	16.26	1078.98	1442.08	2174.42
	0.4	32.15	16.28	1077.32	1439.71	2170.32
	0.5	32.14	16.29	1075.62	1438.12	2168.12
	0.6	32.13	16.30	1074.68	1435.92	2165.08

注：1. 阻尼器最大出力和最大位移选取东、西两个阻尼器正负向最大值的绝对值。
　　2. 阻尼器各工况的滞回耗能为东、西两个阻尼器往复加载一个循环的滞回耗能之和。

从表 8-6 可以看出，改变试件的轴压比，对其阻尼器的出力、位移和滞回耗能的影响较小。这是因为增大试件的轴压比对梁的变形情况影响较小，因而对阻尼器的影响也较小。

8.3.2 阻尼系数

1. 骨架曲线

在保持试件其他参数不变的情况下,分别设定阻尼系数 $c = 30\text{kN} \cdot \text{s/m}$、$60\text{kN} \cdot \text{s/m}$、$88\text{kN} \cdot \text{s/m}$、$120\text{kN} \cdot \text{s/m}$,阻尼指数均为 0.38,并在试验所用的加载制度下对模型进行有限元分析。在得到的柱顶荷载-位移滞回曲线的基础上获得骨架曲线,如图 8-19 所示。图 8-19 中未标注出的阻尼系数的单位均为 $\text{kN} \cdot \text{s/m}$。表 8-7 中给出了各试件在峰值点处荷载和位移的计算值与试验结果的对比。

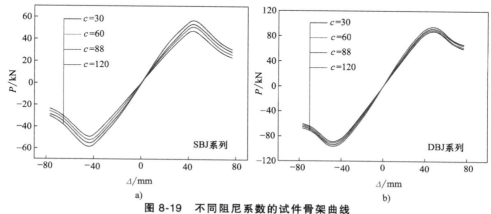

图 8-19 不同阻尼系数的试件骨架曲线

a) SBJ 系列试件 b) DBJ 系列试件

表 8-7 不同阻尼系数的试件峰值点对比

试件	阻尼系数 /$(\text{kN} \cdot \text{s/m})$	正向峰值点		负向峰值点	
		P_m/kN	$\Delta_\text{m}/\text{mm}$	P_m/kN	$\Delta_\text{m}/\text{mm}$
SBJ	30	49.07	45.90	−51.63	−45.90
	60	58.00	45.90	−55.37	−45.90
	88	56.21	45.90	−58.70	−45.90
	120	60.38	45.90	−62.57	−45.90
DBJ	30	90.57	52.46	−92.02	−52.04
	60	92.02	52.46	−98.75	−52.04
	88	98.58	52.46	−97.35	−52.04
	120	97.78	52.46	−100.39	−52.04

由图 8-19 以及表 8-7 可以看出,试件的峰值荷载随着阻尼系数的提高而提高,试件的初始刚度也有所增大。在峰值位移相同的情况下,与阻尼系数为 $30\text{kN} \cdot \text{s/m}$ 的试件比较,阻尼系数为 $60\text{kN} \cdot \text{s/m}$、$88\text{kN} \cdot \text{s/m}$、$120\text{kN} \cdot \text{s/m}$ 的 SBJ 系列试件的峰值荷载分别提高了 8.64%、18.12%、22.11%;阻尼系数为 $60\text{kN} \cdot \text{s/m}$、$88\text{kN} \cdot \text{s/m}$、$120\text{kN} \cdot \text{s/m}$ 的 DBJ 系列试件的峰值荷载分别提高了 2.28%、5.11%、8.53%。

2. 试件耗能分析

分别提取试件在第 9 工况、第 11 工况和第 13 工况滞回曲线的第 3 圈进行对比分析,如图 8-20~图 8-22 所示,并计算出相应的滞回耗能以及等效黏滞阻尼系数,见表 8-8、表 8-9。其中 SBJ 表示单梁-柱节点试件,DBJ 表示双梁-柱节点试件。

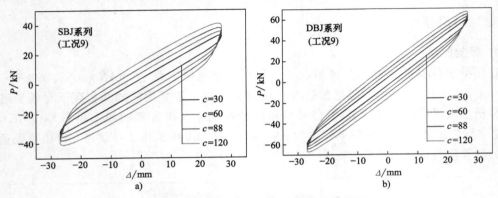

图 8-20 不同阻尼系数的试件工况 9 滞回环

a) SBJ 试件　b) DBJ 试件

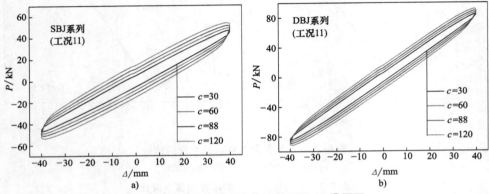

图 8-21 不同阻尼系数的试件工况 11 滞回环

a) SBJ 试件　b) DBJ 试件

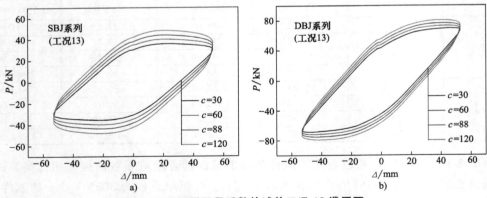

图 8-22 不同阻尼系数的试件工况 13 滞回环

a) SBJ 试件　b) DBJ 试件

表 8-8　不同阻尼系数的试件滞回耗能

试件	工况	滞回耗能/kN·mm			
		$c = 30$kN·s/m	$c = 60$kN·s/m	$c = 88$kN·s/m	$c = 120$kN·s/m
SBJ	工况 9	356.19	720.32	1055.50	1427.63
	工况 11	709.60	1180.36	1613.91	2098.17
	工况 13	4095.50	4843.32	5526.80	6296.61

（续）

试件	工况	滞回耗能/kN·mm			
		$c=30kN·s/m$	$c=60kN·s/m$	$c=88kN·s/m$	$c=120kN·s/m$
DBJ	工况 9	359.79	737.01	1077.91	1486.53
	工况 11	869.18	1353.23	1795.97	2293.19
	工况 13	5939.09	6686.28	7367.33	8129.30

表 8-9 不同阻尼系数的试件等效黏滞阻尼系数

试件	工况	等效黏滞阻尼系数			
		$c=30kN·s/m$	$c=60kN·s/m$	$c=88kN·s/m$	$c=120kN·s/m$
SBJ	工况 9	0.064	0.121	0.167	0.211
	工况 11	0.061	0.098	0.129	0.159
	工况 13	0.397	0.440	0.464	0.497
DBJ	工况 9	0.036	0.071	0.100	0.133
	工况 11	0.041	0.063	0.081	0.101
	工况 13	0.264	0.288	0.307	0.326

从图 8-20~图 8-22 以及表 8-8、表 8-9 可以看出，随着阻尼器阻尼系数的提高，滞回环更加饱满，滞回环面积逐渐增大。试件各工况滞回耗能随阻尼系数的增大而增大；提高相同的阻尼系数，试件滞回耗能的增加量基本相同。

3. 阻尼器性能

将不同阻尼系数的试件在工况 9、工况 11 和工况 13 时的阻尼器最大出力、最大位移和滞回耗能列于下表 8-10。

表 8-10 不同阻尼系数的试件阻尼器的出力及耗能

试件	阻尼系数/(kN·s/m)	最大出力/kN	最大位移/mm	阻尼器滞回耗能/kN·mm		
				工况 9	工况 11	工况 13
SBJ	30	11.06	16.69	369.90	487.64	765.50
	60	22.16	16.62	732.36	970.66	1526.76
	88	32.39	16.57	1065.60	1416.50	2226.78
	120	44.14	16.51	1436.48	1919.12	3019.72
DBJ	30	10.99	16.46	381.08	500.54	753.04
	60	21.02	13.68	749.14	992.56	1494.96
	88	32.16	16.26	1078.98	1442.08	2174.40
	120	43.78	16.17	1450.88	1943.10	2931.20

注：阻尼器最大出力和最大位移选取东、西两个阻尼器正负向最大值的绝对值；阻尼器各工况的滞回耗能为东、西两个阻尼器往复加载一个循环的滞回耗能之和。

由表 8-10 可以看出，阻尼器最大出力和滞回耗能随着阻尼系数的增大而增大，但阻尼器位移基本保持不变。这是因为在相同加载工况下阻尼器的出力阻尼系数有关，而阻尼器位移则主要与阻尼器放置位置相关。同时可以发现，SBJ 系列和 DBJ 系列试件阻尼器的最大出力、最大位移以及滞回耗能都基本一致。这表明了在单梁-柱节点试件和双梁-柱节点试件附设黏滞阻尼器具有相同的耗能效果。

8.3.3　阻尼器长度

1. 骨架曲线

在保持阻尼器与柱 60° 夹角的情况下，将阻尼器缩短至 500mm，其阻尼器安装方法及尺寸如图 8-23 所示。保持其他参数不变对模型进行计算，计算结果的骨架曲线如图 8-24 和图 8-25 所示，图中 l 表示阻尼器长度，单位为 mm。表 8-11 列出对应的峰值荷载。从图 8-24、图 8-25 可以看出，阻尼器长度从 770mm 缩短到 500mm 后，试件骨架曲线几乎没有变化。

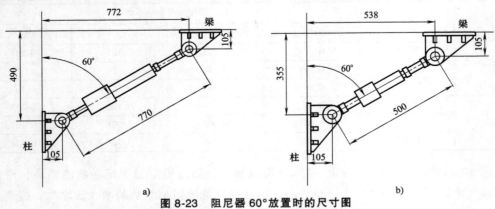

图 8-23　阻尼器 60° 放置时的尺寸图

a）阻尼器尺寸图 1（长度为 770mm）　b）阻尼器尺寸图 2（长度为 500mm）

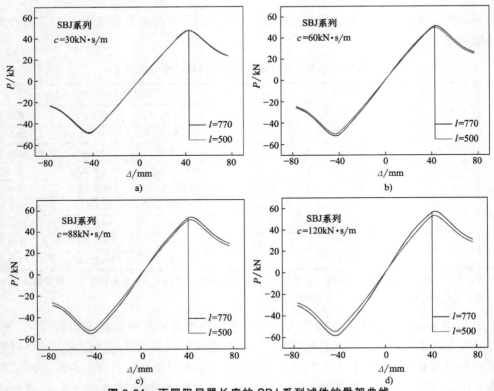

图 8-24　不同阻尼器长度的 SBJ 系列试件的骨架曲线

a）$c=30\text{kN}\cdot\text{s/m}$　b）$c=60\text{kN}\cdot\text{s/m}$　c）$c=88\text{kN}\cdot\text{s/m}$　d）$c=120\text{kN}\cdot\text{s/m}$

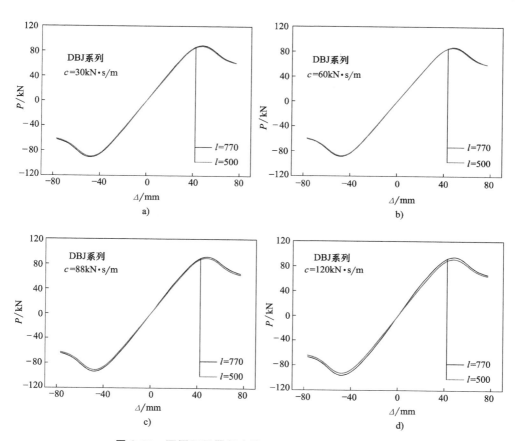

图 8-25 不同阻尼器长度的 DBJ 系列试件的骨架曲线

a）$c=30$kN·s/m b）$c=60$kN·s/m c）$c=88$kN·s/m d）$c=120$kN·s/m

表 8-11 不同阻尼器长度的各试件峰值荷载

试件	阻尼系数/ (kN·s/m)	正向峰值荷载 P_m/kN		负向峰值荷载 P_m/kN	
		$l=770$mm	$l=500$mm	$l=770$mm	$l=500$mm
SBJ	30	49.07	48.70	−51.63	−50.15
	60	54.00	51.77	−55.37	−52.86
	88	56.21	53.16	−58.70	−55.33
	120	60.38	55.39	−62.57	−58.13
DBJ	30	90.57	89.17	−92.02	−90.62
	60	92.38	91.00	−93.99	−92.57
	88	94.58	92.35	−97.35	−94.40
	120	97.78	94.00	−100.39	−96.57

由表 8-11 可知，阻尼器长度从 770mm 变到 500mm 后，在阻尼系数 $c=30$kN·s/m、60kN·s/m、88kN·s/m、120kN·s/m 时，SBJ 系列试件的峰值荷载分别降低了 1.81%、4.33%、5.58%、7.67%；DBJ 系列试件的峰值荷载分别降低了 1.54%、1.51%、2.69%、3.83%。但是总体降低的幅度并不大，基本都小于 4kN。这说明在其他参数不变的情况下，阻尼器长度从 770mm 缩短到 500mm 对试件承载力的影响不大。

2. 试件耗能分析

将有限元计算结果第 9 工况、第 11 工况和第 13 工况的滞回曲线的第 3 圈进行对比，如图 8-26～图 8-31 所示。表 8-12 和表 8-13 分别列出了试件在工况 9、工况 11 和工况 13 时的滞回耗能（即滞回环面积）和等效黏滞阻尼系数。

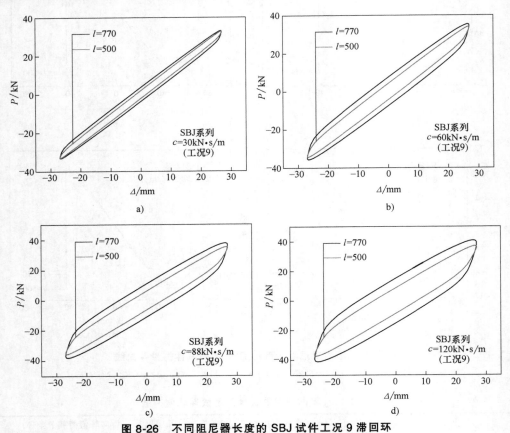

图 8-26 不同阻尼器长度的 SBJ 试件工况 9 滞回环

a）$c=30kN \cdot s/m$ b）$c=60kN \cdot s/m$ c）$c=88kN \cdot s/m$ d）$c=120kN \cdot s/m$

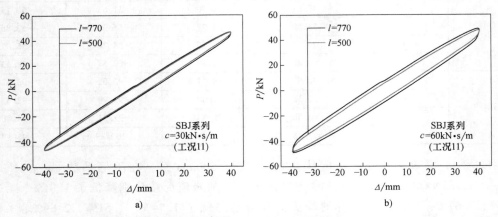

图 8-27 不同阻尼器长度的 SBJ 试件工况 11 滞回环

a）$c=30kN \cdot s/m$ b）$c=60kN \cdot s/m$

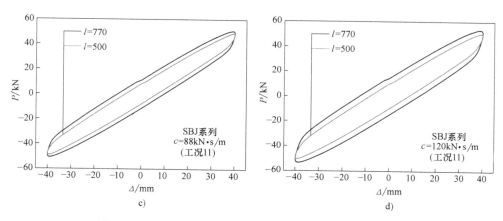

c)

d)

图 8-27　不同阻尼器长度的 SBJ 试件工况 11 滞回环（续）

c）$c = 88\text{kN} \cdot \text{s/m}$　d）$c = 120\text{kN} \cdot \text{s/m}$

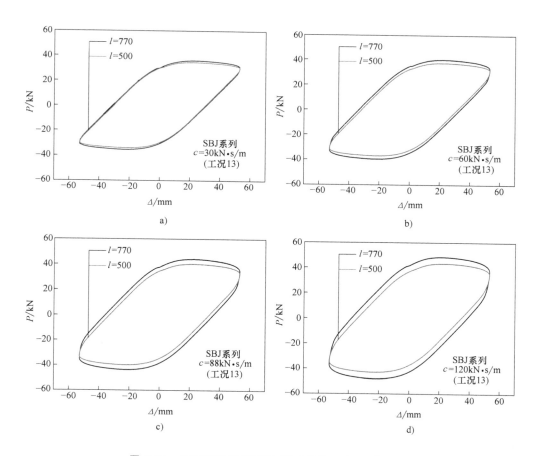

图 8-28　不同阻尼器长度的 SBJ 试件工况 13 滞回环

a）$c = 30\text{kN} \cdot \text{s/m}$　b）$c = 60\text{kN} \cdot \text{s/m}$　c）$c = 88\text{kN} \cdot \text{s/m}$　d）$c = 120\text{kN} \cdot \text{s/m}$

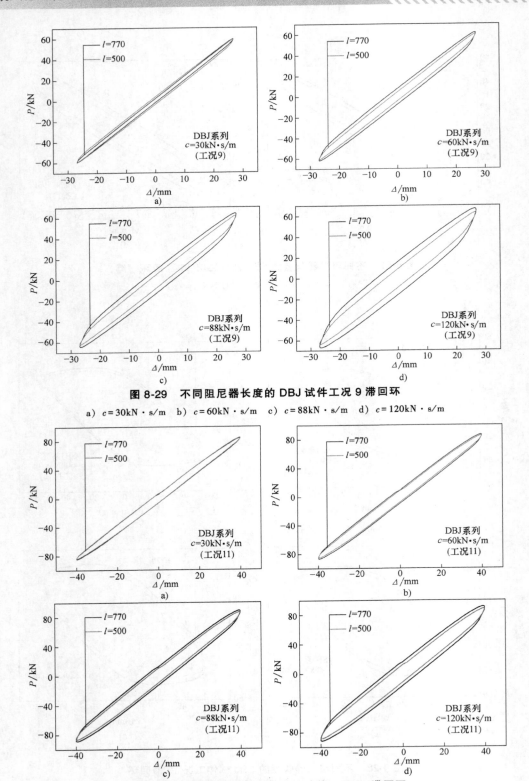

图 8-29 不同阻尼器长度的 DBJ 试件工况 9 滞回环

a) $c=30\text{kN} \cdot \text{s/m}$ b) $c=60\text{kN} \cdot \text{s/m}$ c) $c=88\text{kN} \cdot \text{s/m}$ d) $c=120\text{kN} \cdot \text{s/m}$

图 8-30 不同阻尼器长度的 DBJ 试件工况 11 滞回环

a) $c=30\text{kN} \cdot \text{s/m}$ b) $c=60\text{kN} \cdot \text{s/m}$ c) $c=88\text{kN} \cdot \text{s/m}$ d) $c=120\text{kN} \cdot \text{s/m}$

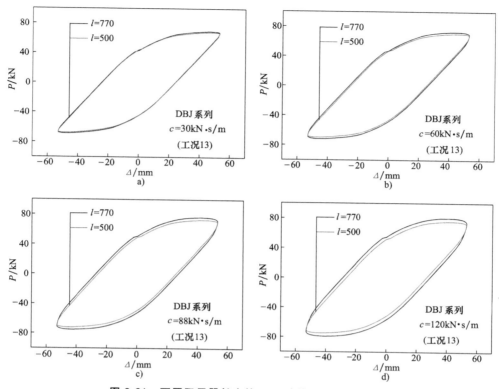

图8-31 不同阻尼器长度的DBJ试件工况13滞回环

a) $c=30kN \cdot s/m$　b) $c=60kN \cdot s/m$　c) $c=88kN \cdot s/m$　d) $c=120kN \cdot s/m$

表8-12 不同阻尼器长度的试件的滞回耗能

试件	工况	阻尼器长度/mm	滞回耗能/kN·mm			
			$c=30kN \cdot s/m$	$c=60kN \cdot s/m$	$c=88kN \cdot s/m$	$c=120kN \cdot s/m$
SBJ	工况9	770	199.48	720.32	1055.50	1427.61
		500	356.19	410.17	601.94	818.47
	工况11	770	709.60	1180.36	1613.91	2098.17
		500	548.90	818.08	1068.86	1341.88
	工况13	770	4095.50	4843.32	5526.80	6296.61
		500	3890.37	4360.60	4788.46	5265.94
DBJ	工况9	770	196.27	737.02	1077.93	1486.46
		500	359.80	415.15	613.97	833.88
	工况11	770	869.18	1353.23	1795.97	2293.19
		500	780.03	1058.91	1308.25	1577.72
	工况13	770	5939.09	6686.28	7367.33	8129.30
		500	5782.17	6249.69	6676.27	7155.03

表8-13 不同阻尼器长度的试件的等效黏滞阻尼系数

试件	工况	阻尼器长度/mm	等效黏滞阻尼系数			
			$c=30kN \cdot s/m$	$c=60kN \cdot s/m$	$c=88kN \cdot s/m$	$c=120kN \cdot s/m$
SBJ	工况9	770	0.064	0.121	0.167	0.211
		500	0.036	0.071	0.101	0.131

（续）

试件	工况	阻尼器长度/mm	等效黏滞阻尼系数			
			$c=30\text{kN}\cdot\text{s/m}$	$c=60\text{kN}\cdot\text{s/m}$	$c=88\text{kN}\cdot\text{s/m}$	$c=120\text{kN}\cdot\text{s/m}$
SBJ	工况 11	770	0.061	0.098	0.129	0.159
		500	0.047	0.069	0.087	0.107
	工况 13	770	0.397	0.440	0.464	0.497
		500	0.384	0.411	0.429	0.444
DBJ	工况 9	770	0.036	0.071	0.100	0.133
		500	0.036	0.040	0.059	0.078
	工况 11	770	0.041	0.063	0.081	0.101
		500	0.037	0.050	0.060	0.072
	工况 13	770	0.264	0.288	0.307	0.326
		500	0.260	0.275	0.287	0.299

由图 8-26~图 8-31 可知，阻尼系数较低时阻尼器长度对试件的滞回环形状影响不大，但在阻尼系数较高时（$c=120\text{kN}\cdot\text{s/m}$）阻尼器长度为 770mm 的试件滞回环更加饱满。

由表 8-12 和表 8-13 可知，安装长度为 770mm 阻尼器的试件滞回环面积和等效黏滞阻尼系数均稍大于安装长度为 500mm 阻尼器的相应试件。这是因为阻尼器长度较大时对梁的支撑作用更强。

3. 阻尼器出力及耗能分析

工况 9、工况 11 和工况 13 阻尼器最大出力、最大位移和滞回耗能见表 8-14。

表 8-14　不同阻尼器长度的试件阻尼器的出力及滞回耗能

试件	阻尼系数/（kN·s/m）	阻尼器长度/mm	最大出力/kN	最大位移/mm	滞回耗能/kN·mm		
					工况 9	工况 11	工况 13
SBJ	30	500	10.05	12.53	214.40	288.28	499.26
		770	11.06	16.69	369.90	487.64	765.50
	60	500	20.07	12.47	424.26	572.84	992.52
		770	22.16	16.62	732.36	970.66	1526.76
	88	500	29.42	12.43	615.56	834.40	1446.56
		770	32.39	16.57	1065.60	1416.50	2226.78
	120	500	40.07	12.37	827.92	1127.58	1957.04
		770	44.14	16.51	1436.48	1919.12	3019.72
DBJ	30	500	9.99	12.36	222.56	298.56	488.58
		770	10.99	16.46	381.08	500.54	753.04
	60	500	19.96	12.28	440.16	592.98	971.50
		770	21.02	13.68	749.14	992.56	1494.96
	88	500	29.25	12.20	638.30	863.02	1416.00
		770	32.16	16.26	1078.98	1442.08	2174.40
	120	500	39.83	12.13	857.94	1164.62	1915.68
		770	43.78	16.17	1450.88	1943.10	2931.20

注：1. 阻尼器最大出力和最大位移选取东、西两个阻尼器正负向最大值的绝对值。

2. 阻尼器各工况的滞回耗能为东、西两个阻尼器往复加载一个循环的滞回耗能之和。

由表 8-14 的可知，阻尼系数分别为 30kN·s/m、60kN·s/m、88kN·s/m 以及 120kN·s/m 时，长度为 770mm 的阻尼器的最大位移始终比长度为 500mm 的阻尼器高 4mm；但其最大出力则分别大致提高了 1kN、2kN、3kN、4kN，提高幅度约为 10%；其中工况 9 的滞回耗能则依次大致增长了 150kN·mm、300kN·mm、450kN·mm、600kN·mm，工况 11 的滞回耗能依次大致增长了 200kN·mm、400kN·mm、600kN·mm、800kN·mm，工况 13 的滞回耗能则依次大致增长了 250kN·mm、500kN·mm、750kN·mm、1000kN·mm。由此可见：阻尼器的最大出力和滞回耗能随着阻尼系数的增大而增大，并基本呈线性相关。但是阻尼器的最大位移只与阻尼器长度有关，而基本不受阻尼系数的影响。

8.3.4　阻尼器安装角度

1. 骨架曲线

　　将阻尼器与柱分别呈 60°、45° 和 90° 放置，其放置方法如图 8-32 所示。在其他参数保持不变的情况下，对模型进行计算，骨架曲线如图 8-33、图 8-34 所示。试件峰值荷载对比见表 8-15。

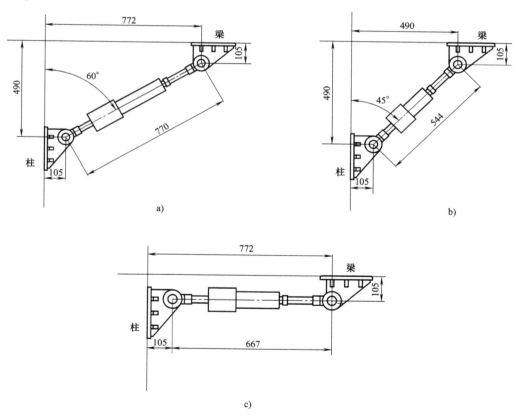

图 8-32　三种不同安装角度的阻尼器安装示意图

a）阻尼器 60° 放置图　b）阻尼器 45° 放置图　c）阴尼器 90° 放置图

　　从图 8-33、图 8-34 及表 8-15 可以看出，虽然阻尼器安装角度不同，但其骨架曲线仍基本一致。其中以阻尼器 60° 放置时，试件的峰值荷载最高，45° 次之，90° 放置最差。这主要是阻尼器 60° 放置时其上端支座比阻尼器 45° 放置时更接近梁跨中，阻尼器两端能发生的相

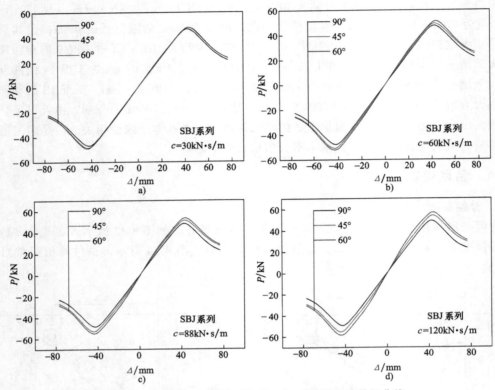

图 8-33 不同阻尼器安装角度的 SBJ 系列试件的骨架曲线

a) $c=30kN\cdot s/m$ b) $c=60kN\cdot s/m$ c) $c=88kN\cdot s/m$ d) $c=120kN\cdot s/m$

对变形更大，因而阻尼器对梁的支撑作用相对最强；而对于阻尼器与柱呈 90°放置，阻尼器对梁的支撑作用较弱，因此试件峰值荷载略低。

表 8-15 不同阻尼器安装角度的试件峰值荷载

试件	阻尼系数/($kN\cdot s/m$)	正向峰值荷载 P_m/kN			负向峰值荷载 P_m/kN		
		90°放置	45°放置	60°放置	90°放置	45°放置	60°放置
SBJ	30	47.40	49.47	50.07	−47.46	−50.49	−51.63
	60	48.48	50.61	58.00	−48.52	−53.49	−55.37
	88	49.83	53.46	56.21	−49.59	−56.18	−58.70
	120	50.89	57.03	60.38	−50.77	−59.17	−62.57
DBJ	30	87.92	88.82	90.57	−89.66	−90.44	−92.02
	60	88.12	90.95	92.38	−90.29	−92.30	−93.99
	88	88.47	92.57	98.58	−90.85	−98.08	−97.35
	120	88.69	95.36	97.78	−91.60	−96.84	−100.39

2. 试件耗能分析

对第 9 工况、第 11 工况和第 13 工况滞回曲线的第 3 圈进行对比分析，如图 8-35～图 8-40 所示。分别计算其滞回耗能（即滞回环面积）和等效黏滞阻尼系数，列于表 8-16 和表 8-17。由表 8-16 和表 8-17 可知，阻尼器呈 60°放置时，其试件滞回耗能和等效黏滞阻尼系数最大，试件的耗能能力最强；而阻尼器 90°放置时，其耗能能力明显低于其他两种情况。因此在实际应用中，阻尼器安装角度推荐使用 60°。

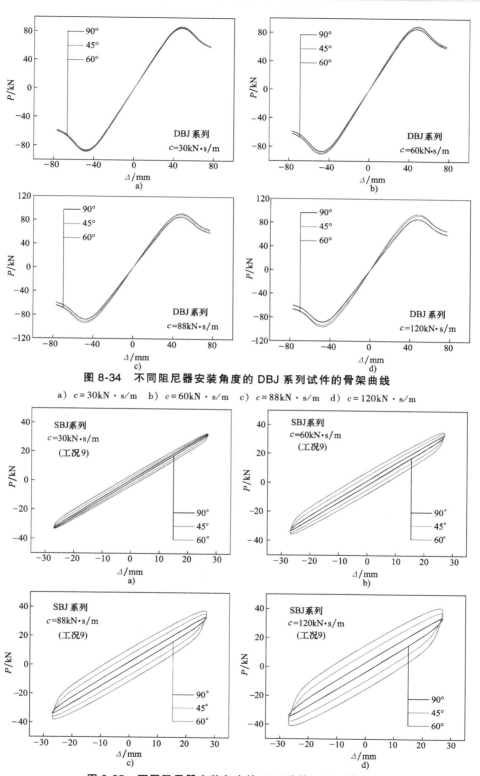

图 8-34 不同阻尼器安装角度的 DBJ 系列试件的骨架曲线

a) $c=30\text{kN}\cdot\text{s/m}$　b) $c=60\text{kN}\cdot\text{s/m}$　c) $c=88\text{kN}\cdot\text{s/m}$　d) $c=120\text{kN}\cdot\text{s/m}$

图 8-35 不同阻尼器安装角度的 SBJ 试件工况 9 滞回环

a) $c=30\text{kN}\cdot\text{s/m}$　b) $c=60\text{kN}\cdot\text{s/m}$　c) $c=88\text{kN}\cdot\text{s/m}$　d) $c=120\text{kN}\cdot\text{s/m}$

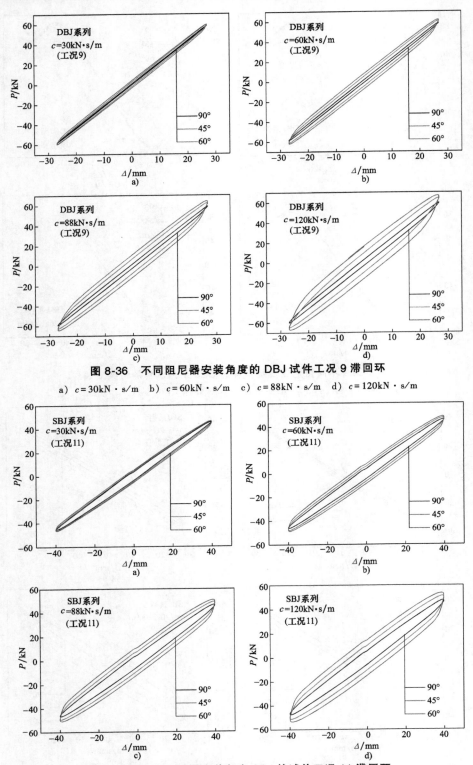

图 8-36　不同阻尼器安装角度的 DBJ 试件工况 9 滞回环

a) $c=30\mathrm{kN\cdot s/m}$　b) $c=60\mathrm{kN\cdot s/m}$　c) $c=88\mathrm{kN\cdot s/m}$　d) $c=120\mathrm{kN\cdot s/m}$

图 8-37　不同阻尼器安装角度 SBJ 的试件工况 11 滞回环

a) $c=30\mathrm{kN\cdot s/m}$　b) $c=60\mathrm{kN\cdot s/m}$　c) $c=88\mathrm{kN\cdot s/m}$　d) $c=120\mathrm{kN\cdot s/m}$

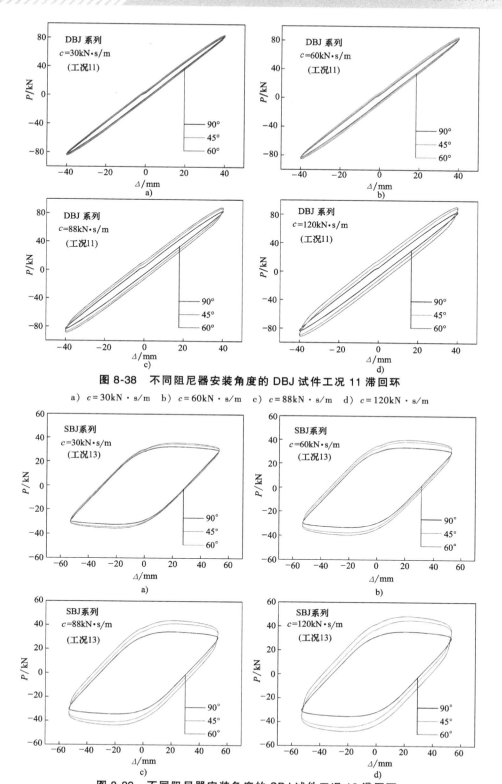

图 8-38 不同阻尼器安装角度的 DBJ 试件工况 11 滞回环

a) $c=30\text{kN} \cdot \text{s/m}$ b) $c=60\text{kN} \cdot \text{s/m}$ c) $c=88\text{kN} \cdot \text{s/m}$ d) $c=120\text{kN} \cdot \text{s/m}$

图 8-39 不同阻尼器安装角度的 SBJ 试件工况 13 滞回环

a) $c=30\text{kN} \cdot \text{s/m}$ b) $c=60\text{kN} \cdot \text{s/m}$ c) $c=88\text{kN} \cdot \text{s/m}$ d) $c=120\text{kN} \cdot \text{s/m}$

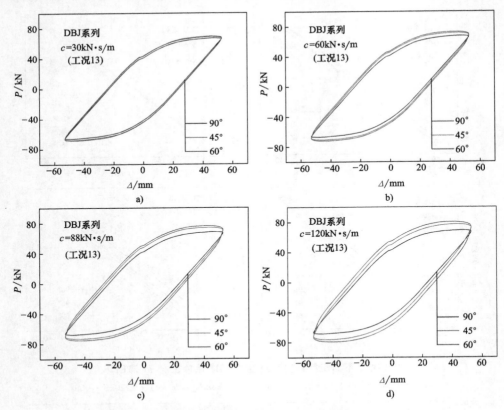

图 8-40 不同阻尼器安装角度的 DBJ 试件工况 13 滞回环

a) $c = 30kN \cdot s/m$ b) $c = 60kN \cdot s/m$ c) $c = 88kN \cdot s/m$ d) $c = 120kN \cdot s/m$

表 8-16 不同阻尼器安装角度的试件的滞回耗能

试件	工况	阻尼器角度	滞回耗能/kN · mm			
			$c = 30kN \cdot s/m$	$c = 60kN \cdot s/m$	$c = 88kN \cdot s/m$	$c = 120kN \cdot s/m$
SBJ	工况 9	90°	67.15	148.64	223.12	306.07
		45°	219.48	448.95	656.64	885.48
		60°	356.19	720.32	1055.50	1427.63
	工况 11	90°	438.87	535.86	628.39	731.38
		45°	570.62	863.52	1131.42	1427.07
		60°	709.60	1180.36	1613.91	2098.17
	工况 13	90°	3646.79	3826.46	3989.48	4172.32
		45°	3937.03	4455.11	4923.28	5441.92
		60°	4095.50	4843.32	5526.80	6296.61
DBJ	工况 9	90°	51.60	129.31	200.38	279.62
		45°	222.85	466.06	685.15	847.09
		60°	359.79	737.02	1077.91	1486.53
	工况 11	90°	542.68	648.16	738.52	848.62
		45°	795.29	1097.24	1368.31	1576.68
		60°	869.18	1353.23	1795.97	2293.19
	工况 13	90°	5423.62	5588.49	5738.00	5905.10
		45°	5809.80	6332.20	6807.24	7185.79
		60°	5939.09	6686.28	7367.33	8129.30

表 8-17　不同阻尼器安装角度试件的等效黏滞阻尼系数

试件	工况	阻尼器角度	等效黏滞阻尼系数			
			$c = 30kN \cdot s/m$	$c = 60kN \cdot s/m$	$c = 88kN \cdot s/m$	$c = 120kN \cdot s/m$
SBJ	工况 9	90°	0.012	0.026	0.039	0.053
		45°	0.039	0.077	0.109	0.140
		60°	0.064	0.121	0.167	0.211
	工况 11	90°	0.038	0.046	0.054	0.062
		45°	0.049	0.072	0.092	0.112
		60°	0.061	0.098	0.129	0.159
	工况 13	90°	0.374	0.388	0.397	0.408
		45°	0.386	0.414	0.430	0.445
		60°	0.397	0.440	0.464	0.497
DBJ	工况 9	90°	0.005	0.013	0.020	0.028
		45°	0.022	0.045	0.065	0.078
		60°	0.036	0.071	0.100	0.133
	工况 11	90°	0.026	0.031	0.035	0.040
		45°	0.038	0.051	0.063	0.071
		60°	0.041	0.063	0.081	0.101
	工况 13	90°	0.247	0.253	0.258	0.264
		45°	0.260	0.276	0.289	0.295
		60°	0.264	0.288	0.307	0.326

3. 阻尼器出力及耗能分析

将工况 9、工况 11 和工况 13 下的阻尼器安装角度不同时阻尼器的最大出力、最大位移和滞回耗能列于下表 8-18。

表 8-18　不同安装角度的阻尼器的出力及滞回耗能

试件	阻尼系数/ (kN · s/m)	阻尼器角度	最大出力/ kN	最大位移/ mm	滞回耗能/kN · mm		
					工况 9	工况 11	工况 13
SBJ	30	90°	7.52	6.11	82.00	111.80	183.48
		45°	10.41	13.56	234.72	315.42	556.12
		60°	11.06	16.69	369.90	487.64	765.50
	60	90°	15.01	6.07	162.72	222.52	365.56
		45°	20.79	13.50	463.70	626.12	1103.94
		60°	22.16	16.62	732.36	970.66	1526.76
	88	90°	21.96	6.03	236.66	324.60	533.76
		45°	30.45	13.44	671.58	910.80	1606.56
		60°	32.39	16.57	1065.60	1416.50	2226.78
	120	90°	29.83	5.99	318.68	439.52	723.30
		45°	41.48	13.36	901.00	1228.40	2169.34
		60°	44.14	16.51	1436.48	1919.12	3019.72
DBJ	30	90°	7.41	5.75	78.48	103.62	165.92
		45°	10.36	13.51	248.98	334.78	553.46
		60°	10.99	16.46	381.08	500.54	753.04
	60	90°	14.78	5.71	155.84	206.40	330.64
		45°	20.70	13.41	490.86	662.82	1097.94
		60°	21.02	13.68	749.14	992.56	1494.96

（续）

试件	阻尼系数/ （kN·s/m）	阻尼器 角度	最大出力/ kN	最大位移 mm	滞回耗能/kN·mm		
					工况 9	工况 11	工况 13
DBJ	88	90°	21.59	5.66	226.82	301.38	482.90
		45°	30.32	13.32	709.48	961.20	1596.62
		60°	32.16	16.26	1078.98	1442.08	2174.40
	120	90°	29.31	5.61	305.74	408.50	654.70
		45°	40.72	12.75	797.62	1165.56	1919.14
		60°	43.78	16.17	1450.88	1943.10	2931.20

注：1. 阻尼器最大出力和最大位移选取东、西两个阻尼器正负向最大值的绝对值。
　　2. 阻尼器各工况的滞回耗能为东、西两个阻尼器往复加载一个循环的滞回耗能之和。

由表 8-18 可以看出，改变阻尼器的安装角度，会改变阻尼器的出力和耗能能力，其中以阻尼器 60° 放置时的出力和耗能能力最好，45° 次之，90° 最差。阻尼器的最大位移在阻尼器呈 90°、45° 和 60° 时分别在 6mm、13mm 和 16mm 左右，且不随阻尼系数的变化而变化。而同一试件的阻尼器出力和耗能随着阻尼系数的增大而增长，并且阻尼系数越大，阻尼器角度不同引起的阻尼器出力和耗能之间的差异也越大。总体来说，阻尼器 60° 放置时的出力和耗能能力最好。

8.4　设计建议

传统风格建筑钢结构新型阻尼节点是在雀替的位置设置黏滞阻尼器的一种新型节点形式。其设计方法既需要参考现有的黏滞阻尼器减震设计方法又要兼顾传统风格建筑的形制要求。

黏滞阻尼器减震设计主要包括确定阻尼器参数和数量以及阻尼器的安装位置两方面内容。我国抗震规范中虽然增加了消能减震的内容，但并没有给出具体的设计方法。国内很多学者也提出了一些关于消能减震的相关设计方法。传统风格建筑钢结构新型阻尼节点的设计可以参考这些已有的较为成熟的方法。

首先，预设附设黏滞阻尼器之后传统风格建筑的控制目标位移，可以求出阻尼器的附加阻尼比 ξ_d，计算出所需的总阻尼系数 c 值，再将该阻尼系数根据阻尼器的位置和数量分配到各楼层的阻尼器即可得到单个阻尼器的阻尼系数 c 值。国内外有很多学者对阻尼系数分配方法提出过各种方法和理论，如平均分配法、层间剪力分配法、剪力应变能全楼层分配法等。由于阻尼系数需要到具体的结构里去计算，因此在这里不做详细概述。

在附设黏滞阻尼器的传统风格建筑钢结构新型阻尼节点的结构初步设计阶段，依照传统风格建筑的形制要求，通常可以对黏滞阻尼器的安装位置和尺寸大小有一个把握。除了阻尼系数以外，工程设计人员最关注的还有这几个参数：阻尼器尺寸、阻尼器安装角度、最大位移、最大出力等。根据试验结果和有限元计算结果，结合传统风格建筑的形制要求，可以给出这些参数的一些设计建议。

图 8-41 所示为传统风格建筑钢结构新型阻尼节点的部分尺寸参数。图中，a、b 分别为

阻尼器水平长度和垂直长度，h为梁高，θ为阻尼器与柱的夹角，L_0为阻尼器长度，L_b为阻尼器支座高度。

1）阻尼器位置的确定：增设到结构中的耗能部件应遵循一定的布置原则，对于传统风格建筑这种规则结构，耗能装置可沿面阔方向（横向）和进深方向（纵向）分别设置或者仅在面阔方向（横向）设置。如图8-41所示，本文设计的新型阻尼节点是将黏滞阻尼器设置在传统风格建筑中雀替的位置，即可以左右对称分别设置一个黏滞阻尼器，其平面布置规则对称。

2）阻尼器尺寸设计应遵守的原则是：不能占用过多的建筑空间，不能造成空间不和谐

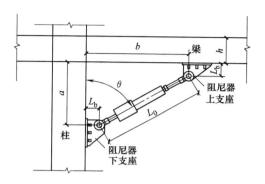

图8-41　阻尼器部分尺寸参数

感和影响传统风格建筑美观，因此阻尼器的长度要考虑所使用雀替的尺寸，并且要留有一定的装饰空间。但是也不能过小，过小的话则阻尼器上支座和柱之间距离过小，容易形成阻尼器的支座位置和梁塑性铰位置重叠，从而影响梁端的塑性变形。雀替的水平长度并没有一个明确的尺寸，赵鸿铁教授在所著《中国古建筑结构及其抗震》书中指出，唐宋时期雀替的水平长度约占开间净面宽的三分之一，发展至明清时期，雀替的水平长度占开间净面宽的四分之一，高度取本身长度的一半，厚度取柱径的3/10。柱高和开间面阔比例约为8：10，柱径和柱高比例约为1：10，则柱径和开间面阔比例约为1：12.5。以最常见的二等殿堂式建筑为例，按照宋代的"材份等级"制度可知：由额（下梁）高27份，宽18份，柱径为42份，因此雀替水平长度可达126份（即三倍的梁高）。但为了给外部包装留有一定的空间，实际水平长度a应小于126份。考虑到梁端塑性铰区一般为1/2梁高至1倍梁高，并根据试验结果和有限元分析结果，建议阻尼器水平长度a取$2h\sim3h$，h为阻尼器所在梁的梁高。

3）阻尼器的直径：二等殿堂的檐柱柱径约720mm，按照厚度取柱径的3/10，则意味着雀替厚度可以达到216mm，基本可以满足传统风格建筑中所用黏滞阻尼器的直径所需空间。

4）阻尼器安装角度θ：根据试验结果和有限元分析结果同时结合传统风格建筑中雀替的外观形状，建议阻尼器按照60°放置。

5）阻尼器行程、最大阻尼力和最大速度：工程设计人员对这几个阻尼器厂商最关注的参数一般采取的方法是有限元模拟。本章提出的基于ABAQUS的有限元建模方法，不仅可以对安装黏滞阻尼器的传统风格建筑钢结构新型阻尼节点的耗能减震进行高效、准确的计算与分析，还可以用于其他类型的附设黏滞阻尼器的结构设计当中。参考周云教授的研究成果，所选阻尼器的最大行程应大于所在层最大位移的130%，最大速度也应大于所在层最大速度的130%。

当然，无论使用怎样的设计方法，设计时必须遵循一个设计原则：在结构抗震设计中要保证塑性铰出现在节点的梁端，而不是柱端。只有这样才能保证设置的黏滞阻尼器在地震中发挥较好的作用。

■ 8.5 本章小结

本章运用大型通用有限元分析软件 ABAQUS 对附设黏滞阻尼器的钢结构传统风格建筑新型阻尼节点周期性动力加载试验进行了模拟，从计算结果中提取出了柱顶荷载-位移滞回曲线和阻尼器滞回曲线，由柱顶荷载-位移滞回曲线得到了试件模拟的骨架曲线和特征点，以及通过阻尼器滞回曲线得到了阻尼器在整个加载过程中的最大出力和最大位移，计算结果与试验结果吻合性较高，验证了模型的有效性。通过参数分析，获得了柱轴压比、阻尼系数、阻尼器长度、阻尼器安装角度对附设黏滞阻尼器的传统风格建筑钢结构新型阻尼节点以及阻尼器出力和耗能能力的影响。有限元分析结果表明，柱轴压比和阻尼器长度对附设黏滞阻尼器的传统风格建筑钢结构新型阻尼节点抗震性能的影响不大。随着阻尼器阻尼系数的提高，试件的极限承载力和耗能能力都有所提高。改变阻尼器的安装角度，会改变阻尼器的出力和耗能能力，其中以阻尼器 60°放置时的出力和耗能能力最好。最后在试验结果和有限元计算结果的基础上，并依照传统风格建筑的形制要求提出了设计建议。

第 9 章

传统风格建筑钢框架结构拟动力试验研究

9.1 引言

古建筑凝聚我国古代劳动人民的智慧与财富，然而由于木结构自身的材料弱点，很难在历史的长河中被完好保存下来。而传统风格建筑体系采用了现代化的建筑技术与材料，克服了木结构易翘曲、易虫蛀、易老化等各方面弱点，已广泛应用于全国各地的地标建筑和风景园林当中，如大明宫丹凤门、长安塔及洛阳定鼎门等均已成为当地的标志性建筑。钢结构传统风格建筑结构框架外观模仿古建筑造型，与常规梁柱钢框架相差较大，如斗栱层的出现、圆柱-双梁节点的运用等，故该种结构的受力特点与木结构古建筑以及常规钢框架有很大区别。

本书第 2 章对传统风格建筑钢转换柱连接拟静力试验进行了介绍及结果分析，获得了其耗能能力、延性、承载力等抗震性能指标。但实际结构在真实地震作用下的动力反应还未见报道，尤其是整体钢框架的研究领域尚为空白。在地震工程试验领域常用的三种试验方法中，拟静力试验方法的人为干预性较强，因为地震作用是高频的往复随机过程，而拟静力试验的低周往复加载是以静力的形式使结构往复加载与卸载来近似模拟结构在地震作用下的反应，无法反映结构在实际地震作用下的动力响应。而振动台试验受尺寸效应等因素的影响较大，导致试验结果的失真度较高。因此，拟动力试验的运用越来越广泛，它既有拟静力试验方便简洁的特点，又可以对结构施加真实地震波，获取结构体系在地震作用下真实的动力响应。

因此，为了了解传统风格建筑钢框架体系在真实地震波作用下的抗震性能，并验证其能否满足规范规定的抗震设防要求。在已完成的传统风格建筑钢结构转换柱连接拟静力试验及之前本课题组异形钢节点受力性能研究的基础上，以某一典型钢结构传统风格建筑殿堂结构为原型，设计制作了一榀含异形节点的传统风格建筑钢框架结构，并对其施加地震波，研究其抗震性能及在真实地震波作用下的刚度退化规律、位移-恢复力变化规律及滞回耗能特性等，为理论分析提供试验依据。此外，原三维结构中另一方向的 y 轴框架相对简单，主要起连接作用，和试验的平面框架共同组成整体钢框架，因此在本试验中未考虑 y 轴框架。

■ 9.2 模型设计与制作

9.2.1 模型设计

传统风格建筑钢框架外形与构造显著区别于现代常规的钢框架结构。中国古建筑的挑檐通常较大，形成"大屋顶"。在柱头及梁枋之上，浮搁有斗拱，是上下承替连接的部件，用于传递拉、压应力，且在水平方向起固定作用。在地震作用下，斗拱可以产生很大的塑性变形，具有明显的减震作用。因柱位置布置的不同，分为檐柱、金柱、瓜柱等，通常采用圆形截面。额、枋均为梁，可传递水平力，由于底层大开间的需要，通常在额、枋上设置短柱。

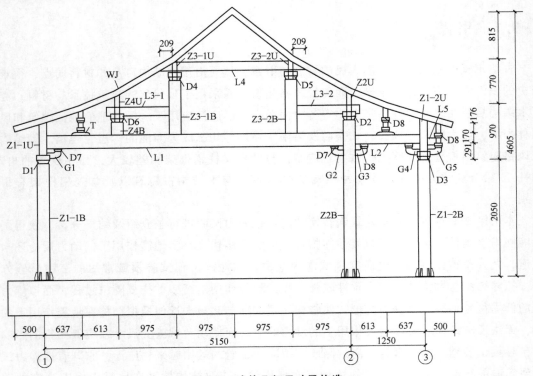

图 9-1　试件几何尺寸及构造

本试验选取位于抗震设防烈度 8 度区的一榀单层两跨传统风格建筑原型结构，设计基本地震加速度为 0.2g，设计地震分组为第一组，场地类别为Ⅱ类场地。受试验场地条件的限制，按 1/2 比例制作试件，完全仿照木结构古建筑的建筑形式，并将传统木结构中通过榫卯方式连接的斗拱构件简化为一整体式焊接"斗拱"连接在框架结构当中。模型结构两跨的跨度分别为 5150mm、1250mm。柱 Z1-1、Z1-2 由两部分组成，下柱为圆形截面，外径 203mm，壁厚 6mm；上柱为矩形截面，边长 125mm，壁厚 5mm。跨度较大的梁 L1 宽 125mm，高 225mm，壁厚 3mm。跨度较小的梁 L2 宽 100mm，高 150mm，壁厚 3mm。斗拱、屋架及其他构件的壁厚为 3mm。试件几何尺寸如图 9-1 所示，构件截面尺寸见表 9-1。本文中，Z1-1 与 Z2 之间称为正厅，Z2 与 Z1-2 之间称之为偏厅。除柱底与地梁采用螺栓连接外，其余均采用全焊连接，钢材强度等级为 Q235B，采用 E43 型焊条手工焊。

表 9-1　结构构件参数表

构件	编号	截面规格
柱	Z1-1B,Z1-2B,Z2B	φ203×6
	Z1-1U,Z1-2U	□125×5
	Z3-1B,Z3-2B,Z4B	□125×3
	Z2U,Z4U,Z3-1U,Z3-2U	□80×3
梁	L1	□225×125×3
	L2,L3-1,L3-2,L4	□150×100×3
	L5	□120×100×3
屋架	WJ	□100×3

1. 节点设计

将柱 Z1-1、Z1-2 和柱 Z2 分为上柱及下柱两部分，上柱为方形截面钢管，下柱为无缝圆钢管，图 9-2 所示为关键节点区示意图。将柱 Z1-1、Z1-2 上部方形截面柱插入下部圆钢管柱中 270mm 处，将柱 Z2 上柱插入下柱并延伸至梁下翼缘处，均在上部方形钢管柱底部四周焊接 4 块竖向加劲肋，以保证连接的稳定性及传力的明确性，在与梁翼缘对应高度处的柱内焊接厚度为 5mm 的内环板。此外，在 Z1-1 中与 L1 上下翼缘对应高度处焊接 5mm 的加劲板，以 6mm 焊脚的角焊缝与柱子内壁焊接来增强节点的刚度。

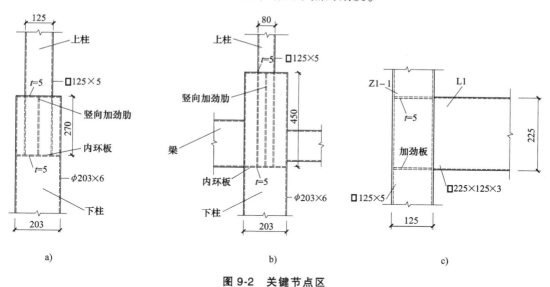

图 9-2　关键节点区

a）Z1-1（Z1-2）　b）Z2　c）Z1-1 与 L1 节点

2. 特殊构件设计

传统风格建筑钢框架与普通框架的最大不同点是古建筑特殊构件的存在，包括：斗、栱、驼峰等，如图 9-3 所示。试件所有特殊构件均为 3mm 厚钢板并采用角焊缝焊接形成，满足传统风格建筑与古建筑的外观一致性。

3. 柱脚设计

图 9-4 所示为本模型采用的外露式柱脚，在浇筑混凝土地梁时预埋柱脚螺栓，采用 Q235-M24 式锚栓固结钢管柱底板与地梁。钢管柱底板与钢管柱采用双面 10mm 角焊缝焊接，

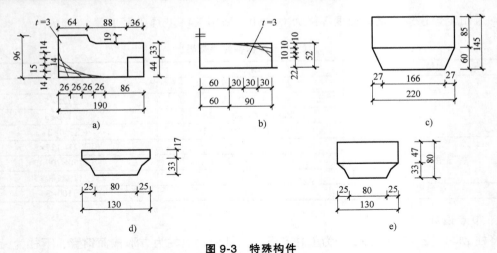

图 9-3 特殊构件

a）栱 G1～G5 b）驼峰 T c）斗 D1～D6 d）斗 D7 e）斗 D8

　　尺寸为 320mm×320mm×20mm 的柱子底板以带钝边的 V 形焊缝与柱子底部焊接。柱脚锚栓采用直径 24mm 的 Q235 圆钢筋制作而成，锚入地梁 520mm，螺栓顶部采用螺母进行紧固。圆钢管柱周围等间隔双面角焊缝焊接 6 块加劲肋，厚度为 10mm。柱子底板在图 9-4 所示位置留置直径 30mm 的圆孔，在试件与地梁连接固定时，调整调节螺母以保证试件水平不发生

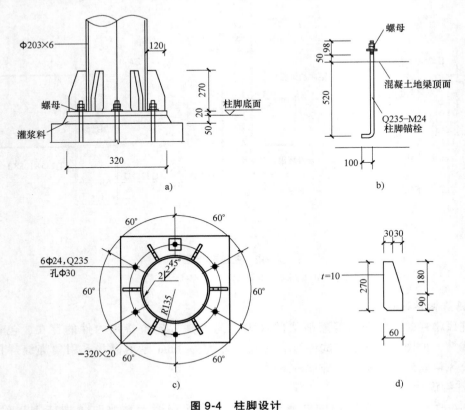

图 9-4 柱脚设计

a）柱脚正视图 b）柱底螺栓 c）柱脚俯视图 d）柱脚加劲肋

歪斜，然后在柱子底板与地梁之间的间隙内灌入 C30 无收缩细石混凝土，待其达到一定强度后拧紧螺母完成试件的锚固。

4. 基础梁设计

为了保证试验的准确性，基础梁的设计尤为重要，足够的强度及刚度是基础梁设计的根本原则，以防止倾覆等现象的出现。本试验的基础梁尺寸为 500mm×600mm×7500mm，纵筋为 6 Φ25；箍筋为双肢φ8@100；拉筋为 3 Φ14@200；腰筋为每侧 3 Φ25；混凝土强度 C30，保护层厚度 25mm，具体配筋信息如图 9-5 所示。

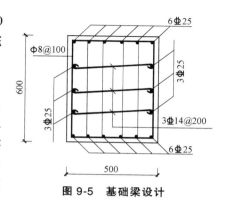

图 9-5 基础梁设计

9.2.2 试件制作

本试验按照 GB 50017—2017《钢结构设计标准》和 GB 50661—2011《钢结构焊接规范》的相关规定进行制作，为了操作的方便性及试件的准确性，考虑到试验场地的条件，整体结构的制作主要分为下部梁柱框架体系和上部屋架体系两部分，各部分先在工厂加工制作，然后在实验室现场拼装焊接。构件制作细节如图 9-6 所示，制作完成的部分节点示意图如图 9-7 所示。

a) b) c)

图 9-6 试件制作

a）斗 D1 b）驼峰 T c）斗 D7

9.2.3 相似关系

试验结构缩尺比取 1:2，即线长度相似系数取 1/2，其他相似系数通过量纲分析法确定。

为了反应试验的真实性，则需满足模型与原型结构质量与配重的相似关系，将实际结构中坡屋面均布面荷载根据相似关系进行计算，并分别等效换算为沿柱 Z1-1、Z3-1、Z3-2、Z2、Z1-2 顶部施加的竖向集中荷载。考虑到坡屋顶的特殊性及加载时的安全因素，通过在屋架上外悬挂混凝土块的方式对结构施加配重，混凝土块竖向作用中心沿着以上各柱的中轴线，由于拟动力试验的加载速度非常慢，因此忽略悬挂荷载的动力效应对结构抗震性能的影响；考虑到试验场地的实际情况，试件的线长度相似系数取为 1/2，其余结构动力相似关系通过量纲分析法确定，主要相似系数见表 9-2。

图 9-7　部分节点现场图

a）框架中节点　b）框架东侧边节点　c）框架西侧边节点　d）柱脚区域

表 9-2　动力相似关系

物理量	关系式	相似系数	物理量	关系式	相似系数
线长度 L	$S_L = L_m / L_p$	1/2	剪应力 τ	$S_\tau = S_E$	1
面积 A	$S_A = S_L^2$	1/4	剪力 V	$S_V = S_E S_L^2$	1/4
位移 x	$S_x = S_L^2$	1/2	线荷载 ω	$S_\omega = S_\sigma S_L$	1/2
地震作用 F	$S_F = S_E S_L^2$	1/4	集中荷载 P	$S_P = S_\sigma S_L^2$	1/4
时间 t	$S_t = [S_L S_\sigma / S_E]^{1/2}$	$1/\sqrt{2}$	反应加速度 α	$S_\alpha = S_E / S_\sigma$	1
竖向应力 σ	S_σ	1	输入加速度 S_{x_g}	$S_{x_g} = S_E / S_\sigma$	1
竖向应变 ε	$S_\varepsilon = S_\sigma / S_E$	1	质量 m	$S_m = S_\sigma S_L^2$	1/4
弹性模量 E	S_E	1	频率 f	$S_f = [S_E / (S_\sigma S_L)]^{1/2}$	$\sqrt{2}$

9.2.4　模型材料性能

　　各材性试验试件均从原试验构件中取样，符合 GB/T 2975—2018《钢及钢产品力学性能试验取样位置及试样制备》的相关规定，每种规格钢材试件均按照 1 组、每组 3 个的数量进行取样，以考虑试验可能发生的不可控因素。各规格钢材分别为：3mm 厚管材（屋架）、

6mm 厚管材（圆钢管）、5mm 厚板材（Z1-1U、Z1-2U 及其加劲肋）、10mm 厚板材（柱底加劲肋及底板）、3mm 厚板材（其余所有构件），钢材材性试样尺寸如图 9-8 所示。

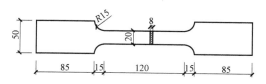

图 9-8 材性试件尺寸图

根据 GB/T 228.1—2010《金属材料 拉伸试验 第 1 部分：室温试验方法》对所使用的钢材进行单向拉伸试验，测量其力学特性，结果见表 9-3 所示。

表 9-3 钢材的材性

材料	板厚 t/mm	屈服强度 f_y/MPa	屈服应变 $\varepsilon_y/\times 10^{-6}$	抗拉强度 f_u/MPa	弹性模量 E_s/MPa	伸长率 $\delta(\%)$
板材	3	327.3	1544	476.8	2.12×10^5	21.1
	5	317.6	1557	390.7	2.04×10^5	20.8
	10	289.2	1530	407.1	1.89×10^5	27.8
管材	3	335.9	1592	502.4	2.11×10^5	25.6
	6	306.3	1612	362.6	1.90×10^5	25.6

可以发现，模型结构所用钢材的抗拉强度实测值与屈服强度实测值之比均大于 1.2，有明显的屈服台阶，且伸长率都大于 20%，满足 GB 50011—2010《建筑抗震设计规范》的要求。

9.3 试验方法和测试内容

9.3.1 试验方法原理

拟动力试验由计算机进行数值分析并控制加载，即给定地震波加速度时程记录，并输入结构的特征参数（质量、阻尼等），由计算机计算当前一步的非线性反应位移，同时测量结构对于该步位移的实际恢复力，并反馈给计算机，计算机再根据实测的恢复力和其他已知参数计算下一步的位移反应。以此重复，直至输入地震波的最后时刻。本试验采用等效单自由度的拟动力试验方法对传统风格建筑钢框架结构进行试验。弹性单自由度体系在地震作用下的运动微分方程为

$$m\ddot{x} + C\dot{x} + kx = -m\ddot{x}_g \tag{9-1}$$

而对于非弹性体系，结构恢复力和位移不呈线性关系，式（9-1）改写为

$$m\ddot{x}_i + C\dot{x}_i + F_i = -m\ddot{x}_{gi} \tag{9-2}$$

式中，m、C 分别为结构的质量矩阵、阻尼矩阵；F 为结构的恢复力向量；$\ddot{x}$、$\dot{x}$、x 分别为加速度、速度、位移向量；x_g 为地震动加速度。

求解采用中心差分法，即将上述的微分方程转化为差分的形式，当时间步长为 Δ_t 时，速度及加速度分别为

$$\dot{x}_i = \frac{x_{i+1} - x_{i-1}}{2\Delta_t} \tag{9-3}$$

$$\ddot{x}_i = \frac{x_{i+1} - 2x_i + x_{i-1}}{\Delta_t^2} \tag{9-4}$$

将差分关系式（9-3）、式（9-4）带入离散的运动微分方程（9-2），可求得 $i+1$ 点的位移见式（9-5）。

$$x_{i+1} = \frac{2mx_i + (c\Delta_t/2 - m)x_{i-1} - (F + m\ddot{x}_{gi})\Delta_t^2}{m + c\Delta_t/2} \tag{9-5}$$

具体拟动力试验原理如图 9-9 所示。

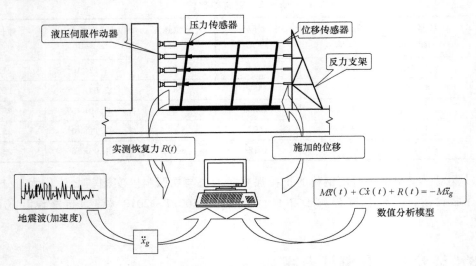

图 9-9　试验原理示意图

9.3.2　加载装置

试验在西安建筑科技大学结构工程与抗震教育部重点实验室进行，加载方法参考 JGJ/T 101—2015《建筑抗震试验规程》。试验模型的固定台座采用 7500mm×500mm×600mm（长×宽×高）的钢筋混凝土梁刚性底座，加载时通过钢压梁和地脚锚栓把地梁固定在地面上以保证地梁的稳固。考虑到加载的可操作性，在标高 2.420m 处布置一台 MTS 电液伺服作动器施加水平荷载，作动器最大水平荷载和位移量程分别为 500kN 和 ±250mm。试验数据由 TDS602 数据采集仪采集并记录。所采用的作动器最大水平荷载和位移量程分别为 500kN 和 ±250mm。为了防止试件平面外发生失稳现象，在大梁 L1 处每间隔 1m 布置一块方形侧板并点焊于试件表面，以保证试件在平面内的自由运动且不受滑轮损伤；平面外两侧由滑轮支撑加紧，以防面外失稳情况的发生，整体框架加载装置如图 9-10 所示。将模型的屋面设计荷载考虑相似比后换算成点荷载，分别在 Z1-1、Z3-1、Z3-2、Z2、Z1-2 柱构件顶部施加 7.8kN、13.4kN、9.4kN、7.1kN 和 5.6kN 的配重，配重在框架平面两侧均匀布置。试验前测得结构的初始刚度，随后施加水平地震动荷载进行拟动力试验。由于试件为单层平面框架，将结构质量和配重质量集中在作动器所在的层高位置处，得到了模型结构的质量，即 $M = 4863\text{kg}$。此外，根据建筑抗震设计规范的要求，钢结构多层建筑的阻尼比设为 $\zeta = 0.04$。

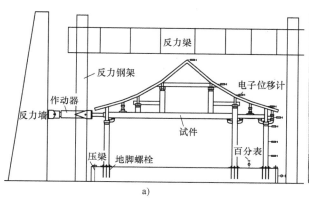

图 9-10　加载装置

a）示意图　b）现场加载图

9.3.3　加载制度

地震动三要素分别为有效加速度峰值、频谱特性和持续时间，地震动三要素是选择地震动加速度时程曲线的依据。并且抗震设计规范明确规定，在结构进行地震反应时程分析时，应选取不少于两组实际强震记录的地震波和一组人工模拟的地震波。

本试验模型的原型结构位于 8 度抗震设防烈度区，场地类别为 II 类。因此加载工况从 8 度多遇地震开始，依次经历 8 度设防地震和 8 度罕遇地震。为了反映真实结构的地震反应，选用地震波的卓越周期应尽量与结构所在场地的谱特征一致。因此，本次试验选用 El Centro 波、汶川波与兰州波中包含最大加速度的一段地震记录作为输入波进行试验，对该钢框架结构模型在 7 种工况下的抗震性能进行研究，所采用地震波的加速度幅值依据相似关系进行调整，以与我国抗震规范中各抗震烈度进行对照。

试验时首先吊装混凝土配重块以施加竖向荷载，而后施加微小水平弹性荷载，得到结构的初始刚度矩阵，并减小作动器与试件间的间距，之后紧固作动器与试件连接处。正式加载时采用逐级加载的方式分别输入 El Centro 波、兰州波和汶川波，以观察在不同地震波作用下结构的动力反应，当结构出现塑性特征后，仅输入汶川波进行试验。输入的地震波峰值加速度逐级增大，分别相当于 8 度多遇、8 度设防及 8 度罕遇烈度地震作用。本试验加载步长取为 0.0141s，加载步数为 1000 步，总持时 14.1s。加载工况见表 9-4，原始地震波形如图 9-11 所示。试验的钢框架特征周期 0.177s，加载时输入的 El Centro 波和汶川波的卓越周期分别为 0.48s 和 0.3s。

表 9-4　拟动力试验加载制度

工况	波形	峰值加速度/Gal	抗震设防烈度
1	El Centro 波	70	8 度多遇
2	兰州波	70	8 度多遇
3	汶川波	70	8 度多遇
4	El Centro 波	200	8 度设防
5	兰州波	200	8 度设防
6	汶川波	200	8 度设防
7	汶川波	400	8 度罕遇

注：1Gal = 0.01m/s²。

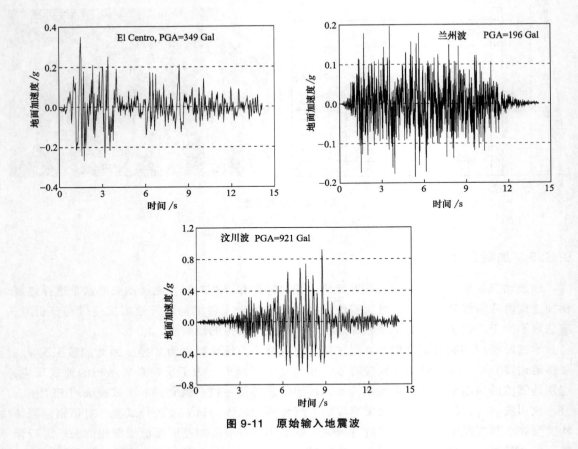

图 9-11　原始输入地震波

9.3.4　测试内容及方法

　　为了测量结构各高度处的位移反应，除了 L1 非加载侧端部布置 MTS 位移计外，在模型各层非加载侧端部放置 8 个电子位移计，以获取各高度处的水平侧移，了解其变形规律，试验加载及位移量测装置如图 9-12 所示。在地梁上设置压梁，压梁通过地脚螺栓与实验室地

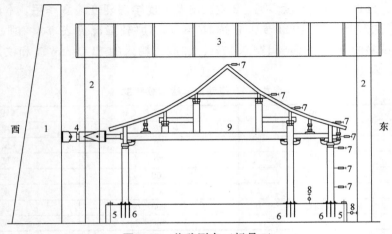

图 9-12　位移测点（标号 7）

面紧固。为量测试验加载过程中基础底座实际的水平及竖向微位移，在地梁端部布设电子百分表。整个试验过程由 MTS-973 电液伺服加载系统控制，数据由 TDS-602 数据采集仪自动量测并采集。

试验中共布置了 78 个应变片和 4 个应变花，应变片主要布置在框架柱柱脚，梁、柱变截面节点及斗栱上，以量测柱端、梁端、节点及斗栱钢材的应变，其中梁端的应变片主要布置在顶面和底面的中心线处，量测其应变以捕捉塑性铰的出现；柱端的应变片主要布置在东、西表面中心线，以考察钢柱在拉压状态下的受力变化情况，节点核心区布置应变花以量测节点区域的应力变化。应变测点如图 9-13 所示。

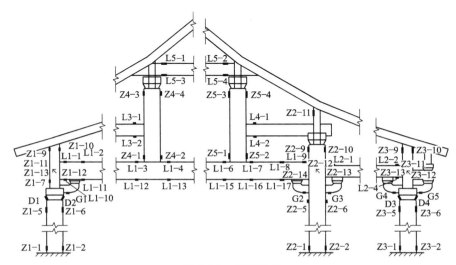

图 9-13　应变测点

9.4　试验结果及分析

9.4.1　试验过程及现象描述

定义作用力以由西向东推为正，由东向西拉为负；位移以向东侧移动为正向位移，以向西侧移动为负向位移。

当输入峰值加速度为 70Gal、200Gal 的地震波时，钢框架结构动力响应较小，没有宏观破坏现象发生，结构完全处于弹性阶段，承载力相对较高。

随后输入峰值加速度为 400Gal 的汶川波，模型结构仍没有出现明显的屈曲失稳和平面外变形的现象，当加载至 8.881s 时，结构正厅边柱 Z1-1 上的斗构件 D1 屈服。随后，栱构件 G2 屈服，此时结构的位移时程曲线与之前较小峰值加速度地震波的响应有些许偏

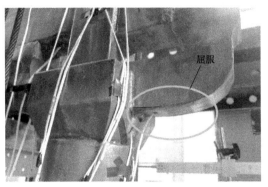

图 9-14　屈服现象

差，出现一定相位差。整体框架结构在 7.714s 的位移及荷载反应达到历史最大值，此时基底剪力为 60.93kN，大梁高度位移为 7.95mm。可以发现，当钢框架结构受到 8 度多遇地震波（峰值加速度 70Gal）的作用时，无损伤发生，满足"小震不坏"的抗震要求；在 8 度设防地震波以及 8 度罕遇地震波作用时，结构没有明显的宏观破坏，承载力较高，实现了我国抗震规范中"中震可修，大震不倒"的设防目标。在 400Gal 峰值加速度的地震波作用下，仅有个别特殊构件发生屈服（图 9-14），结构整体无明显破坏现象，说明该结构富余度较高，可以抵御该结构设计地区的地震作用，抗震性能优越。

9.4.2　加速度响应

图 9-15 所示是模型结构加载点楼层处在不同地震波下的加速度时程对比曲线。可以看出，在不同地震波作用下，模型加速度反应时程曲线基本与其加载的地震波形相一致，但结构反应加速度与原始波形并不是同时达到极值。El Centro 波、兰州波、汶川波三种波形各自的峰值加速度分别出现在 1.484s、3.514s 和 8.666s，当对结构施加 200Gal 的三种波形时，结构反应最大加速度分别出现在 1.778s、2.002s 和 7.798s。结构响应加速度峰值绝对值分别为 407.1Gal、311.8Gal 与 452.8Gal，与该结构频率最为接近的汶川波对此结构的动力响应最为明显，说明频谱特性对结构的加速度响应影响显著。

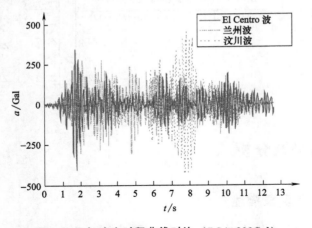

图 9-15　加速度时程曲线对比（PGA-200Gal）

图 9-16 所示是框架结构各加速度时程曲线图，在汶川波 70Gal、200Gal 两种输入加速度的作用下，结构处于弹性工作状态，其时程曲线与原波形变化趋势基本一致，但随着输入加速度峰值增大，在输入 400Gal 汶川波的加载后期，反应加速度时程曲线局部有较大的变化，表现在 8.76s 时反应加速度峰值有显著的增长，这种差异是因为在 400Gal 工况下，部分斗栱开始屈服，结构刚度改变导致结构自振频率的变化，从而对结构的加速度反应产生了影响。结构时程曲线各峰值点略滞后于原波波形各峰值点的出现时刻，即时程曲线由密变疏，这是由于结构局部已经达到屈服状态，结构刚度下降，频率也随之变化，从而影响了该结构响应加速度峰值出现的时刻。

试件的动力放大系数 β 为在地震作用下试件的最大反应加速度与输入地震加速度的比值。表 9-5 所示为钢框架模型在地震波作用下的动力放大系数变化。由表 9-5 可知，传统风格建筑钢框架的动力放大系数随输入加速度的增加而降低。究其原因，随着加载的进行，结构的刚度不断降低，个别构件发生屈服现象。在8度罕遇地震波作用下的动力放大系数只有初始状态的91%。

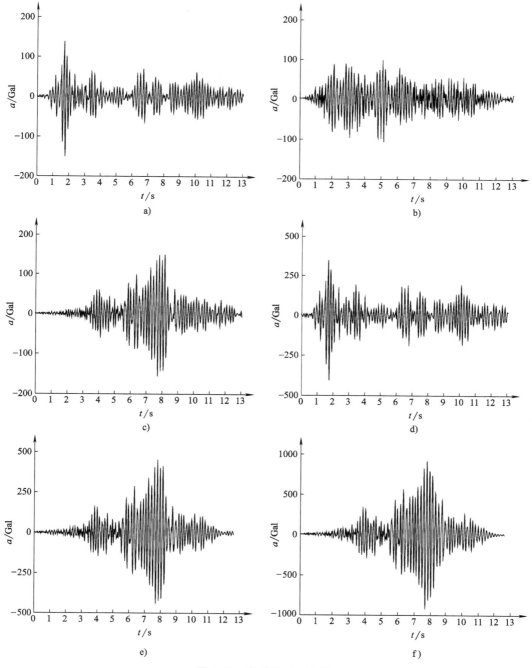

图 9-16 加速度时程曲线

a）EI Centro 波 70Gal　b）兰州波 70Gal　c）汶川波 70Gal　d）EI Centro 200Gal

e）汶川波 200Gal　f）汶川波 400Gal

表 9-5　试件的动力放大系数

工况	地震波	峰值加速度/Gal	动力放大系数 β
1	El Centro	70	2.15
2	兰州波	70	1.53
3	汶川波	70	2.23
4	El Centro	200	2.04
5	兰州波	200	1.40
6	汶川波	200	2.20
7	汶川波	400	2.02

9.4.3　位移响应

结构加载点层高大梁处的位移时程曲线如图 9-17 所示。从图中分析可得，当输入加速度较小时，整个模型的位移反应很小，不同地震波作用下结构的位移反应与原波趋势大致相同，随着地震波输入加速度的增大，结构的位移响应同时增大。当施加峰值加速度为 200Gal 的地震波时，结构位移响应从大到小依次为汶川波 3.795mm、EI Centro 波 3.041mm、兰州波 2.242mm。其原因为汶川波频率与结构自振频率最为接近，而兰州人工波频率与本结构的频率差别相对较大。对比汶川波在峰值加速度为 70Gal、200Gal、400Gal 时的位移反应时程曲线，可知模型结构在 70Gal 和 200Gal 工况下位移时程曲线的形态没有明显变化，只是幅值的增长。而在 400Gal 工况时，位移时程曲线在 8.75s 邻域时段内的位移正负向极值较 200Gal 时有明显的增长，具体表现为负向极值已接近整个时程曲线的峰值，正向极值已超越其左邻域 8.64s 处的极值，这种局部较大的差异是因为在加载 400Gal 汶川波过程中结构的损伤积累和个别斗栱构件屈服造成的。此外，模型结构最大位移响应出现时刻与原波输入加速度峰值时刻不完全一致。分析图 9-17 发现，400Gal 时结构响应峰值时刻出现滞后现象，表明随着地震波加速度峰值增大，结构发生损伤导致刚度变化，使得位移响应有明显变化。此外，在输入地震波小于 8 度罕遇烈度的情况下，分析屋架顶端和大梁侧端的位移可以发现，两者变化趋势完全一致，最大差值在 10% 之内，可将屋架结构结构近似视为刚体。

表 9-6 为结构模型的层间位移角变化情况，可以看出，在 8 度多遇地震波（峰值加速度 70Gal）作用下，结构最大层间位移角为 1/1907，满足 GB 50011—2010《建筑抗震设计规范》中关于多层钢结构弹性层间位移角限值 $[\theta_\mathrm{e}] = 1/250$ 的要求；在 8 度罕遇地震（峰值加速度 400Gal）作用下，结构位移为 7.95mm，相应位移角 1/305，可以满足规范中弹塑性层间位移角 1/50 的要求，说明本次试验传统风格建筑钢框架结构具有良好的变形能力，能满足"小震不坏"和"大震不倒"的设防要求。

正负向加载位移值不完全相同，这主要是由于结构的平面布置非完全对称造成的。此外，加载过程中开裂的母材在之后推拉的过程中张开与闭合，对正向及负向加载的位移有一定的影响。

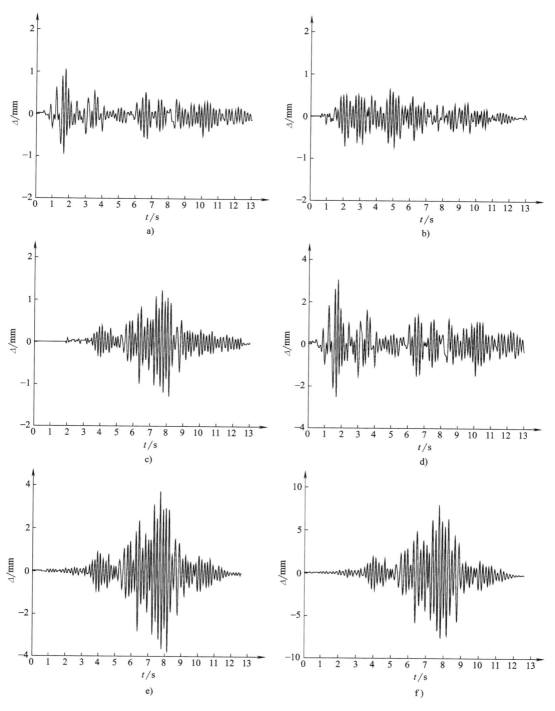

图 9-17　位移时程曲线

a）EI Centro 波 70Gal　b）兰州波 70Gal　c）汶川波 70Gal　d）EI Centro 波 200Gal

e）汶川波 200Gal　f）汶川波 400Gal

表 9-6　层间位移角

序号	加载工况	加载方向	层间位移/mm	层间位移角/rad
1	EI Centro 波 70Gal	正向	1.06	1/2285
		负向	0.94	1/2577
2	兰州波 70Gal	正向	0.66	1/3670
		负向	0.73	1/3318
3	汶川波 70Gal	正向	1.24	1/1953
		负向	1.27	1/1907
4	EI Centro 波 200Gal	正向	3.04	1/797
		负向	2.51	1/965
5	兰州波 200Gal	正向	1.94	1/1248
		负向	2.24	1/1081
6	汶川波 200Gal	正向	3.70	1/655
		负向	3.80	1/637
7	汶川波 400Gal	正向	7.95	1/305
		负向	7.63	1/317

9.4.4　滞回特性

在水平往复荷载的作用下，结构的荷载-位移响应体现出结构的滞回特性，它是结构抗震性能研究的核心问题，可以宏观的反应结构的韧性及耗能能力等力学特性，良好的恢复力特性是保证结构优秀抗震性能的前提。

图 9-18 所示是该框架在各工况下基底剪力-大梁位移的滞回曲线。

由图 9-18 可知，在相同加速度峰值不同地震波形的作用下（图 9-18d~f），结构的滞回曲线不完全相同，表明不同地震波的频谱特性对结构的地震反应影响较大，其中兰州波对结构造成的响应最小，而汶川波作用最为明显。此外，由于结构此时仍完全处于弹性状态，因此荷载-位移曲线的变化趋势仍呈直线上升。从总体上看，在峰值荷载为 70Gal 和 200Gal 的加载工况下，滞回曲线整体呈直线，当荷载降低为零时，结构没有残余变形，钢框架此时无明显的损伤发生，耗能较小。随着地震波输入峰值加速度的增大，钢框架的结构响应越发明显，滞回环包围的面积也逐渐增大，结构耗能逐渐增加。

在峰值加速度为 400Gal 的加载工况作用下，滞回曲线不能完全回到原点，产生一定的残余变形，结构进入弹塑性阶段，其原因是斗 D1、栱 G2 构件的屈服使结构耗能增加，但滞回曲线仍未出现明显的捏拢现象，说明结构在 8 度罕遇地震的作用下仍然有较大的刚度与承载力，安全储备较高。

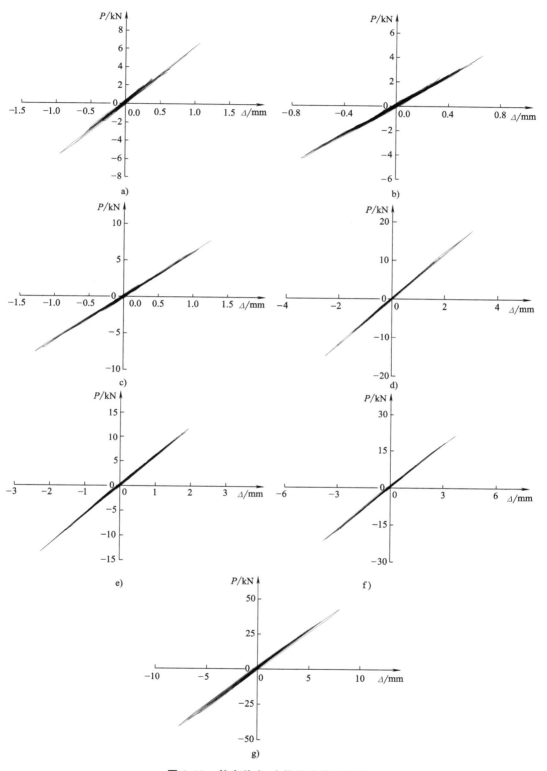

图 9-18 基底剪力-大梁位移滞回曲线

a) 工况 1 b) 工况 2 c) 工况 3 d) 工况 4 e) 工况 5 f) 工况 6 g) 工况 7

9.4.5 耗能分析

耗能是结构在地震波输入时吸收能量的能力，是评判结构在真实地震波作用下反应的量化参数，地震总输入能量包含结构的动能、阻尼耗能和滞回耗能等，拟动力试验的加载速度较慢，可以忽略阻尼耗能，因此地震输入能量主要以滞回耗能为主。累积滞回耗能采用如下式计算

$$W = \sum_{i=0}^{n} \frac{1}{2}(F_i + F_{i+1})(X_{i+1} - X_i) \tag{9-6}$$

式中，F_{i+1}、F_i 分别为第 $i+1$ 点与第 i 点的恢复力；X_{i+1}、X_i 分别为与其相对应的位移。图 9-19a 所示是结构在相同峰值加速度 200Gal 但不同类型地震波作用下的耗能对比，可以发现，施加相同峰值加速度的地震波，不同频谱特性的波形导致结构的耗能能力也不相同，说明结构耗能受加载波形的影响较大。

图 9-19b 所示为汶川波在输入峰值加速度为 70Gal、200Gal、400Gal 工况下的耗能情况。由图可知，随着输入地震波加速度幅值的增长，其耗能呈现非线性的增长。在 70Gal 和 200Gal 的工况下，模型结构基本处于弹性阶段，滞回能量以弹性变形能为主。在 400Gal 的工况下，模型结构局部开始屈服，模型结构进入弹塑性阶段，滞回耗能大幅增长。

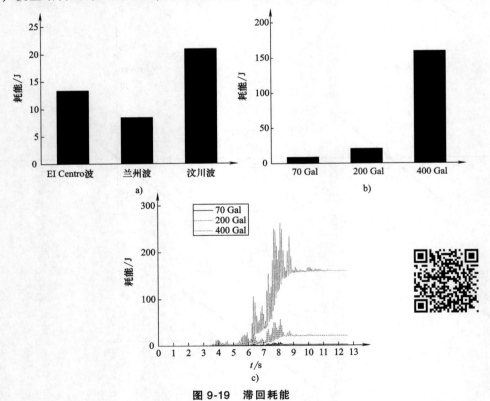

图 9-19　滞回耗能

a）不同地震波类型（PGA = 200Gal）　b）不同地震加速度下（汶川波）　c）时程曲线（汶川波）

模型结构在汶川波各个工况下的滞回耗能情况如图 9-19c 所示，在峰值加速度为 70Gal 和 200Gal 的地震波作用下，累积滞回耗能较小，此时可恢复的弹性应变能所占比例较大，

由于结构弹性应变能的增大与恢复过程交替进行，造成累积耗能时程曲线呈波浪形增加。随着输入地震波峰值加速度的增大，结构耗能逐渐上升，在 8 度罕遇地震波作用下，结构耗能为 8 度设防地震波作用时的 5 倍左右，说明耗能与加载地震波幅值的增量呈非线性增加。表明当地震作用相对较小时，结构耗能主要以弹性应变能为主，当结构由弹性转变为弹塑性状态时，结构的滞回耗能增加幅度较大。从试验现象看出，试验后结构焊缝并无开裂，说明本次试验设计的传统风格建筑钢框架结构可以抵抗 8 度罕遇地震作用。

9.4.6 应变分析

图 9-20 所示是传统风格建筑钢框架中节点处西侧栱 G2 构件的应变情况，从图中可以看出，构件应变随着加载地震波加速度峰值的增大而增大，在加速度峰值为 400Gal 地震波的作用下，G2 构件屈服。分析试验应变数据可得，加载结束时，梁端翼缘应变接近屈服，且始终大于钢管柱端应变，满足规范"强柱弱梁"的设计要求。

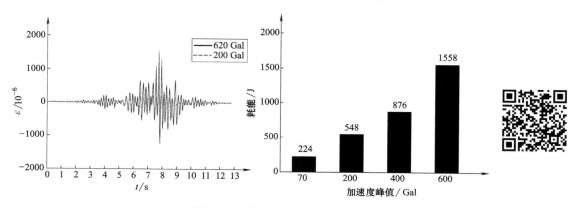

图 9-20 栱 G2 应变

9.4.7 强度与刚度

基于汶川波作用下的结构基底剪力-顶层位移曲线，将每级工况下正负方向的最大受力点连结可得到结构的骨架曲线，可以更直观的说明结构的承载能力，如图 9-21 所示。可以发现，随着输入地震波峰值加速度的增大，结构位移响应增大，结构承载力不断增强，在 8 度罕遇地震烈度（400Gal）地震波的作用下，骨架曲线仍未进入下降段，此时结构最大层间位移角达到 1/305，说明本试验的传统风格建筑钢框架结构具有较高的承载力和良好的抗倒塌能力，且安全储备较高。

刚度退化问题是关系该种结构抗震性能及其抗震计算的重要内容，对于加载地震波的拟动力试验，结构刚度取正负两个方向的平均刚度，即正负两个方向荷载绝对值最大值之和与相对应的两个方向位移绝对值之和的比值作为结构在不同工况下的结构刚度 K_i，由下式计算。

$$K_i = \frac{|+P_i| + |-P_i|}{|+\Delta_i| + |-\Delta_i|} \tag{9-7}$$

式中，P_i、Δ_i 分别为第 i 次加载时所达到的最大荷载及相应的位移。

表 9-7 列出了在不同工况下结构的刚度，图 9-22 所示为试验结构的刚度退化曲线。加载初期由于作动器与试件之间存在少许间隙，故工况 1 测出的结构刚度相比于工况 2 略微偏低，K_0 取试验初始阶段工况 2 测得的刚度，即 $K_0 = 6.129 \text{kN/mm}$。

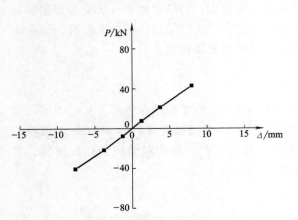

图 9-21　整体结构骨架曲线

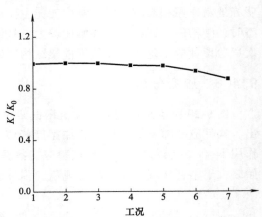

图 9-22　模型刚度退化规律

表 9-7　结构刚度

工况	基底剪力 P/kN	顶点位移 Δ/mm	结构刚度 $K/(\text{kN/mm})$	相对刚度 K/K_0	相对荷载 $P/P_{\max}$
1	6.108	1.002	6.096	0.995	0.102
2	4.260	0.695	6.129	1.000	0.071
3	7.683	1.257	6.112	0.997	0.128
4	16.682	2.776	6.009	0.980	0.278
5	12.536	2.093	5.989	0.977	0.209
6	21.462	3.746	5.729	0.935	0.358
7	41.742	7.790	5.358	0.874	0.696

分析图 9-22 和表 9-7 可以发现结构刚度的衰减规律，在工况 5 （200Gal 兰州波）之前，结构刚度基本没有变化，当作用 200Gal 和 400Gal 汶川波时，由于试件出现累积损伤现象，使得整体结构刚度退化加快，使结构基本周期增大，自振频率降低。当试验结束时，结构刚度仍达到初始刚度的 87.4%，这表明整体结构在 8 度罕遇地震作用后刚度仍然较大，满足设计要求，且安全储备较高。

■ 9.5　本章小结

本章通过一榀单跨单层典型传统风格建筑钢框架结构的拟动力试验研究，研究了该种特殊结构在真实地震波作用下的动力特性、滞回性能、变形性能及刚度退化趋势等，得到以下主要结论：

1）在输入低于 8 度罕遇地震波作用时，本试验的传统风格建筑钢框架结构处于弹性阶段，没有损伤发生；当施加 8 度罕遇地震波时，该结构的斗构件 D1 及栱构件 G2 屈服，未有其他宏观损伤发生，此时结构层间位移角满足规范弹塑性位移角限值要求，满足"小震不坏、大震不倒"的设防要求。

2）当输入峰值加速度为70Gal和200Gal的地震波时，结构累积滞回耗能较小；随着输入地震波峰值加速度的增大，模型损伤累积，耗能逐渐增大。本文研究的传统风格建筑钢框架结构在8度罕遇地震作用下仅有个别构件屈服，说明整体结构具有较高的承载力及安全储备。

3）模型结构的加速度与位移响应均随着输入地震波峰值加速度的增加而增大。在相同加速度峰值的不同地震波作用下，结构的加速度时程曲线、位移时程曲线均有较大差别，与该结构自振频率最为接近的汶川波对此结构的动力响应最为明显，说明频谱特性对结构的加速度响应影响显著。在400Gal的汶川波作用下，地震反应时程曲线局部有较大变化，这种差异是因为在加载400Gal汶川波过程中结构的损伤积累和部分斗栱构件屈服造成的。

4）模型未损伤时，初始等效黏滞阻尼系数较小，只有0.03左右；当输入相当于8度罕遇地震的地震波时，阻尼增长更快，结构有一些损伤开始发生，有一定的塑性变形发生，滞回曲线中出现不可恢复的塑性位移，最终阻尼系数达到0.078。

5）在峰值加速度为400Gal（相当于8度罕遇）的汶川波作用下，部分斗栱构件屈服，整体结构进入弹塑性阶段，模型结构的最大层间位移角为1/305，能够很好地满足抗震规范弹塑性层间位移角1/50的要求，该传统风格建筑钢框架结构具有较强的抗侧能力。

第10章

传统风格建筑钢框架结构低周往复加载试验研究

■ 10.1 引言

传统风格建筑体系独有的坡屋顶、圆柱、斗栱等构件使得其整体布置较为复杂，荷载传递路径及耗能机理并不明确，且我国现行规范尚未涉及此类结构的设计条文。目前，钢结构传统风格建筑的理论研究主要集中于节点及其连接部位，而对传统风格建筑钢框架整体结构详细抗震性能的研究与分析较少。由于缺乏理论支持与试验分析，在传统风格建筑钢框架结构的设计中，结构的可靠性难以得到保证，隐患较大。

结构的低周往复加载试验是研究结构或构件受力、变形等一系列抗震性能的最广泛的方法之一，又称拟静力试验。其通过荷载或位移控制的方式对试件进行往复循环加载直到结构破坏，其设备相对简易，便于全过程监测，可较大限度获得试件承载力、刚度、耗能能力等。此外，通过拟静力试验能够得到结构的恢复力特性。

为了深入研究传统风格建筑钢框架结构屈服后的破坏机制及力学特性，以位于抗震设防烈度8度区的某传统风格建筑钢框架结构为原型，按1：2缩尺比例制作了试验模型，对其进行了水平低周往复加载试验。观察了传统风格建筑钢框架结构的损伤过程及破坏形态，详细分析了该种结构的荷载-位移滞回曲线、骨架曲线、延性性能、耗能能力、刚度及强度退化趋势、应变特征等指标，以期为进一步探索钢框架结构抗震设计方法提供试验参考，为该种结构抗震性能的评价及震后的加固提供依据。

■ 10.2 试验概况

本试验原型具体尺寸、结构设计细节及位移量测点布置情况可参考本书第9章。

试验在西安建筑科技大学结构工程与抗震教育部重点实验室进行，试验装置如图10-1所示。试验加载分为两步完成，首先，在Z1-1、Z3-1、Z3-2、Z2、Z1-2柱构件顶部施加7.8kN、13.4kN、9.4kN、7.1kN和5.6kN的混凝土配重块，由于本实验为拟静力试验，加载速度非常慢，因此忽略悬挂荷载的动力效应对结构抗震性能的影响；第二步，检查各仪表均正常工作后，按照JGJ/T 101—2015《建筑抗震试验规程》的规定，采用力和位移联合控制的加载方式，模型结构屈服前采用水平力控制的加载方式，每级荷载增量约为10kN，每级往复循环1次，试件屈服后采用大梁端部位移控制的方式，以10mm的倍数逐级递增，每级荷载循环3次，直至荷载下降至极限荷载的 85% 左右，结束试验，加载制度如图 10-2 所示。试验前通过有限元模拟的方法得到应力相对较大的区域，并在这些区域粘贴应变片及应变花以记录其应变变化情况，试验中位移及应变数据均通过智能信号采集仪 TDS-602 自动采集。

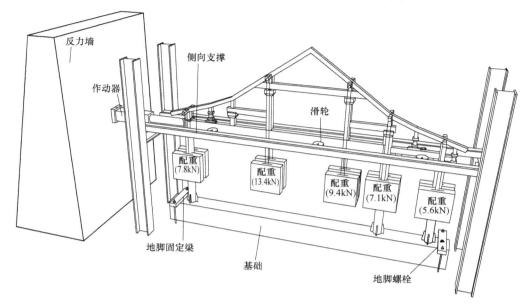

图 10-1　加载装置示意图

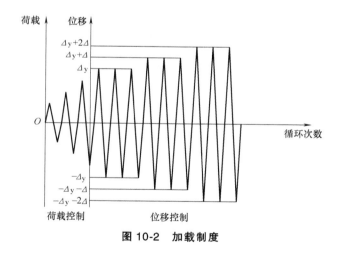

图 10-2　加载制度

10.3　试验结果与分析

10.3.1　破坏过程

试验中用电液伺服作动器施加往复荷载，为便于描述，规定加载方向以推为正，以拉为负。首先悬挂各混凝土配重块，作动器施加一初始很小位移，减小试件与作动器之间的空隙，之后紧固作动器螺栓，检测各仪表均正常工作后开始进入水平荷载加载阶段。

　　水平荷载加载前期采用力控制，试件各区域的应变均较小，试件水平荷载-位移关系基本呈线性变化，表明整体框架处于弹性工作阶段。当水平荷载达到+90kN时，柱Z1-2发出响声；水平荷载加至-90kN时，斗D1右下端最先屈服；荷载加至-100kN时，拱G2应变达到屈服应变；荷载加至±140kN时，试件发出一声剧烈响声，拱G5腹板与底部连接处开裂（图10-3a），拱G4上部西北角产生竖向裂纹。

　　随后加载方式改用位移控制。在位移为±55mm的循环加载中，拱G4西北角裂缝进一步加宽（图10-3b），上部多处开裂，翼缘与底部焊缝开裂约25mm（图10-3c），拱G3上部焊缝开裂并发生内凹变形，拱G2上部焊缝处母材轻微裂开；在位移为±65mm的循环加载中，拱G1上部边缘开裂，下部与斗D1连接处焊缝处锈皮剥落，拱G4上部裂缝贯通，拱G3底部发生平面外屈曲；在位移为±75mm的循环加载过程中，拱G3下部粘贴的应变片脱落，拱G2北面内凹明显，拱G3平面外屈曲，拱G1上部裂缝延伸至20mm，下部焊缝裂开，斗D1右下端内凹变形，拱G3上部东面裂纹贯通，梁L1右端下凸明显（图10-3d），Z1-2上柱产生200mm长竖向裂缝（图10-3e），梁L1与柱Z3-2的节点域发生外凸变形，梁L2下翼缘与柱Z1-2连接处焊缝裂开，上翼缘与柱Z2连接的焊缝裂开；在位移为±85mm的循环加载过程中，拱G1与斗D1连接处焊缝开裂明显，拱G5下部棱边开裂，拱G4上部完全断开，拱

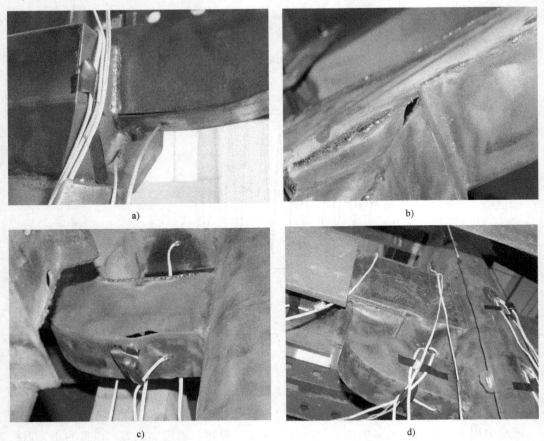

图 10-3　破坏模式

a）拱G5下部开裂　b）拱G4西北角裂纹　c）拱G4底部25mm裂纹　d）梁L1右端下凸

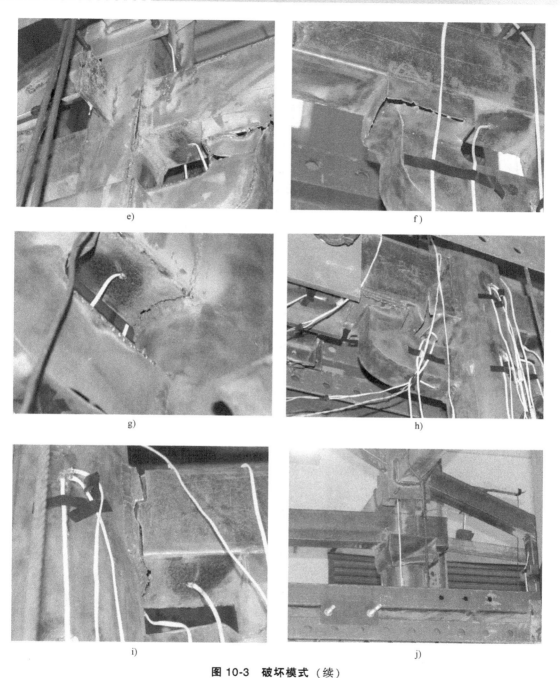

图 10-3 破坏模式 (续)

e) Z1-2 上柱竖向焊缝开裂 f) 拱 G4 上部断开 g) 梁 L2 下翼缘母材撕裂
h) 梁 L1 下翼缘断开 i) 梁 L5 左端完全断开 j) 斗 D2 剪切变形

G3 底面发生屈曲，柱 Z1 上柱底部与斗 D1 连接处外凸变形并出现 5mm 裂纹，梁 L2 左端发生平面外屈曲现象，上翼缘发生凹陷，右端与柱 Z1-2 连接处焊缝开裂，梁 L2 右端焊缝处母材撕裂（图 10-3f），梁 L1 右端腹板屈曲现象明显，梁 L1 右端处下翼缘裂纹贯通，腹板出现竖向裂缝；在位移为 ±105mm 的循环加载过程中，梁 L2 左端北面翼缘与底面产生竖向裂缝，右端腹板母材裂纹延伸至约 100mm，栱 G5 与斗 D3 焊缝处母材断开，栱 G3 底面内凹明显，梁 L2 左侧与柱 Z2 连接处裂缝延长且凹陷现象加剧，梁 L1 右端平面外屈曲严重且开裂明显；在位移为 ±115mm 的循环加载过程中，栱 G1 底面与斗 D1 连接处完全开裂且裂缝向上方延伸，斗 D2 东南角开裂，南面凹陷，东面外凸，梁 L2 左端下翼缘与柱 Z2 焊缝处母材完全断开（图 10-3g），梁 L1 右端下翼缘完全断开（图 10-3h），腹板凹陷明显，梁 L1 右端上翼缘外凸加剧，腹板凹陷加剧，梁 L2 与柱 Z1-2 北面连接处裂缝贯通且进一步延伸；在位移为 ±125mm 的循环加载过程中，斗 D2 东南角开裂严重，凹陷加剧，柱 Z1 上柱底西北角外凸并开裂，梁 L1 右侧梁端几乎完全断开，梁 L5 左端完全断开（图 10-3i），与梁 L2 连接处西北角竖向裂缝延伸至 200mm，梁 L1 右端下翼缘处裂缝贯穿且向上延伸，梁 L2 右端南面腹板裂缝贯通，最后，斗 D2 严重剪切变形（图 10-3j）。

10.3.2　破坏机制

根据试验过程现象，结合测得的应变数据，本试验的传统风格建筑钢框架的破坏特征如下。

1）无论是正向还是反向加载，试件首先在 D1 和 G2 应变片处达到屈服应变，最先出现塑性铰，表明在地震作用下，钢框架主厅的斗、栱构件起到第一道抗震防线的作用。

2）破坏主要集中在中柱与大梁交接截面和右柱与梁的连接区域，梁端塑性铰发展较为充分，梁 L1 右端上翼缘外凸，腹板与下翼缘撕裂，如图 10-4a 所示；梁 L2 左端、右端母材均被拉断（图 10-4b），主要由于斗、栱构件最先破坏后，梁端承担的弯矩增大；栱 G2 与栱 G3 均沿腹板与翼缘交接面开裂，栱 G4 沿水平方向撕裂断开（图 10-4c）；斗 D2 剪切变形明显，表明在水平荷载作用下，斗、栱构件的剪切作用明显，应在设计中增强其抗剪承载力。

3）加载端 Z1 上柱发生水平剪切破坏（图 10-4d）。主要因为加载端连接板刚度比柱 Z1 的 3mm 钢板刚度大，随着加载的进行，Z1-1 上柱承受的剪力过大引起破坏。

4）与柱 Z2 交接的屋架顶部母材发生撕裂现象，由于梁 L2 端部断开，局部结构体系发生变化，在加载后期位移较大时，竖向荷载对该点弯矩增加造成。

5）主梁端部塑性铰外移，L1 东侧端部破坏裂缝远离中柱 10cm 作用，这是由于斗栱对钢梁截面起到很好的加强作用，类似于钢结构中斜向支撑杆，使得塑性铰从柱表面外移，从而避免梁端焊缝发生脆性破坏。

6）建筑结构加载时塑性铰产生的顺序和位置将直接影响结构的破坏形态，从宏观破坏现象和应变数据可以看出该传统风格建筑的塑性铰情况，其塑性铰出现顺序如图 10-5b 所示。可以发现，在水平力的作用下，结构多道抗震防线形成。斗栱构件部位最先形成塑性铰，作为第一道抗震防线抵抗地震作用；随后，大梁梁端破坏，消耗大量地震能量，从而保护竖向构件及关键节点核心区不发生过度损伤，以防连续倒塌现象的发生。

7）试件最终破坏形态如图 10-5a 所示。相比于梁与斗栱构件，柱构件没有发生明显的破坏现象，柱底应变达到屈服应变的时间均晚于梁端，本试验的钢框架结构在水平荷载作用下表现为斗栱先破坏，其后梁端出铰，柱端最后出铰；在整个加载过程中，三根框架柱并没有发生显著破坏。在加载结束时，节点核心区尚未达到屈服；说明传统风格建筑钢框架能满足"强柱弱梁、强节点弱构件"的抗震设计要求。

图 10-4 试件破坏形态

a）L1 右端破坏 b）L2 左端拉断 c）G4 撕裂 d）柱 Z1-1 剪切破坏

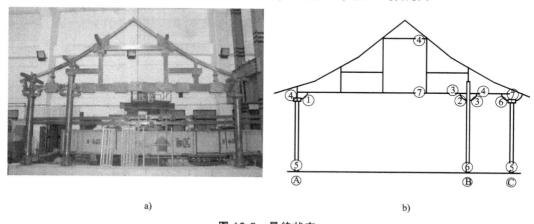

图 10-5 最终状态

a）破坏形态 b）塑性铰出现顺序

10.3.3 滞回曲线

滞回曲线主要由滞回环构成，它是结构抗震性能的综合体现，也是进行结构抗震弹塑性反应分析的基础。本次试验的试件滞回曲线如图 10-6 所示，图中 P，Δ 分别表示试件总水平荷载和大梁高度处结构水平位移。由图可知，本试验的传统风格建筑钢框架结构的滞回曲线有以下特征：

1）在加载初期阶段，滞回曲线基本沿直线循环，荷载和位移近似呈线性关系，刚度无明显变化，卸载时基本没有残余变形，结构处于弹性工作状态。

2）随着荷载的增加，主厅斗、栱构件逐渐屈服，滞回曲线斜率逐渐有所改变，包围面积不断增大，水平荷载卸为零时，框架已有一部分的残余变形，说明结构已进入非线性工作阶段。

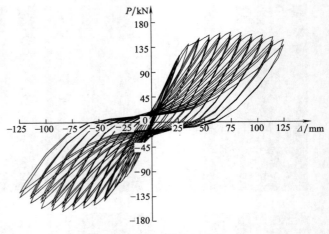

图 10-6　试件滞回曲线

3）框架屈服以后，在水平荷载作用下，栱构件腹板与下翼缘连接处逐渐开裂，上翼缘与小斗构件底面逐渐水平错动而撕裂，斗构件平面外屈曲变形，试件塑性变形程度加重，由于结构累积损伤的影响，试件的承载力和刚度不断退化，卸载至零再反向加载时，加载曲线指向前一次循环的最大变形点，滞回环体略成反 S 形，呈现一定的捏拢现象。随着加载的进行，梁端出现塑性铰，下翼缘外凸，腹板及翼缘处母材撕裂，梁端被拉断，断开处裂纹间隙加大，此时结构局部体系发生变化，随着加载的位移增大但荷载不会显著增加，滞回环捏拢现象加剧，环体呈 Z 形变化。此外，作动器是通过两块夹板与钢框架的柱端连接，由于往复加载钢框架柱端变形，作动器与试件会存在一定的缝隙，从而产生虚位移，抵消了部分作动器给框架施加的能量，从而降低了滞回曲线的饱满程度。

4）结合前期古建筑木结构柱架试验成果，可以发现，木柱架的滞回曲线均属于 Z 形，表现出很大的剪切变形及滑移影响的特征，这主要由于榫卯及斗栱各构件间受力时产生相对滑动，榫卯及斗栱接合处在力的作用下挤紧与张开；对比传统风格建筑框架与古建筑木结构在水平荷载作用下的力学特性发现，传统风格建筑的斗、栱构件连接处在水平力作用下相对错动并发生剪切变形，在加载后期，大梁梁端受力过大被拉断后与柱构件的空隙加大，结构体系局部发生变化，与常规钢框架结构的滞回曲线表现出一定的差异性。

10.3.4　骨架曲线

骨架曲线是由滞回曲线每级荷载第 1 次循环的峰值点连线而成的曲线，直接反映了结构在不同阶段的恢复力、位移、刚度及强度等力学特征，是衡量建筑结构抗震性能的重要指标。试件的骨架曲线如图 10-7 所示，从图中可

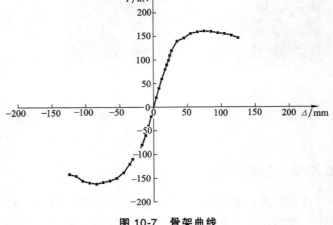

图 10-7　骨架曲线

以看出，传统风格建筑钢框架模型基本经历了弹性阶段、弹塑性阶段和破坏阶段，在弹性工作阶段，结构刚度基本保持不变；加载到屈服点后，斗、栱构件逐渐屈服，试件整体刚度逐渐降低；达到峰值荷载后，荷载逐渐降低，骨架曲线下降较为平缓，说明结构后期具有良好的变形能力，显示出良好的延性。试件正向与反向加载的骨架曲线不完全对称，这是因为钢框架存在正厅（大开间）及偏厅（小开间），结构形式不完全对称所致。

10.3.5 位移延性

延性是结构构件或截面从屈服开始到达最大承载能力或到达以后而承载能力还没有明显下降期间的变形能力，即屈服后的后期变形能力，它是衡量抗震性能的重要指标之一，延性越好，结构在地震作用中的变形能力越强。

通常用延性系数 μ 来表示，延性系数一般包括三类：位移延性系数 Δ_u/Δ_y、转角延性系数 θ_u/θ_y、曲率延性系数。本文采用位移延性系数 μ 来表示，由 $\mu = \Delta_u/\Delta_y$ 计算。由于在实际过程中试件加载得到的滞回曲线并非完全对称，因此需要考虑推拉两个方向的延性系数差异，计算时取两个方向的平均值。将试件各特征点、位移角及延性系数列于表 10-1。其中 P_y 为屈服弯矩，P_m 为峰值荷载，P_u 为破坏荷载（取峰值荷载下降到 85% 时对应的值），Δ_y、Δ_m、Δ_u 分别与 P_y、P_m、P_u 对应的位移值，θ_y、θ_m、θ_u 为对应的位移角，由 $\theta = \Delta/H$ 计算得到，H 为大梁高度处距柱底的高度。其中结构的屈服点根据实测框架的荷载-位移骨架曲线，由通用屈服弯矩法确定（图 10-8），具体方法为：过 O 点作直线与骨架曲线相切，交过峰值荷载点的水平线于点 B，过点 B 作垂线与骨架曲线相交于点 A，连接并延长 OA 直线与峰值荷载水平线相交于点 C，过点 C 作垂线与骨架曲线相交于点 E，交点 E 即为试件的等效屈服点。等效屈服点对应的荷载和位移即为试件的屈服荷载及屈服位移。

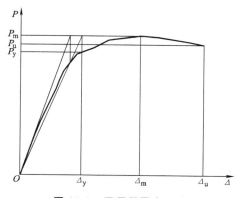

图 10-8 通用屈服弯矩法

在罕遇地震作用下，结构的弹塑性层间位移角应小于某一规定限值（钢结构框架结构为 1/50），以防止结构倒塌。由表 10-1 可知，在破坏荷载作用时，钢框架的大梁高度处最大水平位移 Δ_u 为 124.99mm，试件的整体极限位移角达 1/20，超过了规范规定的限值，说明本试验的传统风格建筑钢框架结构具有较强的抗倒塌能力。加载前期，结构正向位移角始终小于负向位移角，这主要和该框架结构的受力构件不对称布置和后期裂缝开裂形式有关。

表 10-1 主要试验结果

加载方向	屈服点			峰值点			破坏点			延性系数
	P_y/kN	Δ_y/mm	θ_y	P_m/kN	Δ_m/mm	θ_m	P_u/kN	Δ_u/mm	θ_u	μ
正向	142.24	38.32	1/66	161.55	75	1/34	147.14	124.99	1/20	3.26
负向	138.45	45.58	1/56	161.67	85	1/30	141.34	124.98	1/20	2.74

表 10-1 同时列出了钢框架的位移延性系数。由表中数据可知，试件整体的位移延性系

数在正负两个方向分别为 3.26 和 2.74。试件的延性系数相对常规钢框架结构偏小,究其原因,主要是随着加载的进行,斗、栱构件逐渐发生水平剪切破坏,梁端由于弯矩过大焊缝断裂或母材被拉断,结构承载力降低。

10.3.6　耗能能力

工程结构中,钢框架结构的耗能能力可采用 JGJ/T 101—2015《建筑抗震试验规程》规定的耗能值 W 和能量耗散系数 E 来评价。根据加载的不同阶段,试件在不同特征点处的耗能值 W 和能量耗散系数 E(见表 10-2),其中,耗能值 W 通过式(9-6)进行计算,能量耗散系数计算公式如下

$$E = \frac{S_{ABCD}}{S_{BOE} + S_{DOF}} \qquad (10\text{-}1)$$

式中,S_{ABCD} 为滞回环 $ABCD$ 所围的面积;$S_{BOE} + S_{DOF}$ 为滞回环正负峰值点与横坐标所围三角形面积之和,如图 10-9 所示。

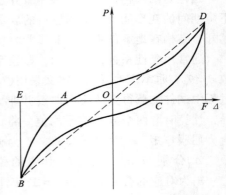

图 10-9　能量耗散系数计算方法

由表 10-2 中数据可知,随着加载的逐渐深入,结构所承受的荷载与位移值逐渐增大,试件滞回环所包围的面积逐渐增大,结构的总耗能量持续增加;而试件的能量耗散系数 E 呈现先增大后减小的趋势,在试件的承载力峰值点处 E 达到最大值,这是由于斗、栱构件及梁端的破坏均发生在峰值点附近,当梁 L1 及梁 L2 均发生端部母材拉断情况后,裂纹间隙加大,直至发生断裂现象,此时结构局部体系发生变化,结构承载力逐渐降低,耗能能力降低。

表 10-2　耗能能力

特征点	屈服点	峰值点	破坏点
耗能值/kN·mm	3204.02	6671.99	9281.36
能量耗散系数 E	0.49	0.58	0.53

10.3.7　承载力退化

试件进入塑性状态之后,在位移幅值不变的情况下,结构构件承载力会随反复加载次数的增加而降低,可用同级加载各次循环过程中承载力降低系数 λ_i 表示,称之为承载力退化系数,其中 i 表示位移加载时循环的级数。对于传统风格建筑钢框架结构,在水平往复荷载作用下,其损伤逐渐积累,塑性特征越发明显,承载力不断下降,且循环次数越多,承载力降低越明显。本节采用第 i 级荷载下第 3 次循环和第 1 次循环峰值荷载的比值 λ_i 来表征试件的承载力退化,即

$$\lambda_i = \frac{P_i^3}{P_i^1} \qquad (10\text{-}2)$$

式中,P_i^3 为第 i 级加载第 3 次循环的峰值荷载点;P_i^1 为第 i 级加载第 1 次循环的峰值荷载点。

表 10-3 给出了各试件在各级加载位移下的承载力退化系数。

表 10-3　承载力退化系数

	λ_1	λ_3	λ_5	λ_7	λ_9
正向	1.103	0.950	0.932	0.928	0.921
负向	0.956	0.935	0.915	0.891	0.890

从表中数据可以看出，试件在正负向退化趋势基本相同，在位移控制阶段前期，试件的同级加载承载力退化程度比加载末期的承载力退化程度明显，在 $\delta_y \sim 5\delta_y$ 的加载区间，正、负向的承载力分别退化了 15.5% 和 4.3%；在 $5\delta_y \sim 9\delta_y$ 的加载区间，承载力在正、负向分别只退化了 1.2% 和 2.7%。这是由于传统风格建筑钢框架的主要破坏（斗、拱剪切撕裂，梁端拉断）发生在位移控制阶段前期，而加载后期由于主要构件已基本破坏，结构体系损伤较重，当位移持续增大时，承载力下降并不明显。即使在试验结束时，试件承载力退化系数也接近 0.9，说明传统风格建筑钢框架结构的承载力稳定性很好，不会发生强度陡降的现象。

10.3.8　循环刚度退化

试件刚度取每次循环的正向或负向荷载与相应位移的割线比值。结构的刚度随着循环次数的增加而不断下降的现象称为循环刚度退化，是试件累积损伤的表现。本文采用结构总体等效割线刚度来衡量传统风格建筑钢框架结构的刚度退化程度，见式（10-3）。

$$K = \frac{|+P_i| + |-P_i|}{|+\Delta_i| + |-\Delta_i|} \tag{10-3}$$

式中，$+P_i$、$-P_i$ 分别为第 i 次循环加载推拉方向的最大荷载；$+\Delta_i$、$-\Delta_i$ 分别为第 i 次循环加载推拉方向最大荷载对应的位移。

图 10-10 所示为传统风格建筑钢框架结构的刚度退化规律图，从图可以看出：传统风格建筑钢框架结构的刚度在后期随着加载位移的增大而逐渐减小，造成钢框架刚度退化的主要原因是由于梁端、斗拱塑性铰区屈服后产生塑形变形和累积损伤，具体体现在钢材的屈服、塑性发展以及母材和焊缝的开裂等。

在加载的初始阶段，结构整体损伤较小，在循环荷载作用下结构刚度退化较慢，退化的原因主要为斗、拱构件的屈服。随着往复加载的不断进行，结构刚度在整体试件屈服后的初期退化较

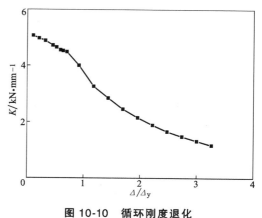

图 10-10　循环刚度退化

快，随着结构的损伤累积，塑性不断发展，当主要的构件均已破坏后，刚度衰减趋势变缓。

10.3.9　抗侧能力

结构抗侧能力依据 2.4.4 节中的割线刚度的方法进行衡量。传统风格建筑抗侧体系主要依靠框架柱的贡献，其初始刚度可以采用结构力学中的 D 值法进行计算。对单层传统风格建筑钢框架结构，可不考虑柱轴向变形及柱反弯点随高度的变化。柱侧移刚度按照以下方法进行计算

$$\alpha = \begin{cases} i_1/i_c & \text{边跨} \\ (i_1+i_2)/i_c & \text{中跨} \end{cases} \tag{10-4}$$

$$D = \frac{0.5+\alpha}{2+\alpha} \cdot \frac{12i_c}{h_c^2} \tag{10-5}$$

式中，α 为梁、柱线刚度之比；i_c 为框架柱对中性轴的截面惯性矩；i_1、i_2 分别为框架梁的截面惯性矩；h_c 为框架柱柱高。

确定各框架柱 D 值后，对各框架柱 D 值求和即得传统风格建筑钢框架结构的弹性层刚度 K_i。

将结构抗侧刚度计算值 K_c 与试验值 K_e 进行对比，结果见表 10-4。可以发现，计算值稍大于试验得到的刚度值，是因为结构在实际初始加载时，作动器与框架间存在些许空隙，导致试验得到的初始弹性刚度值略微偏小。

表 10-4　初始弹性层刚度实测值与计算值比较

侧移刚度	K_c			K_e	K_c/K_e
柱构件	Z1-1	Z2	Z1-2	—	—
	1.841	1.655	2.067		
整体结构	5.563			5.461	1.019

当结构加载至弹性位移角限值时，随着加载的进行，结构的刚度有所降低，当钢框架试件正向水平荷载为 22.66kN、负向水平荷载为 −24.39kN 时，实测框架正、负向结构位移角分别为 1/539 和 1/536，达到抗震规范规定的框架层间位移角的弹性限值，此时结构的抗侧刚度与初始弹性刚度相比有所衰减，正、负向分别衰减到初始弹性刚度的 95.4% 与 95.7%，两个方向的刚度退化程度基本一致，主要退化原因是斗、栱构件屈服。

随着荷载的增大，结构的刚度进一步退化。当结构明显屈服时，正向与负向水平荷载分别达到 142.24kN 和 138.45kN，实测结构正、负向层间位移角分别为 1/66 和 1/56，均值为 1/61，此时结构刚度平均衰减为初始刚度的 62.1%。由于此时斗栱构件的焊缝已经开裂，且母材水平撕裂，梁端局部翼缘发生轻微内凹变形，结构的正、负向破坏形态表现出一定的差异性，框架在两个方向的刚度退化程度有所不同，具体实测数据见表 10-5。

表 10-5　特征点处刚度退化

所处状态	θ_i		$K_i/(\text{kN/mm})$		θ_{et}		$K_{et}/(\text{kN/mm})$		K_i/K_{et}	
	正	负	正	负	正	负	正	负	正	负
弹性位移角限值	1/539	1/536	5.045	5.392	1/1224	1/1207	5.287	5.636	0.954	0.957
屈服荷载	1/66	1/56	3.712	3.038	1/1224	1/1207	5.287	5.636	0.702	0.539
峰值荷载	1/34	1/30	2.154	1.902	1/1224	1/1207	5.287	5.636	0.407	0.337
破坏荷载	1/20	1/20	1.177	1.131	1/1224	1/1207	5.287	5.636	0.223	0.201

注：K_{et}、θ_{et} 分别为结构初始刚度与初始弹性状态位移角，K_i、θ_i 分别为结构在不同状态时的刚度及位移角。

当结构进入塑性阶段后，钢框架的力-位移曲线斜率明显变化，刚度退化更加明显。正厅大梁梁端下翼缘母材裂缝贯通，上翼缘鼓曲明显，偏厅梁梁端与柱构件基本完全脱开，结构体系局部发生变化，钢框架的变形加大，协调变形能力减弱。当试件正向水平荷载达到 161.55kN、负向水平荷载达到 161.67kN 时，结构达到极限承载状态，实测钢框架的正、负向位移角变形分别达到 1/34 和 1/30，超过框架结构弹塑性位移角限值 1/50，表明结构抗侧能力较强。此时结构刚度进一步退化，只有初始刚度的 37.2%。

试验结束时，结构的刚度衰减至初始弹性刚度的 21.2%，此时结构的框架柱柱底屈服，东柱节点核心区屈服，偏厅梁梁端完全脱开中柱，母材撕裂严重，除钢框架东柱东侧栱构件尚未出现明显变形外，其余斗栱构件全部破坏；正、负向刚度退化程度基本一致，原因是偏厅梁裂缝的贯通导致结构主要受力构件的布置趋于对称；结构的塑性位移角达到 1/20，但此时结构承载力稳定性很好，表明传统风格建筑钢框架具有较强的抗侧及抗倒塌能力。

10.3.10　应变分析

传统风格建筑由于斗、栱等特殊构件的存在，在地震作用下，其受力机理与普通钢框架存在一定的差异。将试件的斗 D2、栱 G2、大梁梁端 L1-9、中柱底端 Z2-1、中柱节点核心区 Z2-12 位置处的水平荷载-应变曲线如图 10-11 所示。

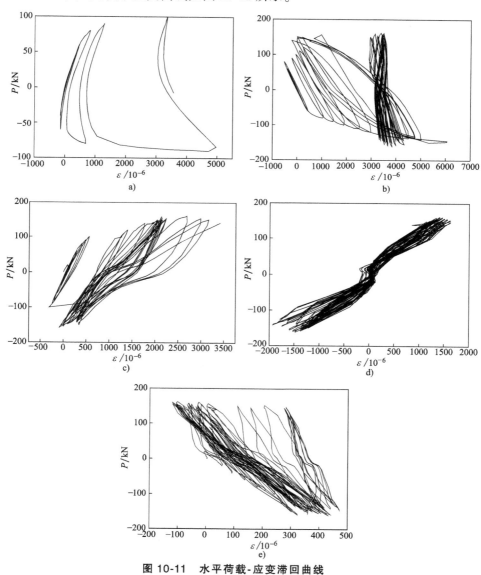

图 10-11　水平荷载-应变滞回曲线

a）D2　b）G2　c）L1-9　d）Z2-1　e）Z2-12

比较图 10-11a~e 可以发现，在加载初期，各构件荷载-应变曲线呈线性增长，表明此时整体结构及各构件仍处于弹性受力阶段；在 90kN 力加载时，斗构件应变突然增大并超过屈服荷载，后由于斗构件的变形过大，应变片发生脱落，导致图 10-11a 曲线的形成；同样，栱构件在试件达到屈服荷载前屈服；在水平荷载作用下，斗、栱构件充当传统风格建筑钢框架结构的第一道抗震防线，率先抵抗外力的冲击。在 45mm 位移控制前期，大梁梁端达到屈服应变；随着加载的继续，中柱柱端在峰值荷载附近达到屈服；而梁-柱节点核心区在加载结束时尚未屈服，仍处于弹性阶段。由此可得，传统风格建筑钢框架结构的各构件能够协同工作并形成多道抗震防线，且满足规范"强柱弱梁，强节点弱构件"的抗震要求，具有良好的抗震性能。

10.3.11 残余变形

在结构达到弹性极限前，卸除荷载后应力下降为零，应变也沿原来曲线下降到零，变形将完全恢复；当超过弹性极限点，卸除荷载后试件内仍保留一部分变形，即塑性变形或残余变形。本试验的传统风格建筑钢框架结构在循环荷载作用下，刚度逐渐退化，产生部分不可恢复的塑性变形，结构过大的塑性变形不仅会影响正常使用，水平力的 P-Δ 效应也会更加显著，当塑性变形增大至结构极限变形能力时，结构的倒塌概率显著增加。试件在每一次循环加载中的位移表示为 x_i，参照塑性力学理论，x_i 分解为两部分参量，即

$$x_i = x_{ei} + x_{pi}$$

(10-6)

式中，x_{ei} 为结构弹性变形；x_{pi} 为作用力卸载至 0 时的残余变形。

结构的弹性变形在卸载时可以恢复，其对结构的损伤影响忽略不计，钢框架模型的损伤积累主要原因是抗侧刚度下降而引起残余塑性变形的增加。分析试验数据可以发现，在结构位移控制加载阶段，同级循环荷载对结构残余变形影响并不明显，同一位移幅值下的三次循环，试件残余变形随荷载循环次数的增加基本没有变化，究其原因，在同一位移幅值下第 1 次循环加载，试件已经达到该级加载的最大位移，在余下两次循环加载中，试件刚度逐渐退化、强度逐渐降低，试件损伤耗散能量，所以残余变形不会明显的增大。随着加载的进行，位移加载幅值逐渐增大，试件损伤程度增大，刚度退化越来越显著，导致结构塑性变形不断增加。

■ 10.4 恢复力模型研究

恢复力特性的研究与结构动力响应的研究密切相关，是结构动力学研究的重要内容，只有采用准确的恢复力模型，才能得到结构较为真实的动力响应。近些年来，国外学者对各种结构类型在恢复力特性方面进行了大量的试验工作，提出了一系列的恢复力模型，如曲线型、双线型、三线型、四线带负刚度退化型等。目前，针对钢结构框架或构件，较为通用的为三折线恢复力模型。

基于前述对传统风格建筑钢框架结构受力过程、破坏形态及滞回曲线的分析，提出适合该种结构类型的骨架曲线模型，同时，对试验数据进行多元线性回归分析，得到传统风格建筑钢框架结构在各受力阶段的刚度退化规律表达式，从而建立适用该结构类型的恢复力模型，对比该恢复力模型与试验结果，分析了建议的三折线恢复力模型的精确程度。

10.4.1　骨架曲线建议模型

当施加给传统风格建筑钢框架结构的荷载发生变化时，结构的承载力及位移变形情况也将发生变化，为了将恢复力模型的研究成果推广使用统一的公式图形表示，因此将本试验所得的骨架曲线进行无量纲化，即分别采用 $P/|P_m|$、$\Delta/|\Delta_m|$ 为纵坐标与横坐标，其中 P_m、Δ_m 分别表示试验测得的结构承受的最大荷载与其相对应的位移。

分析试验得到的骨架曲线可以发现，传统风格建筑钢框架模型加载时呈现出明显的 3 个阶段，因此我们将无量纲化的骨架曲线简化为三折线模型，如图 10-12 所示，其中，控制点 A、D 分别代表结构在正负向荷载作用下的屈服点，由能量等值法确定；控制点 B、E 分别代表正负向加载时结构的承载力峰值点；控制点 C、F 表示结构的加载失效点，此时钢框架结构已不能继续承受往复荷载。各特征点数值示见表10-6，对三折线模型的各加载阶段数据进行拟合并得到其回归方程及斜率，见表10-7。

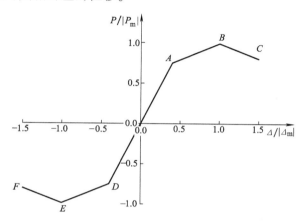

图 10-12　骨架曲线建议模型

表 10-6　控制特征点

特征点	正向			负向		
	A	B	C	D	E	F
$P/|P_m|$	0.901	0.999	0.910	-0.866	-1.000	-0.874
$\Delta/|\Delta_m|$	0.464	0.882	1.470	-0.552	-1.000	-1.470

表 10-7　骨架曲线模型回归方程

区段	回归方程	斜率
OA	$P/|P_m| = 1.9432\,\Delta/|\Delta_m|$	1.9432
AB	$P/|P_m| = 0.2353\,\Delta/|\Delta_m| + 0.7917$	0.2353
BC	$P/|P_m| = -0.1516\,\Delta/|\Delta_m| + 1.1330$	-0.1516
DO	$P/|P_m| = 1.5682\,\Delta/|\Delta_m|$	1.5682
ED	$P/|P_m| = 0.2996\,\Delta/|\Delta_m| - 0.7005$	0.2996
FE	$P/|P_m| = -0.2674\,\Delta/|\Delta_m| - 1.2674$	-0.2674

将试验实测数据点与骨架曲线模型同时绘制于图 10-13 中，可以看出，本文所提出的传统风格建筑钢框架结构三折线建议模型与试验结果吻合较好，说明三折线模型可以较好地反映该种结构在水平荷载作用下荷载与位移的变化情况。

10.4.2　刚度退化规律

通过对试验数据的统计回归分析，可得到传统风格建筑钢框架结构的刚度退化规律。本

文中 K_1、K_2、K_3、K_4 分别表示滞回环的正向卸载刚度、负向加载刚度、负向卸载刚度及正向加载刚度。在加载初始阶段，对前期试验数据进行线性拟合得到正向及负向初始加载刚度 K_0^+ 和 K_0^-。

1. 正向卸载刚度 K_1

将试验所得的正向卸载点 1 与荷载降为零的数据点连接，得到的线段为正向卸载线，其斜率即为正向卸载刚度 K_1。通过回归分析即可得到 K_1/K_0^+ 与 Δ_1/Δ_m^+ 的关系曲线，如图 10-14a 所示；正向卸载刚度方程如下式所示

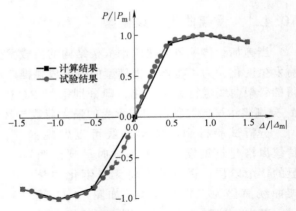

图 10-13 骨架曲线计算模型与试验结果对比

$$K_1/K_0^+ = 0.3566 + 1.0644 \cdot \exp(-1.1821\,\Delta_1/\Delta_m^+) \tag{10-7}$$

式中，Δ_1 为正向卸载点 1 对应的位移；Δ_m^+ 为正向加载时的峰值位移。

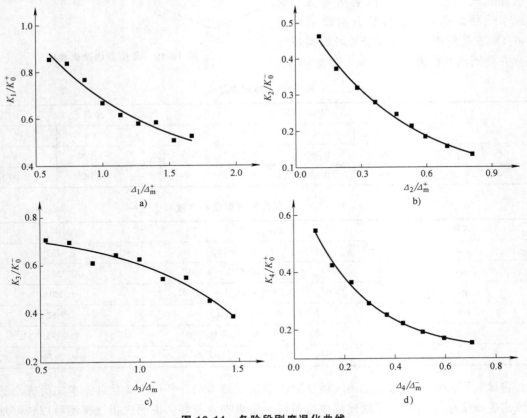

图 10-14 各阶段刚度退化曲线
a）正向卸载 b）负向加载 c）负向卸载 d）正向加载

2. 负向加载刚度 K_2

将试验所得的正向荷载降为零的点 2 与加载至负向峰值荷载点之间的数据点连接，得到

的线段为负向加载线，拟合得到其斜率即为 K_2。通过回归分析即可得到 K_2/K_0^- 与 Δ_2/Δ_m^+ 的关系曲线，如图 10-14b 所示；负向加载刚度方程如下式所示

$$K_2/K_0^- = 0.0554 + 0.5082 \cdot \exp(-2.2655\,\Delta_2/\Delta_m^+) \qquad (10\text{-}8)$$

式中，Δ_2 为负向加载点 2 对应的位移。

3. 负向卸载刚度 K_3

将试验所得的负向卸载点 3 与荷载卸为零的数据点连接，得到的线段为负向卸载线，拟合得到其斜率即为负向卸载刚度 K_3。通过回归分析即可得到 K_3/K_0^- 与 Δ_3/Δ_m^- 的关系曲线，如图 10-14c 所示；负向卸载刚度 K_3 退化曲线方程如下式所示

$$K_3/K_0^- = 0.7657 - 0.0267 \cdot \exp(1.8021\,\Delta_3/\Delta_m^-) \qquad (10\text{-}9)$$

式中，Δ_3 为负向卸载时点 3 对应的位移，Δ_m^- 为负向加载时的峰值位移。

4. 正向加载刚度 K_4

将同一加载循环下负向荷载卸为零的数据点 4 与正向峰值荷载点连接，得到的线段为正向加载线，拟合得到其斜率即为 K_4。通过回归分析即可得到 K_4/K_0^+ 与 Δ_4/Δ_m^- 的关系曲线，如图 10-14d 所示；正向加载刚度 K_4 退化曲线方程如下式所示

$$K_4/K_0^+ = 0.1228 - 0.6036 \cdot \exp(-4.2355\,\Delta_4/\Delta_m^-) \qquad (10\text{-}10)$$

式中，Δ_4 为负向卸载后的残余位移。

10.4.3 恢复力模型的确定

根据低周往复试验得到的传统风格建筑钢框架结构骨架曲线模型、滞回曲线变化规律及各阶段刚度退化规律，最终建立适用于该种结构类型的三折线恢复力模型，其滞回规则如图 10-15 所示。该模型可以反映出传统风格建筑钢框架结构次要构件屈服阶段、主要构件破坏阶段以及整体结构失效阶段的受力特征，同时可以将结构的刚度随加载进程深入而不断退化的规律反映出来。

传统风格建筑钢框架结构三折线恢复力模型具体滞回规则可描述如下：

1）在加载过程中，当结构未屈服时，处于弹性状态，正、负向加载分别沿着直线 OA 和 OD 段变化，卸载时仍沿着骨架曲线弹性阶段进行，正、负向卸载刚度分别与初始加载刚度 K_0^+、K_0^- 一致。

2）当结构达到屈服强度但未达到极限强度时，由于框架刚度退化，在点 1 处卸载后路径将沿 1—2 段进

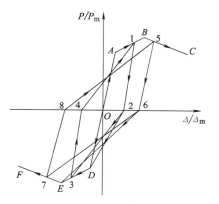

图 10-15　恢复力模型滞回规则

行，1—2 线段为该圈滞回环的正向卸载线。当从点 2 开始负向加载时，若结构负向尚未屈服，则加载路线指向负向屈服点 D，即负向加载线为 2—D；若结构负向已经屈服，则加载路径指向上级加载时的最大位移点 3，此时负向加载线为 2—3。在反向 D—E 段卸载时，卸载路线由点 3 按照负向卸载刚度 K_3 指向点 4，3—4 线段即为负向卸载线。继续正向加载时，若所加荷载大于结构极限承载能力，则加载路径为 4—1—5，4—1 线段斜率即为正向加载刚度 K_4。

3）当加载至点 5 再卸载时，卸载路线为 5—6。随后负向加载时，若负向仍未达到峰值

荷载，则加载路线指向峰值点 E，即按照 6—E—F 的路线进行；若负向已经达到峰值荷载，则加载路线指向上级加载的最大位移点 7，沿着 6—7—F 的路线进行。若在负向 EF 段卸载并正向加载时，将按照 7—8—5—C 的路线继续进行。

10.4.4 滞回曲线对比

为了解传统风格建筑钢框架结构的抗震性能，课题组对该种结构的一榀框架进行了低周往复加载试验，将试验得到的滞回曲线与三折线恢复力模型计算结果进行对比，如图 10-16 所示，从图中可以看出，本章确定的三折线恢复力模型曲线与试验滞回曲线趋势相同，吻合程度较高，表明该恢复力模型能够较好地反映传统风格建筑钢框架结构的滞回性能，为该种结构在地震作用下的弹塑性动力分析奠定了基础。

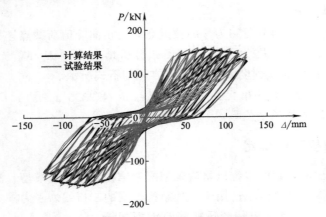

图 10-16　恢复力曲线模型与试验结果对比

10.5　本章小结

本章节通过对传统风格建筑钢框架的拟静力试验数据的分析和处理后，研究传统风格建筑钢框架结构的抗震性能，观测了其破坏过程，得到了模型的荷载-位移滞回曲线及骨架曲线，系统地分析了其滞回性能、延性、耗能情况、强度退化、刚度退化等抗震性能的变化规律，得到以下主要结论：

1）在水平荷载作用下，传统风格建筑钢框架结构的斗、栱构件最先屈服，并沿腹板与翼缘交接处撕裂破坏；随着加载的继续，梁端塑性铰发展充分，大梁端部母材最终被拉断，破坏机制属于梁铰机制。传统风格建筑钢框架结构的各结构构件能够协同工作并形成多道抗震防线，满足规范"强柱弱梁，强节点弱构件"的抗震要求，具有良好的抗震性能。

2）传统风格建筑钢框架结构滞回曲线呈 Z 形变化，主要由于在水平荷载作用下，斗、栱构件连接处相对错动并发生剪切变形，大梁梁端拉断后与柱构件之间空隙加大，结构体系局部发生变化，随着加载的位移增大但荷载不会显著增加，因此滞回环捏拢现象加剧，与常规钢框架结构的滞回曲线有一定的差异性。

3）结构在整个拟静力试验过程中，保持较高的承载能力和较强的变形能力。模型结构破坏时的极限整体位移角达到 1/20，表现出良好的抗倒塌能力。在试验结束时，试件承载力退化系数接近0.9，说明传统风格建筑钢框架结构的承载力稳定性良好，不会发生强度陡降的现象。

4）结构的总耗能量随着加载的进行而增大，模型结构的主要构件（斗、栱、梁等）在整体框架达到峰值荷载前期均发生明显破坏，耗能系数呈现先增大后减小的趋势。

5）当结构正、负向位移角均值为1/537时，结构的抗侧刚度为初始刚度的95.6%；随着荷载的增大，当正负向位移角均值达到1/61时，结构明显屈服，抗侧刚度为初始刚度的67.1%；当正负向位移角均值达到1/32时，钢框架承载力达到峰值，此时刚度衰减至初始刚度的37.2%；最后当结构位移角增大至1/20时，结构破坏，抗侧刚度下降至初始弹性刚度的21.2%。

6）随着加载位移的增大，结构的损伤逐渐累积，塑性变形程度加重，抗侧刚度退化，退化速度由快到慢；在同级循环荷载作用下，刚度的降低程度随着循环次数的增加而增大，但同级循环荷载对结构残余变形影响并不明显。

7）提出了适合传统风格建筑钢框架结构的骨架曲线模型，同时，对试验数据进行多元线性回归分析，得到传统风格建筑钢框架结构在各受力阶段的刚度退化规律表达式，建立了适用该结构的恢复力模型，能够较好地反映传统风格建筑钢框架结构的滞回性能。

第11章

传统风格建筑钢结构体系基于
位移的抗震设计

■ 11.1 概述

传统风格建筑钢结构体系由于其所赋予的历史价值和地域文化原因，已经成为我国城市发展与建设中的一种特殊表现形式，在各大城市及主要景点应用很广。因其重要程度较高，且内部含有国宝级文物，仅仅防止其在罕遇地震作用下不倒塌已经不能满足要求，如何最大程度的保护传统风格建筑，避免其在不同地震作用下结构丧失正常功能，已成为学者关注的热点问题。由于传统上基于承载力的设计方法具有很大的局限性，因此开展关于该种结构基于性能的抗震设计方法研究是推广应用传统风格建筑的基础。

本章针对传统风格建筑钢结构框架建筑的特点，对其在不同性能水准下的性能指标进行了具体量化，提出传统风格建筑钢结构体系直接基于位移的详细抗震设计方法步骤，并通过具体算例采用该方法对传统风格建筑空间钢框架进行了设计及校核。

11.1.1 基于性能的抗震设计方法

各国现行的抗震规范一般均采用基于力的抗震设计方法，该方法根据建筑物质量和刚度，计算结构弹性自振周期，并由弹性加速度反应谱确定结构的最大加速度和相应的水平地震作用。用弹性理论计算机构在设计地震力作用下的内力和位移并进行层间弹性位移验算。然而，基于力的设计是根据结构初始设定刚度计算周期和地震力的，但实际上，随着非弹性变形的出现，结构刚度发生了明显的变化。同时，基于力的方法对同一结构所有构件和材料采用相同的地震力折减系数，这与大多数实际情况是不符的。因此，随着土木计算理论的发展，单纯强调结构在地震作用下不发生倒塌已经不适用现代结构的抗震需求。美国与日本学者率先提出基于性能的抗震设计（Performance-Based Seismic Design，PBSD）思想，美国应用技术委员会 ATC-33 最先将基于位移的设计思想引入结构的加固改造；美国国家地震减灾项目 NEHRP 出版了 FEMA273/274；ATC-40 和加州结构工程师协会 SEAOC2000 都将基于位移的抗震设计方法列为正式条款；我国在 2004 年颁布了 CECS160—2004《建筑工程抗震性态设计通则（试用）》。

我国 GB 50011—2010《建筑抗震设计规范》中也列出了建筑抗震性能设计的相关条文，这是我国首次将性能设计的相关内容列入国家规范中，说明基于性能的抗震设计已经成为传统基于力的性能设计之外的又一重要方法。

基于性能抗震设计思想就是要求结构在给定不同强度的地震作用下，结构性能指标（包括力、位移、速度、应变、能量、损伤等）的需求值和结构的能力值达到一定的要求。由于单独采用力的指标无法全面的反映结构的破坏性能和实际状态，而结构在各阶段的抗震性能和变形指标具有良好的相关性，因此采用位移作为性能指标是实现结构性能设计较为合理的方法。

11.1.2　直接基于位移的抗震设计

　　基于位移的设计方法是采用位移指标对结构的破坏情况进行描述，大致包括直接基于位移的设计方法、基于变形能力计算的方法、基于变形校核的设计方法等。其中，直接基于位移的抗震设计方法由国外学者 Kowalsky 和 Priestley 等学者提出，操作简单且直观，能够较好地实现基于性能的抗震设计思想。

　　简而言之，直接基于位移的抗震设计方法（Direct Displacement-Based Seismic Design）就是给结构预定一个变形形状，使结构在给定的地震水准下实现规定的变形状态，即采用最大位移处的割线刚度和最大反映出的等效黏滞阻尼，以初始设定的目标位移为根据确定所需要的基底剪力，对结构进行刚度和强度设计，使结构能在设计地震水准下达到目标位移所需的刚度和强度，最后使其有能力实现目标位移，设计者可以较好地控制结构的破坏情况。

■ 11.2　传统风格建筑钢框架性能水准及性能目标

11.2.1　地震设防水准

　　地震设防水准是未来可能作用于建筑场地的地震作用的大小，从概率上来讲，是指结构物在特定场地在一段时期内可能遭受到的最大地震影响破坏，它直接关系到结构物的安全性，也即地震安全性。由于技术与经济的原因，世界各国对地震设防水准的规定并不完全相同。我国采用"两阶段、三水准"的抗震设防目标，三水准包括"小震不坏、中震可修、大震不倒"的性能水平，分别对应多遇地震、设防地震和罕遇地震；美国不同机构对设防标准划分也不一致，如美国联邦紧急救援署（FEMA）和加州结构工程师协会（SEAOC）分别地震设防设为四标准，但各标准的超越概率不同，而美国应用技术委员会（ATC）则将其划分为对应服役地震、设计地震和最大地震的三标准；而欧洲由于地震活动相对较少，只将地震设防划分为两水准。表 11-1～表 11-3 依次列出了美国相关机构、欧洲规范和我国抗震规范中建议的地震设防水准的设定标准。考虑到我国实际，本文继续沿用我国"多遇地震、设防地震、罕遇地震"的三级地震设防水准。

表 11-1　美国地震设防水准

四级地震作用水平	FEMA		SEAOC		三级地震作用水平	ATC	
	超越概率	重现期（年）	超越概率	重现期（年）		超越概率	重现期（年）
常遇地震	50 年 50%	72	30 年 50%	43	服役地震	50 年 50%	75
偶遇地震	50 年 20%	225	50 年 50%	72	设计地震	50 年 10%	475
稀遇地震	50 年 10%	475	50 年 10%	475	最大地震	50 年 5%	950
罕遇地震	50 年 2%	2475	100 年 10%	970	/	/	/

表 11-2 欧洲规范采用的地震设防标准

结构可靠性	超越概率	重现期
损伤可控水准	10 年 10%	95
无倒塌水准	50 年 10%	475

表 11-3 中国规范采用的地震设防标准

地震设防水准	50 年超越概率	重现期
多遇烈度地震	63.2%	50
设防烈度地震	10%	475
罕遇烈度地震	2%~3%	1642-2475

11.2.2 性能水准划分

建筑性能水准，包括结构性能和非结构构件的性能水准，是指建筑物在给定的地面运动作用下的损伤破坏程度。非结构构件包括装饰构件、隔墙、顶棚、屋内设备等。由于不同传统风格建筑的非结构构件相差较大，本文着重探讨建筑结构的性能水准。

表 11-4 结构性能水准划分

规 范	性能水准				
FEMA-356	正常使用	立即入住	生命安全	防止倒塌	/
SEAOC	完全使用	正常使用	生命安全	接近倒塌	/
ATC-40	正常使用	立即居住	生命安全	接近倒塌	/
CECS-160	充分运行	运行	基本运行	生命安全	接近倒塌

表 11-4 为美国联邦紧急救援署、加州结构工程师协会、应用技术委员会以及我国 CECS 160—2004《建筑工程抗震形态设计通则（试用）》中提出的性能水准划分要求。

根据前述各规范及通则中对结构性能水准的划分等级要求，并考虑到传统风格建筑主要应用于公共建筑，且投资较大，震后损失较大的具体情况，将传统风格建筑钢结构体系划分为四个等级，分别为正常运行、基本运行、修复后运行和生命安全，分别对应完好、轻微损坏、中等破坏、严重破坏的破坏情况。结合课题组的试验资料，具体性能描述见表 11-5。

表 11-5 传统风格建筑钢结构体系性能水平描述

性能水平	破坏形态及性能描述	破坏程度
正常运行（①）	结构各构件均完好，无任何宏观破坏现象的发生，使用功能不受任何影响	完好
基本运行（②）	结构主体框架梁、柱仍处于弹性阶段，斗、栱构件发生一定程度的破坏，整体结构进入屈服状态，对使用功能的影响不大	轻微损坏
修复后运行（③）	结构多数斗、栱构件已经完全破坏（母材发生断裂），框架梁梁端有一定程度损伤，此时结构承载力处于峰值状态，局部使用功能丧失	中等破坏
生命安全（④）	结构框架梁端发生撕裂破坏，框架梁已脱离与框架柱连接的节点核心区，结构已处于倒塌状态边缘，不能继续使用	严重破坏

11.2.3 性能目标量化

确定传统风格建筑钢结构体系的抗震设防性能目标及在不同水准下的容许变形值是性能

设计的基础。结构的性能水准可以由性能目标进行量化，我国抗震规范规定性能目标不能低于"小震不坏、中震可修、大震不倒"的基本设防目标。本文参考高层规范中提出的性能目标，建立传统风格建筑钢结构体系的性能目标见表11-6。

表11-6 传统风格建筑钢结构体系的抗震性能目标

地震水准	性 能 目 标			
	最高目标 A	较高目标 B	中等目标 C	基本目标 D
多遇地震	①	①	①	①
设防地震	①	②	②或③	③
罕遇地震	②	③	③或④	④

其中，D、C、B、A分别代表基本目标、中等目标、较高目标和最高目标。

基本目标 D：多遇地震下，结构物正常使用，没有损伤发生，罕遇地震下结构物处于倒塌边缘，为生命安全状态。

中等目标 C：设防地震下结构一般处于基本运行状态，罕遇地震作用时，结构一般处于修复后运行状态。

较高目标 B：设防地震下结构处于基本运行状态，发生罕遇地震时，结构塑性变形较为明显，处于修复后运行状态。

最高目标 A：结构构件在罕遇地震下仍近似保持弹性，处于基本运行状态。

总之，在进行传统风格建筑钢结构体系的设计时，可以根据建筑物设防标准、结构场地类型和当地经济发展水平灵活选择不同的性能水准，从而实现结构的性能化设计。

在基于性能的抗震设计理论中，一般采用承载力、截面应变、应力、曲率、变形等指标定义，相关研究表明，结构变形值较其他的性能指标更简单也更明确地体现了结构的抗震性能。因此，本文采用位移作为传统风格建筑钢结构体系的性能目标量化指标。

在我国 GB 50011—2010《建筑抗震设计规范》中，也通过采用层间变形来描述"小震不坏、中震可修、大震不倒"的三级抗震设防水准。对于多、高层钢结构，弹性变形侧移角限值取 1/250，弹塑性层间位移角限值取 1/50。此外，规范中给出了钢结构对应不同破坏状态的最大层间位移角限值见表11-7。

表11-7 钢框架不同破坏状态层间位移角限值

破坏状态	完好	轻微破坏	中等破坏	不严重破坏
层间位移角	1/300	1/200	1/100	1/55

上述提到的钢框架不同破坏状态的层间位移角限值主要针对民用建筑，未考虑公用建筑的特殊性。为此，本文结合前述分析和规定，考虑传统风格建筑特殊的构造形式，给出对应四个性能水准的层间位移角限值，具体表述如下。

1. "正常运行"性能水平的层间位移角限值

"正常运行"性能水平要求结构各构件均完好，无任何宏观破坏现象的发生，使用功能不受任何影响。由于钢结构不会发生混凝土结构容易开裂的现象，因此宏观上无任何破坏现象的发生，只需满足结构的变形需求即可，根据前期试验结果，其层间位移角在两个方向分别不超过 1/123 和 1/117，考虑到地梁的轻微滑移及工程实际情况，并给予一定的保证率，建议传统风格建筑钢框架结构在"正常运行"性能水平的层间位移角为 1/150。

2. "基本运行"性能水平位移角限值

"基本运行"性能水平要求结构主体框架梁、柱仍处于弹性阶段，斗、栱构件发生一定程度的破坏，整体结构进入屈服状态，对使用功能的影响不大。斗、栱构件作为传统风格建筑钢框架结构的第一道抗震防线，起到了耗能并保护主体梁、柱构件的作用，根据试验的应变测量结果及宏观破坏现象，建议传统风格建筑钢框架结构在"基本运行"性能水平的层间位移角限值取为 1/80。

3. "修复后运行"性能水平的层间位移角限值

当结构物在地震荷载下达到"修复后运行"性能水平时，结构多数斗、栱构件已经完全破坏（母材发生断裂），框架梁梁端有一定程度损伤、此时结构整体承载力处于峰值状态，局部使用功能丧失，但暂时还不会出现倒塌等严重的破坏问题。前期试验结果表明，此时层间位移角在正负两个方向分别不超过 1/34 和 1/30，结合实际工程情况和经济综合指标，建议传统风格建筑钢框架结构在"修复后运行"性能水平的层间位移角限值取为 1/50。

4. "生命安全"性能水平的层间位移角限值

"生命安全"性能水平要求结构仍具有一定的承载力，但此时结构的位移较大，结构框架梁端发生撕裂破坏，框架梁已脱离与框架柱连接的节点核心区，结构已处于倒塌状态边缘，不能继续使用。抗震性能试验表明传统风格建筑的承载力较高，不会发生强度陡降的现象，且其抗侧移能力较强，因此建议传统风格建筑钢框架结构在"生命安全"性能水平的层间位移角限值为 1/30。

综上所述，传统风格建筑钢结构体系的层间位移角限值见表 11-8。

表 11-8 传统风格建筑钢结构体系不同性能水平时的位移角限值

性能水平	正常运行	基本运行	修复后运行	生命安全
层间位移角	1/150	1/80	1/50	1/30

传统风格建筑钢结构体系四个性能水准及其相应层间位移角限值的提出，进一步明确了对这种结构的抗震设防目标，为该种结构的抗震理论和推广应用奠定了基础。

11.3 目标位移模式

结构的目标位移模式是传统建筑钢框架结构直接基于位移设计抗震设计的关键所在，可以根据结构处于不同性能水平时对应的层间位移角限值来确定，具体见式（11-1）~式（11-3）

$$(\Delta u)_i = [\theta] h_i \tag{11-1}$$

$$u_i = \sum_{j=1}^{i} (\Delta u)_j \tag{11-2}$$

$$u_t = \sum_{j=1}^{n} (\Delta u)_j \tag{11-3}$$

式中，$(\Delta u)_i$ 为不同楼层高度处的层间相对位移；u_i 为不同楼层高度处的绝对位移；u_t 为结构顶点的位移；$[\theta]$ 为结构的层间位移角限值；h_i 为层高。

式（11-1）~式（11-3）是假定整体结构在水平地震作用下各层均达到层间位移角限值，但大量研究表明，结构一般是最薄弱的某一层或某几层可以达到层间位移角限值，其他各层均不能达到限值状态。因此，按式（11-1）~式（11-3）计算的目标位移应予以修正。

试验研究及有限元分析均表明，传统风格建筑钢框架结构的侧移整体呈现剪切型的变化特点。假定结构在水平荷载作用下仅薄弱层达到目标位移，其余各层均小于薄弱层的层间侧移限值，采用 Priestley 提出的钢框架各楼层侧移形状系数表达式，见式（11-4）。

$$u_i = \phi_i \cdot \left(\frac{u_c}{\phi_c} \right) \tag{11-4}$$

式中，u_c 和 ϕ_c 分别为最先达到极限控制状态楼层的水平位移和侧移形状系数；ϕ_i 为计算楼层的侧移形状系数。

对于质量和刚度沿高度分布比较均匀的结构，极限状态一般最先在底层或接近底层的楼层出现，因此，u_c 可直接按式（11-1）和式（11-2）计算，而 ϕ_i 可根据结构层数按式（11-5）确定。

$$\phi_i = \frac{h_i}{h_n} \qquad (n \leq 4) \tag{11-5a}$$

$$\phi_i = \frac{4h_i}{3h_n} \left(1 - \frac{h_i}{4h_n} \right) \qquad (n > 4) \tag{11-5b}$$

式中，ϕ_i 为侧移形状系数；h_i 为第 i 层的竖向位置高度；h_n 为建筑物总高度；n 为建筑物的层数。

对于传统风格建筑，由于大屋面及坡屋顶的存在，结构刚度及质量分布不均匀。将传统风格建筑钢框架在竖向空间上分为两部分，分别为上部屋架部分和下部抗侧力体系部分。由于上部坡屋架部分呈三角形，稳定性较好，整个屋架部分近似视为刚体，屋架各层侧移量相同；下部抗侧力体系主要由框架柱承担水平荷载，因此下部抗侧力体系位移模式仍可以按照式（11-1）~式（11-5）计算，此时 n 为下部抗侧力体系的层数，不包括顶部屋架部分的层数。

11.4 多自由度体系的等效转化

在基于位移的抗震方法中，需要首先将多自由度体系转化为替换的单自由度体系。假定现有一个 n 层传统风格建筑钢框架结构，视为一个具有 n 个自由度的多自由度体系，将其转化为单自由度体系时需按照以下三个原则：

1）多自由度体系按照假定的侧移形状产生地震反应。

2）多自由度体系与单自由度体系的基底剪力相等。

3）水平地震力在两个体系上所作的功一致。

具体转化过程可按照图 11-1 进行，等效单自由度体系的等效质量为 M_{eff}，等效刚度为 K_{eff}，等效阻尼比为 ξ_{eff}，等效位移为 u_{eff}，等效高度为 h_{eff}，等效加速度为 a_{eff}，基底剪力为 V_b。

根据假定 1），n 个自由度的多自由度体系各质点的位移 u_i 可表示为

$$u_i = \phi_i z(t) \tag{11-6}$$

式中，ϕ_i 为多自由度体系的侧移形状系数；$z(t)$ 为与时间有关的函数。

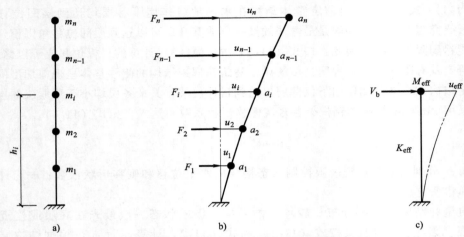

图 11-1　多自由度体系及其等效单自由度体系

a）多自由度体系　b）位移形状、加速度和惯性力　c）等效单自由度体系

近似假定认为质点沿水平方向做简谐振动，则式（11-6）可写为

$$u_i = Y_0 \sin\omega t \cdot \phi_i \tag{11-7}$$

式中，Y_0 为振幅；ω 为简谐振动的圆频率。

由式（11-7）可得多自由度体系各质点的加速度 a_i 为

$$a_i = -\omega^2 Y_0 \sin\omega t \phi_i = -\omega^2 u_i \tag{11-8}$$

将多自由度体系各质点的侧移 u_i 除以等效单自由度体系的等效位移 u_{eff}，比值用 c_i 表示，则

$$c_i = \frac{u_i}{u_{\text{eff}}} \tag{11-9}$$

由式（11-8）可知，多自由度体系各质点的加速度 a_i 与位移 u_i 成正比，则 a_i 与等效单自由度体系的等效加速度 a_{eff} 也成正比，即

$$c_i = \frac{a_i}{a_{\text{eff}}} \tag{11-10}$$

多自由度体系质点 i 的水平地震作用 F_i 可以表示为

$$F_i = m_i a_i = m_i c_i a_{\text{eff}} \tag{11-11}$$

由假定 2），基底剪力 V_{b} 可表示为

$$V_{\text{b}} = \sum_{i=1}^{n} F_i = \sum_{i=1}^{n} m_i a_i = \left(\sum_{i=1}^{n} m_i c_i \right) a_{\text{eff}} = M_{\text{eff}} a_{\text{eff}} \tag{11-12}$$

则等效质量 M_{eff} 为

$$M_{\text{eff}} = \frac{\left(\sum\limits_{i=1}^{n} m_i u_i \right)}{u_{\text{eff}}} \tag{11-13}$$

则由式（11-9）、式（11-11）和式（11-12）可得各质点的水平地震作用 F_i 为

$$F_i = \frac{m_i u_i}{\sum\limits_{j=1}^{n} m_j u_j} V_{\text{b}} \tag{11-14}$$

由假定 3），水平地震作用在两种体系上所作的功相等，则

$$V_{\mathrm{b}} \cdot u_{\mathrm{eff}} = \sum_{i=1}^{n} F_i u_i \qquad (11\text{-}15)$$

将式（11-14）代入式（11-15），则等效单自由度体系的等效位移 u_{eff} 为

$$u_{\mathrm{eff}} = \frac{\sum_{i=1}^{n} m_i u_i^2}{\sum_{i=1}^{n} m_i u_i} \qquad (11\text{-}16)$$

等效单自由度体系的等效刚度 K_{eff} 可取最大等效位移所对应的割线刚度（见图 11-2），其表达式为

$$K_{\mathrm{eff}} = \left(\frac{2\pi}{T_{\mathrm{eff}}}\right)^2 M_{\mathrm{eff}} \qquad (11\text{-}17)$$

式中，T_{eff} 为等效单自由度体系的等效周期。

根据结构动力学原理，等效单自由度体系的基底剪力 V_{b} 为

$$V_{\mathrm{b}} = K_{\mathrm{eff}} \cdot u_{\mathrm{eff}} \qquad (11\text{-}18)$$

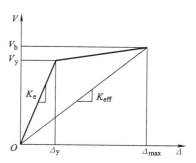

图 11-2　等效刚度

等效单自由度体系的等效阻尼比 ξ_{eff} 可表示为弹性阻尼比 ξ_{el} 和滞回阻尼比 ξ_{hys} 之和，即

$$\xi_{\mathrm{eff}} = \xi_{\mathrm{el}} + \xi_{\mathrm{hys}} \qquad (11\text{-}19)$$

等效阻尼比 ξ_{eff} 的具体计算方法很多，主要采用低侧向刚度和高阻尼比的线弹性体系等效的方法计算，本文采用 Priestley 提出的钢结构建筑等效阻尼比的计算方法进行计算，具体见式（11-20）。

$$\xi_{\mathrm{eff}} = 0.05 + 0.577\left(\frac{u-1}{u\pi}\right) \qquad (11\text{-}20)$$

式中，u 为结构的位移延性。

11.5　位移反应谱

基于位移的抗震设计方法是以具有各种阻尼比的位移反应谱为基础建立的。根据式（11-21）将加速度反应谱 S_{a} 转化为位移反应谱 S_{d}。

$$S_{\mathrm{d}} = \left(\frac{T}{2\pi}\right)^2 \cdot S_{\mathrm{a}} \qquad (11\text{-}21)$$

根据我国抗震规范给出加速度反应谱（图 11-3），可以得到转化后的位移反应谱。

由图 11-3 可知，规范中的加速度反应谱共分为四段，转化后得到的位移反应谱与之对应见式（11-22）。

$$T^2\left[0.45 + 10(\eta_2 - 0.45)T\right] = \frac{4\pi^2}{\alpha_{\max}g}S_{\mathrm{d}} \qquad (T \leqslant 0.1\mathrm{s}) \qquad (11\text{-}22\mathrm{a})$$

$$T = 2\pi\sqrt{\frac{S_{\mathrm{d}}}{\eta_2\alpha_{\max}g}} \qquad (0.1\mathrm{s} \leqslant T \leqslant T_{\mathrm{g}}) \qquad (11\text{-}22\mathrm{b})$$

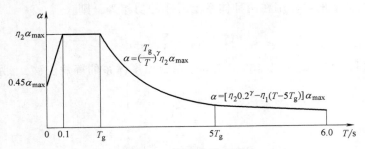

图 11-3　加速度反应谱

$$T = \left(\frac{4\pi^2}{T_g^\gamma} \cdot \frac{S_d}{\eta_2 \alpha_{max} g} \right)^{\frac{1}{2-\gamma}} \qquad (T_g \leqslant T \leqslant 5T_g) \qquad (11\text{-}22c)$$

$$T^2 [0.2^\gamma \eta_2 - \eta_1 (T - 5T_g)] = \frac{4\pi^2}{\alpha_{max} g} S_d \qquad (5T_g \leqslant T \leqslant 6s) \qquad (11\text{-}22d)$$

式中，α_{max} 为水平地震影响系数最大值，可按表 11-9 进行取值；γ 为曲线下降段的衰减指数，$\gamma = 0.9 + \dfrac{0.05 - \xi}{0.5 + 5\xi}$；$\eta_1$ 为直线下降段的下降斜率调整系数，$\eta_1 = 0.02 + \dfrac{0.05 - \xi}{8}$，当 $\eta_1 < 0$ 时，取 $\eta_1 = 0$；η_2 为阻尼调整系数，$\eta_2 = 1 + \dfrac{0.05 - \xi}{0.06 + 1.7\xi}$，当 $\eta_2 < 0.55$ 时，取 $\eta_2 = 0.55$。

当已知等效单自由度体系的等效位移 u_{eff}、设防水准、场地类别以及结构阻尼比等参数时，可由式（11-22）确定其相应的等效周期 T_{eff}。

表 11-9　水平地震影响系数最大值 α_{max}

地震作用	6 度	7 度	8 度	9 度
多遇地震	0.04	0.08	0.16	0.32
设防地震	0.12	0.23	0.45	0.90
罕遇地震	0.28	0.50	0.90	1.40

■ 11.6　直接基于位移的抗震设计步骤

直接基于位移的方法采用与最大位移处的割线刚度等效的单自由结构替代原结构，而不是采用初始多自由度体系的弹性刚度。对于给定的设防地震水准，设计结构使其达到预期的抗震性能状态。本节考虑传统风格建筑钢框架结构的特点，给出了直接基于位移的传统风格建筑钢框架体系的抗震设计步骤。

1）基于传统风格建筑工程已有经验，根据结构的功能及外形要求进行初步设计，选用合适的钢材等级，合理地确定柱网尺寸、层高及构件截面尺寸等。

2）根据当地地震设防烈度、建筑物的重要程度，确定传统风格建筑结构的性能目标，并给出在一定水平地震作用下相应的层间位移角限值 $[\theta]$。

3）按式（11-16）和式（11-13）分别确定等效单自由度体系的等效位移 u_{eff} 和等效质量 M_{eff}。由式（11-5）确定传统风格建筑钢结构体系的目标侧移曲线。

4）按式（11-20）确定结构的等效阻尼比 ξ_{eff}，其中传统风格建筑钢框架在正常运行、基本运行、修复后运行和生命安全时对应的位移延性系数 μ 分别取 1.0、2.0、3.0 和 4.0。

5）根据地震设防水准、场地情况、等效位移 u_{eff} 和等效阻尼比 ξ_{eff}，按式（11-22）确定等效单自由度体系的等效周期 T_{eff}。

6）根据之前计算得到的等效质量 M_{eff} 和等效周期 T_{eff}，按式（11-17）确定等效单自由度体系的等效刚度 K_{eff}，进而将求得的 K_{eff} 和 u_{eff} 代入式（11-18）求得基底剪力 V_b。

7）传统风格建筑钢框架结构的地震反应以基本振型为主，其形状接近倒三角形，因此将基底剪力 V_b 按倒三角形对整体框架进行力的分配，即按式（11-14）确定各质点的水平地震作用。

8）将结构受到的水平地震作用效应及相应的重力荷载效应进行计算组合，得到构件各截面的内力设计值，进行构件截面的承载力计算，并采取一定的构造措施。

9）对按上述步骤设计得到的传统风格建筑钢框架结构进行静力推覆分析，推至结构某一层或某几层达到相应层间位移角限值，校核所得侧移形状和初始假定的侧移形状是否一致。如果一致，则设计有效；否则，将结构静力推覆分析得到的侧移曲线作为修正后的侧移曲线重新计算。

11.7 传统风格建筑钢框架算例及分析

采用前述直接基于位移的抗震设计方法对传统风格建筑钢框架结构进行设计，并对所设计结构进行静力推覆分析。

图 11-4 所示为典型重檐歇山式传统风格建筑，仿制该结构的建筑形式，设计一传统风格建筑钢框架结构，抗震设防烈度为 8 度，设计基本地震加速度 $0.2g$，设计地震分组为第一组，Ⅱ类场地，结构平面布置图如图 11-5 所示。

图 11-4 典型传统风格建筑效果图

图 11-5 结构平面布置图

从整体框架中取出中间跨的一榀典型框架，其截面具体尺寸如图 11-6 所示。整体钢框架共 5 层，底层层高 3.6m，2~4 层层高 2.7m，顶层层高 2.1m，跨距为 3.6m。三维框架的轴测如图 11-7 所示。钢材均采用 Q235 级，屋面恒荷载取为 $5kN/m^2$，活荷载设为不上人屋面，取为 $0.5kN/m^2$；楼面恒荷载和活荷载均取为 $2kN/m^2$。本算例的性能目标采用基本目标 D 计算。

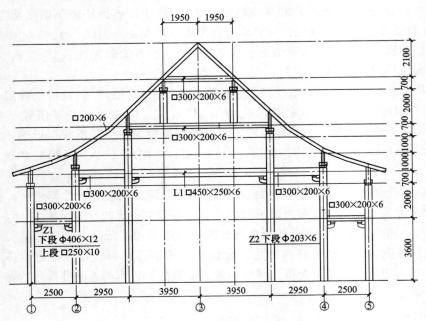

图 11-6　一榀框架尺寸图

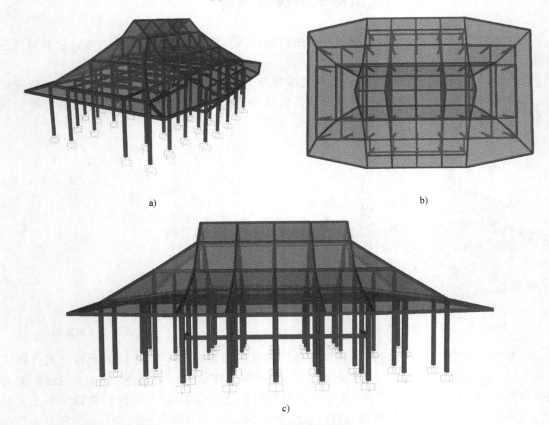

图 11-7　三维模型轴测图

a）斜轴测图　b）俯视图　c）正视图

d)

图 11-7 三维模型轴测图（续）

d）侧视图

传统风格建筑钢结构体系的性能水平采用层间位移角进行量化，与表 11-8 保持一致，位移角分别为：正常运行 1/150；基本运行 1/80；修复后运行 1/50；生命安全 1/30。

11.7.1 按"正常运行"性能水平设计

选取图 11-6 所示的单榀框架进行设计分析，其余轴的框架可按相同的方法予以设计。基于假定的截面及基本工程概况，计算各层的质量，见表 11-10。

采用"正常运行"性能水平进行设计，假定结构在底层首先达到规定限值，即层间位移角为 1/150，则底层水平位移为 24mm，根据式（11-5）计算各层形状系数，取 $\phi_c = \phi_1$，根据式（11-4）可得各层的位移 u_i，各层形状系数和位移的计算结果见表 11-10。

各层的侧移 u_i 确定后，根据式（11-16）及式（11-13）确定等效位移及等效质量，分别为 $u_{eff} = 41.1mm$，$M_{eff} = 88950.4kg$。

传统风格建筑钢框架结构对应正常运行性能水平的位移延性系数取 1.0，则根据式（11-20）确定结构的等效阻尼比为 0.05，将等效阻尼比、等效位移、水平地震影响系数最大值（0.45）和特征周期（0.35s）代入式（11-22），可得 $\gamma = 0.9$，$\eta_1 = 0.02$ 及 $\eta_2 = 1$，此时满足式（11-22c），求解可得等效周期 $T_{eff} = 0.95s$。

将等效质量 M_{eff} 与等效周期 T_{eff} 代入式（11-17）可求得等效刚度 $K_{eff} = 0.94kN/mm$，进而由式（11-18）可得基底剪力为 $V_b = 159.7kN$。将地震作用效应与重力荷载进行组合，获得截面内力设计值，并进行截面承载力及稳定性要求校核，结果均满足规范要求。

表 11-10 结构"正常运行"水准下的计算参数

楼层	高度 h_i/ m	质量 m_i/ kg	侧移 u_i/ mm	$m_i u_i$/ kg·mm	$m_i u_i^2$/ kg·mm^2	侧向力 F_i/ kN	楼层剪力 V_i/ kN
5	13.8	11174.0	42	469307.5	19710914.3	20.5	20.5
4	11.7	20481.9	42	860240.6	36130106.9	37.6	58.1
3	9	33830.9	42	1420898.2	59677722.6	62.1	120.3
2	6.3	16996.9	42	713870.9	29982577.1	31.2	151.5
1	3.6	7868.2	24	188837.7	4532104.3	8.3	159.7
Σ		6543.87		3653154.8	150033425.2	159.7	

采用有限元模拟软件 SAP 2000 对所设计的结构进行静力推覆分析，得到的静力推覆曲线如图 11-8 所示。

当模拟推覆至第 30 步时，结构的基底剪力达到按正常运行性能水平设计计算得到的基底剪力，将模拟得到的曲线与按性能设计方法计算得到的结果进行对比，结果如图 11-9 所示。可以发现，静力推覆得到的侧移曲线与按性能设计方法得到的曲线形状上总体比较符合，且结构各层的实际侧移均小于按性能设计方法得到的初始假定目标位移值，说明该结构满足 8 度设防地震下的"正常运行"性能要求。且与初始假设"底层位移角最大"相一致，设计合理且富余度较高。

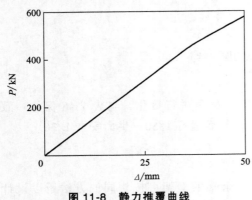

图 11-8　静力推覆曲线

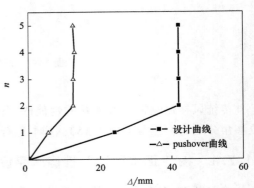

图 11-9　楼层绝对位移对比图

11.7.2　按"基本运行"性能水平校核

按"基本运行"性能水平校核，传统风格建筑钢框架的侧移曲线取相应状态的推覆曲线，由 SAP 2000 的计算结果可知：

假定结构在底层首先达到规定限值，即层间位移角为 1/80，则底层水平位移为 45mm，根据式（11-5）计算各层形状系数，取 $\phi_c = \phi_1$，根据式（11-4）可得各层的位移 u_i，各层形状系数和位移的计算结果见表 11-11。

各层的侧移 u_i 确定后，根据式（11-16）及式（11-13）确定等效位移及等效质量，分别为 $u_{eff} = 77.0$mm，$M_{eff} = 88950.4$kg。

传统风格建筑钢框架结构对应正常运行性能水平的位移延性系数取 2.0，则根据式（11-20）确定结构的等效阻尼比为 0.142，将等效阻尼比、等效位移、水平地震影响系数最大值（0.45）和特征周期（0.35s）代入式（11-22），可得 $\gamma = 0.82$，$\eta_1 = 0.009$ 及 $\eta_2 = 0.7$，求解可得等效周期 $T_{eff} = 1.2$s。

将等效质量 M_{eff} 与等效周期 T_{eff} 代入式（11-17）可求得等效刚度 $K_{eff} = 2.44$kN/mm，进而由式（11-18）可得基底剪力为 $V_b = 187.6$kN。将 V_b 按倒三角进行分配，即可确定各质点的水平作用见表 11-11。

采用 11.1.1 节介绍的方法进行 pushover 分析，可以发现，静力推覆得到的侧移曲线与按性能设计方法得到的曲线形状一致，且结构各层的实际侧移均小于按性能设计方法得到的初始假定目标位移值，说明该结构满足 8 度设防地震下的"基本运行"性能要求。

表 11-11　结构"基本运行"水准下的计算参数

楼层	高度 h_i/ m	质量 m_i/ kg	侧移 u_i/ mm	$m_i u_i$/ kg·mm	$m_i u_i^2$/ kg·mm²	侧向力 F_i/ kN	楼层剪力 V_i/ kN
5	13.8	11174.0	78.75	879951.5	69296183.0	24.1	24.1
4	11.7	20481.9	78.75	1612951.2	127019907.1	44.2	68.3
3	9	33830.9	78.75	2664184.0	209804493.6	73.0	141.2
2	6.3	16996.9	78.75	1338507.9	105407497.7	36.7	177.9
1	3.6	7868.2	45	354070.7	15933179.3	9.7	187.6
Σ		6543.87		6849665.3	527461260.6	187.6	

11.8　传统风格建筑钢框架设计要点及建议

1）由于传统风格建筑的历史地位较高，且钢结构由于其自重较轻且布置灵活，因此建议在有大开间需求和重要性相对较高的传统风格建筑中采用钢结构的形式。

2）传统风格建筑造型独特，有别于一般常规的框架结构。坡屋面、大梁上起柱等现象较为常见，为保证屋架层的稳定及安全性，应避免重型设备布置在较高的屋架层，且应留足够的空间方便人员在屋架层的移动。

3）结构的平面布置应尽量规则，纵、横两个方向的刚度和质量中心应尽量重合，保证传力的明确及合理，避免因刚度、几何及质量的不均匀布置导致的结构扭转效应。

4）由于斗栱构件的存在，结构柱会出现刚度陡变的现象，建议可在结构柱的截面突变处单独设置一个建筑楼层，并对该层的抗侧刚度给予一定的加固处理。

5）与常规框架结构相比，传统风格建筑框架在柱架范围内缺少楼板的水平支撑和约束作用，抗侧刚度较小，位移角偏大，整体结构偏柔，为了提高结构的抗侧刚度，可在水平向将单梁改为双梁等传统风格建筑水平连系构件。同时，可适量减小屋盖自重，以减小传统风格建筑钢框架的地震剪力。

11.9　本章小结

1）结合国内外结构性能水平的划分标准，将传统风格建筑钢结构体系的抗震性能水平划分为正常运行、基本运行、修复后运行和生命安全四档，给出对应各性能水平的破坏形态，并在此基础上建立了传统风格建筑钢框架结构的性能目标。

2）在我国抗震规范和前期抗震试验结果的基础上，建议传统风格建筑钢框架对应正常运行、基本运行、修复后运行和生命安全四个性能水平的层间位移角限值分别为 1/150、1/80、1/50 和 1/30。

3）将基于位移的抗震设计理论方法应用于传统风格建筑钢框架结构，并给出具体设计步骤，并应用于一个空间传统风格建筑钢框架的具体设计实例。

参 考 文 献

[1] 贲庆国. 钢框架结构地震作用下累积损伤分析及试验研究 [D]. 南京：南京工业大学，2003.

[2] 曹金凤，石亦平. ABAQUS 有限元分析常见问题解答 [M]. 北京：机械工业出版社，2009.

[3] 陈光明. 反应谱、地震动、结构易损性研究 [D]. 大连：大连理工大学，2011.

[4] 陈伟宏，蒋认，崔双双，吴波. 基于动力能力谱法的 RC 结构位移放大系数 [J]. 振动与冲击，2016，35（24）：39-44，58.

[5] 楚志坚. 钢筋混凝土矩形桥墩延性抗震计算研究 [D]. 北京：北京交通大学，2010.

[6] 党争，梁兴文，代洁，于婧. 考虑损伤的纤维增强混凝土剪力墙恢复力模型研究 [J]. 工程力学，2016，33（5）：124-133.

[7] 邓明科，梁兴文，辛力. 剪力墙结构基于性能抗震设计的目标层间位移确定方法 [J]. 工程力学，2008，25（11）：141-148.

[8] 董宝. 高层钢框架结构在多维地震作用下考虑损伤累积效应的弹塑性反映分析 [D]. 上海：同济大学，1997.

[9] 董金爽. 新型传统风格建筑混凝土梁柱组合件抗震性能研究 [D]. 西安：西安建筑科技大学，2017.

[10] 段留省，苏明周，郝麒麟，焦培培. 高强钢组合 K 形偏心支撑钢框架抗震性能试验研究 [J]. 建筑结构学报，2014，35（7）：18-25.

[11] 范力. 装配式预制混凝土框架结构抗震性能研究 [D]. 上海：同济大学，2007.

[12] 高卫欣. 仿古建筑方钢管柱与圆钢管柱连接抗震性能试验及 ABAQUS 有限元分析 [D]. 西安：西安建筑科技大学，2015.

[13] 郭兵，刘国鹏，徐超，王金涛，鲍镇，梁田. 偏心支撑半刚接钢框架的动力特性及抗震性能试验研究 [J]. 建筑结构学报，2011，32（10）：90-96.

[14] 郭子雄，杨勇. 恢复力模型研究现状及存在问题 [J]. 世界地震工程，2004（4）：47-51.

[15] 国贤发. 型钢高强高性能混凝土框架柱恢复力特性试验与理论研究 [D]. 西安：西安建筑科技大学，2010.

[16] 韩林海，陶忠，王文达. 现代组合结构和混合结构：试验、理论和方法 [M]. 北京：科学出版社，2009.

[17] 何小辉. 钢框架新型耗能梁柱节点滞回性能的研究 [D]. 哈尔滨：哈尔滨工业大学，2012.

[18] 侯炜，郭子雄. 钢筋混凝土核心筒基于位移的抗震设计方法研究 [J]. 应用基础与工程科学学报，2014，22（2）：314-326.

[19] 胡北. 装配整体式钢骨混凝土框架边节点抗震性能试验研究 [D]. 天津：天津大学，2005.

[20] 胡宗波. 钢结构箱形柱与梁异型节点性能试验与理论研究 [D]. 西安：西安建筑科技大学，2010.

[21] 黄雅捷. 钢筋混凝土异形柱框架结构抗震性能及性能设计方法研究 [D]. 西安：西安建筑科技大学. 2003.

[22] 蒋海涛. 钢筋混凝土仿古建筑屋盖结构分析 [D]. 西安：西安建筑科技大学，2012.

[23] 金悪圓，藤田香織，津和佑子. 伝統的木造建築の組物の動的載荷試験（その 2）：荷重変形関係と変形の特徴. 日本建築学会大会学術講演梗概集 C-1 分册，北海道，2004.

[24] 津和佑子，藤田香織，金悪圓. 伝統的木造建築の組物の動的載荷試験（その 1）：微動測定と自由振動試験. 日本建築学会大会学術講演梗概集 C-1 分册，北海道，2004.

[25] 寇佳亮，梁兴文，邓明科. 纤维增强混凝土剪力墙恢复力模型试验与理论研究 [J]. 土木工程学报，2013，46（10）：58-70.

[26] 李百进. 发展中的中式传统风格建筑 [J]. 南方建筑，2000（1）：14-18.

[27] 李国强，冯健. 罕遇地震下多高层建筑钢结构弹塑性位移的实用计算 [J]. 建筑结构学报，2000（1）：77-83.

[28] 李德章，丁大益. 大跨度空间结构箱形钢柱的恢复力模型 [J]. 四川大学学报（工程科学版），2013，45（3）：40-49.

[29] 李宏男，赵汝男. 钢筋混凝土剪力墙考虑动力效应的恢复力模型 [J]. 建筑结构学报，2015，36（11）：109-116.

[30] 李诚. 营造法式 [M]. 上海：商务印书馆，1932.

[31] 李磊，郑山锁，王斌，邓国专，王维. 型钢高强混凝土框架的循环退化效应 [J]. 工程力学，2010，27（8）：125-132.

[32] 李朋. 传统风格建筑钢筋混凝土梁-柱节点抗震性能研究 [D]. 西安：西安建筑科技大学，2014.

[33] 李慎，苏明周. 基于性能的偏心支撑钢框架抗震设计方法研究 [J]. 工程力学，2014，31（10）：195-204.

[34] 李伟. 仿古建筑木屋盖结构加固设计与抗震分析 [D]. 哈尔滨：哈尔滨工程大学，2011.

[35] 李晓松. 基于性能的非线性粘滞阻尼器消能减震结构设计与分析 [D]. 兰州：兰州理工大学，2010.

[36] 李亚东. 传统风格建筑钢框架结构拟动力试验研究 [D]. 西安：西安建筑科技大学，2017.

[37] 李俞谕，肖岩，刘涛，曹大燕. 双型钢混凝土转换梁柱节点抗震性能试验研究 [J]. 建筑结构学报，2014，35（7）：69-77.

[38] 连鸣，苏明周，王喆. Y形高强钢组合偏心支撑框架结构恢复力模型研究 [J]. 西安建筑科技大学学报（自然科学版），2015，47（5）：684-688，716.

[39] 梁炯丰. 大型火电厂钢结构主厂房框排架结构抗震性能及设计方法研究 [D]. 西安：西安建筑科技大学，2013.

[40] 梁思成. 清工部《工程做法则例》图解 [M]. 北京：清华大学出版社，2006.

[41] 梁思成. 清式营造则例 [M]. 北京：清华大学出版社，2006.

[42] 梁兴文. 结构抗震性能设计理论与方法 [M]. 北京：科学出版社，2011.

[43] 林建鹏. 仿古建筑方钢管混凝土柱与钢筋混凝土圆柱连接抗震性能试验研究 [D]. 西安：西安建筑科技大学，2015.

[44] 林倩，邓志恒，刘其舟，唐光暹. 足尺钢桁架连梁恢复力模型试验研究 [J]. 自然灾害学报，2011，20（4）：38-42.

[45] 刘帝祥. 型钢混凝土转换柱段受剪性能的研究 [D]. 杭州：浙江工业大学，2009.

[46] 刘洪波，谢礼立，邵永松. 钢结构箱形柱与工字梁刚性节点有限元分析 [J]. 哈尔滨工业大学学报，2007（8）：1211-1215.

[47] 刘猛. 新型铅阻尼器与预应力装配式框架节点抗震性能研究 [D]. 北京：北京工业大学，2008.

[48] 刘伟庆，葛卫，陆伟东. 消能支撑-方钢管混凝土框架结构抗震性能的试验研究 [J]. 地震工程与工程振动，2004（4）：106-109，114.

[49] 刘祖强. 型钢混凝土异形柱框架抗震性能及设计方法研究 [D]. 西安：西安建筑科技大学，2012.

[50] 骆文超. 铸钢节点Y型混合柱抗震性能研究 [D]. 上海：同济大学，2007.

[51] 吕丽娟. 地震模拟振动台子结构混合试验边界条件的模拟方法研究 [D]. 哈尔滨：哈尔滨工业大学，2008.

[52] 马炳坚. 中国古建筑木作营造技术 [M]. 北京：科学出版社，2003.

[53] 马辉. 型钢再生混凝土柱抗震性能及设计计算方法研究 [D]. 西安：西安建筑科技大学，2013.

[54] 马辉，薛建阳，张锡成，潘秀珍. 型钢再生混凝土组合柱四折线恢复力模型研究 [J]. 建筑结构，2015，45（11）：55-59.

[55] 马林林. 钢结构仿古建筑带斗栱檐柱节点抗震性能试验研究 [D]. 西安：西安建筑科技大学，2015.

[56] 毛剑. 安装阻尼器的弱梁刚性连接节点的抗震性能研究 [D]. 西安：长安大学，2013.

[57] 牛荻涛，任利杰. 改进的钢筋混凝土结构双参数地震破坏模型 [J]. 地震工程与工程振动，1996（4）：44-54.

[58] 欧进萍，牛荻涛，王光远. 多层非线性抗震钢结构的模糊动力可靠性分析与设计 [J]. 地震工程与工程振动，1990（4）：27-37.

[59] 彭观寿，高轩能，陈明华. 支撑布置对钢框架结构抗侧刚度的影响 [J]. 工业建筑，2008（5）：83-87，70.

[60] 齐宝欣. 火灾爆炸作用下轻钢框架结构连续倒塌机理分析 [D]. 大连：大连理工大学，2012.

[61] 钱德玲，李元鹏，刘杰. 高层建筑结构振动台模型试验与原型对比的研究 [J]. 振动工程学报，2013，26（3）：436-442.

[62] 乔普拉. 结构动力学理论及其在地震工程中的应用 [M]. 北京：高等教育出版社，2007.

[63] 邱春毅. Y形转换柱的分析与设计 [J]. 建筑结构，2016，46（S1）：228-232.

[64] 邱法维，钱稼茹，陈志鹏. 结构抗震实验方法 [M]. 北京：科学出版社，2000.

[65] 冉红东，郝麒麟，苏明周. 高强组合钢K型偏心支撑框架恢复力模型 [J]. 西安建筑科技大学学报（自然科学版），2013，45（5）：627-632.

[66] 沈亮，郭全全. 钢管混凝土叠合转换柱抗震性能有限元分析 [J]. 世界地震工程，2017，33（1）：1-9.

[67] 石永久，苏迪，王元清. 考虑组合效应的钢框架梁柱节点恢复力模型研究 [J]. 世界地震工程，2008（2）：15-20.

[68] 石永久，熊俊，王元清，刘歌青. 多层钢框架偏心支撑的抗震性能试验研究 [J]. 建筑结构学报，2010，31（2）：

29-34.

[69] 隋䶮, 赵鸿铁, 薛建阳, 等. 中国古建筑木结构铺作层与柱架抗震试验研究 [J]. 土木工程学报, 2011, 44 (1): 50-57.

[70] 藤田香織, 金惠圜, 津和佑子, 等. 伝統的木造建築の組物の動的載荷試験：その 3 復元力特性と剛性の検討 (伝統組物・耐震補強, 構造 Ⅲ). 日本建築学会大会学術講梗概集 C-1 分册, 北海道, 2004.

[71] 田永复. 中国仿古建筑构造精解 [M]. 北京：化学工业出版社, 2013.

[72] 完海鹰, 王建国, 王秀喜. 半刚性连接钢框架的拟动力实验研究 [J]. 实验力学, 2009, 24 (4): 299-306.

[73] 王斌, 郑山锁, 国贤发, 李磊. 考虑损伤效应的型钢高强高性能混凝土框架柱恢复力模型研究 [J]. 建筑结构学报, 2012, 33 (6): 69-76.

[74] 王春玲. 塑性力学 [M]. 北京：中国建材工业出版社, 2005.

[75] 王东波. 型钢混凝土竖向转换柱受力性能有限元分析 [D]. 太原：太原理工大学, 2012.

[76] 薛建阳, 戚亮杰, 李亚东, 车顺利, 等. 传统风格建筑钢框架结构拟静力试验研究 [J]. 建筑结构学报, 2017, 38 (8): 133-140.

[77] 王瑾. 子结构混合试验方法的数值模拟研究 [D]. 哈尔滨：哈尔滨工业大学, 2009.

[78] 王磊. 清式厅堂古建筑与仿古建筑的结构性能比较研究 [D]. 西安：西安建筑科技大学, 2012.

[79] 王萌. 强烈地震作用下钢框架的损伤退化行为 [D]. 北京：清华大学, 2013.

[80] 王佩云. 祈年殿式钢筋混凝土建筑结构研究 [D]. 北京：北方工业大学, 2011.

[81] 王蕊. 西安近代建筑风格与装饰研究 [D]. 西安：西安建筑科技大学, 2011.

[82] 王社良. 抗震结构设计 [M]. 武汉：武汉理工大学出版社, 2007.

[83] 王向英. 结构地震模拟振动台混合试验方法研究 [D]. 哈尔滨：哈尔滨工业大学, 2010.

[84] 王玉田. 梁端翼缘扩大型连接钢框架抗震性能研究 [D]. 西安：西安建筑科技大学, 2012.

[85] 王玉镯, 傅传国. ABAQUS 结构工程分析及实例详解 [M]. 北京：中国建材工业出版社, 2010.

[86] 吴波, 李艺华. 直接基于位移可靠度的抗震设计方法中目标位移代表值的确定 [J]. 地震工程与工程振动, 2002 (6): 44-51.

[87] 吴波, 熊焱. 一种直接基于位移的结构抗震设计方法 [J]. 地震工程与工程振动, 2005 (2): 62-67.

[88] 吴从晓, 周云, 张超, 邓雪松, 等. 布置阻尼器的现浇与预制装配式框架梁柱组合体抗震性能试验研究 [J]. 建筑结构学报, 2015, 36 (6): 61-68.

[89] 吴从晓, 赖伟山, 周云, 张超, 等. 新型预制装配式消能减震混凝土框架节点抗震性能试验研究 [J]. 土木工程学报, 2015, 48 (9): 23-30.

[90] 吴翔艳. 定鼎门钢结构仿古建筑组成及力学性能研究 [D]. 西安：长安大学, 2010.

[91] 吴芸, 张其林, 王旭峰. 钢框架抗震性能试验研究和数值分析 [J]. 西安建筑科技大学学报 (自然科学版), 2006 (4): 486-490.

[92] 薛建阳, 吴占景, 刘祖强. 仿古建筑钢结构双梁-柱边节点抗震性能试验研究 [J]. 建筑结构学报, 2015, 36 (3): 80-89.

[93] 伍凯. 低周反复荷载下 SRC-RC 转换柱基本受力行为与抗震性能研究 [D]. 西安：西安建筑科技大学, 2010.

[94] 谢启芳, 李朋, 王龙, 等. 传统风格钢筋混凝土梁-柱节点抗剪机理分析与抗剪承载力计算 [J]. 建筑结构, 2014, 44 (19): 81-86, 33.

[95] 谢启芳, 李朋, 葛鸿鹏, 等. 传统风格钢筋混凝土梁-柱节点抗震性能试验研究 [J]. 世界地震工程, 2015, 31 (4): 150-158.

[96] 谢启芳, 杜彬, 张风亮, 等. 古建筑木结构燕尾榫节点弯矩-转角关系理论分析 [J]. 工程力学, 2014, 31 (12): 140-146.

[97] 谢启芳, 杜彬, 李双, 向伟, 郑培君. 残损古建筑木结构燕尾榫节点抗震性能试验研究 [J]. 振动与冲击, 2015, 34 (4): 165-170, 210.

[98] 熊仲明, 史庆轩, 王社良, 等. 钢筋混凝土框架-剪力墙模型结构试验的滞回反应和耗能分析 [J]. 建筑结构学报, 2006 (4): 89-95.

[99] 薛建阳, 高亮, 戚亮杰. 不同填充墙布置的型钢再生混凝土框架抗震性能试验分析 [J]. 西安建筑科技大学学报

（自然科学版），2016，48（6）：790-795.

[100] 薛建阳，刘祖强，胡宗波，等. 钢框架异型节点核心区的受剪机理及承载力计算 [J]. 地震工程与工程振动，2010，30（5）：37-41.

[101] 薛建阳，王刚，刘辉，等. 型钢再生混凝土框架抗震性能试验研究 [J]. 西安建筑科技大学学报（自然科学版），2014，46（5）：629-634.

[102] 薛建阳，戚亮杰，吴占景. 仿古建筑圆钢管柱-工字钢截面双梁节点抗剪承载力研究 [J]. 地震工程与工程振动，2016，36（4）：192-199.

[103] 薛建阳，伍凯，赵鸿铁，等. SRC-RC 转换柱抗震性能试验研究 [J]. 建筑结构学报，2010，31（11）：102-110.

[104] 薛建阳，梁炯丰，彭修宁，等. 大型火电厂钢结构主厂房框排架结构抗震性能试验研究 [J]. 建筑结构学报，2012，33（8）：16-22.

[105] 薛建阳，吴占景，隋龑，等. 传统风格建筑钢结构双梁-柱中节点抗震性能试验研究及有限元分析 [J]. 工程力学，2016，33（5）：97-105.

[106] 薛建阳，李亚东，王戈，等. 传统风格建筑钢框架结构弹塑性地震反应分析 [J]. 工业建筑，2017，47（10）：1-7.

[107] 薛建阳，马林林，林建鹏，等. 仿古建筑方钢管混凝土柱-钢筋混凝土圆柱连接抗震性能试验研究 [J]. 建筑结构学报，2018，39（4）：37-44.

[108] 薛建阳，翟磊，马林林，等. 钢结构仿古建筑带斗栱檐柱抗震性能试验研究及有限元分析 [J]. 土木工程学报，2016，49（7）：57-67.

[109] 薛建阳，戚亮杰，李亚东，等. 传统风格建筑钢框架结构拟静力试验研究 [J]. 建筑结构学报，2017，38（8）：133-140.

[110] 薛建阳，翟磊，魏志粉，等. 传统风格建筑圆钢管柱-箱形截面双梁节点受力性能试验研究与承载力计算 [J]. 工程力学，2017，34（2）：189-196.

[111] 薛建阳，董金爽，隋龑，等. 附设黏滞阻尼器的传统风格建筑混凝土梁-柱节点动力循环加载性能分析 [J]. 土木工程学报，2017，50（12）：18-27.

[112] 薛建阳，翟磊，高卫欣，等. 仿古建筑矩形与圆形钢管柱连接抗震性能试验研究 [J]. 建筑结构学报，2016，37（2）：81-91.

[113] 姚谦峰. 土木工程结构试验 [M]. 北京：中国建筑工业出版社，2001.

[114] 殷杰，王龙，朱筱俊，等. 钢管混凝土转换柱设计及试验研究 [J]. 工业建筑，2003（11）：61-63.

[115] 翟磊. 传统风格建筑 RC-CFST 组合框架抗震性能及设计方法研究 [D]. 西安：西安建筑科技大学，2018.

[116] 张大旭，张素梅. 钢管混凝土柱与梁节点抗剪承载力 [J]. 哈尔滨建筑大学学报，2001（3）：35-39.

[117] 张国军，吕西林，刘伯权. 高强混凝土框架柱的恢复力模型研究 [J]. 工程力学，2007（3）：83-90.

[118] 张莉. 钢结构刚性梁柱节点抗震性能的研究 [D]. 天津：天津大学，2004.

[119] 张帅. 殿堂式钢筋混凝土仿古建筑抗震设计研究 [D]. 西安：西安建筑科技大学，2012.

[120] 张锡成. 地震作用下木结构古建筑的动力分析 [D]. 西安：西安建筑科技大学，2013.

[121] 张向冈. 钢管再生混凝土构件及其框架的抗震性能研究 [D]. 南宁：广西大学，2014.

[122] 张雪松. 翼缘狗骨式削弱的型钢混凝土框架抗震性能研究 [D]. 天津：天津大学，2007.

[123] 张艳霞，叶吉健，杨凡，等. 自复位钢框架结构抗震性能动力时程分析 [J]. 土木工程学报，2015，48（7）：30-40.

[124] 张驭寰. 仿古建筑设计实例 [M]. 北京：机械工业出版社，2009.

[125] 赵滇生，刘帝祥，唐鸿初，等. 型钢混凝土转换柱受剪性能的研究 [J]. 浙江工业大学学报，2010，38（5）：537-541.

[126] 赵鸿铁，薛建阳，隋龑，等. 中国古建筑结构及其抗震 [M]. 北京：科学出版社，2011.

[127] 赵鸿铁，张海彦，薛建阳，等. 古建筑木结构燕尾榫节点刚度分析 [J]. 西安建筑科技大学学报（自然科学版），2009，41（4）：450-454.

[128] 赵武运. 甘肃泾川某高层钢结构仿古塔的结构分析及若干问题探讨 [D]. 太原：太原理工大学，2011.

[129] 郑久建. 粘滞阻尼减震结构分析方法及设计理论研究 [D]. 北京：中国建筑科学研究院，2003.

［130］ 郑山锁. 动力试验模型在任意配重条件下与原型结构的相似关系［J］. 工业建筑，2000（3）：35-39.

［131］ 郑山锁，王晓飞，程洋，孙乐彬. 锈蚀钢框架地震损伤模型研究［J］. 振动与冲击，2015，34（3）：144-149.

［132］ 周春恒. 螺旋筋约束增强空腹式型钢混凝土柱受力机理及抗震性能研究［D］. 南宁：广西大学，2018.

［133］ 周颖，吕西林. 建筑结构振动台模型试验方法与技术［M］. 北京：科学出版社，2012.

［134］ 周云，徐彤，俞公骅，李希平. 耗能减震技术研究及应用的新进展［J］. 地震工程与工程振动，1999（2）：122-131.

［135］ 周云，徐昕，邹征敏，吴从晓，邓雪松. 扇形铅粘弹性阻尼器的设计及数值仿真分析［J］. 土木工程与管理学报，2011，28（2）：1-6.

［136］ 庄苗. 基于 ABAQUS 的有限元分析和应用［M］. 北京：清华大学出版社，2009.

［137］ 庄苗，张帆，岑松，等. ABAQUS 非线性有限元分析与实例［M］. 北京：科学出版社，2005.

［138］ CHALLA V，HALL J. Earthquake collapse analysis of steel frames［J］. Earthquake Engineering & Structural Dynamics，1994，23（11）：1199-1218.

［139］ CHEN Z，XU J，XUE J. Hysteretic behavior of special shaped columns composed of steel and reinforced concrete（SRC）［J］. Earthquake Engineering and Engineering Vibration，2015，14（2）：329-345.

［140］ CHEN Z，XU J，CHEN Y，et al. Seismic behavior of steel reinforced concrete（SRC）T-shaped column-beam planar and 3D hybrid joints under cyclic loads［J］. Earthquakes and Structures，2015，8（3）：555-572.

［141］ CONSTANTINOU M C，SYMANS M. Experimental and analytical investigation of seismic response of structures with supplemental fluid viscous dampers［J］. Buffalo：National Center for earthquake engineering research，1992.

［142］ Doğangün A，Tuluk Ö，Livaoglu R，et al. Traditional wooden buildings and their damages during earthquakes in Turkey［J］. Engineering Failure Analysis，2006，13（6）：981-996.

［143］ El-TAWIL S，VIDARSSON E，MIKESELL T，et al. Inelastic behavior and design of steel panel zones［J］. Journal of Structural Engineering，1999，125（2）：183-193.

［144］ GARCIA D L. A simple method for the design of optimal damper configurations in MDOF structures［J］. Earthquake Spectra，2001，17（3）：387-398.

［145］ KAMARIS G，HATZIGEORGIOU G，BESKOS D. A new damage index for plane steel frames exhibiting strength and stiffness degradation under seismic motion［J］. Engineering Structures，2013，46：727-736.

［146］ KELLY J M，SKINNER R，HEINE A. Mechanisms of energy absorption in special devices for use in earthquake resistant structures［J］. Bulletin of NZ Society for Earthquake Engineering，1972，5（3）：63-88.

［147］ KOETAKA Y，CHUSILP P，ZHANG Z，et al. Mechanical property of beam-to-column moment connection with hysteretic dampers for column weak axis［J］. Engineering Structures，2005，27（1）：109-117.

［148］ KOWALSKY M，PRIESTLEY M，Macrae G. Displacement-based design of RC bridge columns in seismic regions［J］. Earthquake Engineering & Structural Dynamics，1995，24（12）：1623-1643.

［149］ KUMAR S，USAMI T. Damage evaluation in steel box columns by cyclic loading tests［J］. Journal of Structural Engineering，1996，122（6）：626-634.

［150］ LAGOMARSINO S，PENNA A，GALASCO A，et al. TREMURI program：an equivalent frame model for the nonlinear seismic analysis of masonry buildings［J］. Engineering Structures，2013，56：1787-1799.

［151］ LI Y，CAO S，XUE J. Analysis on mechanical behavior of dovetail mortise-tenon joints with looseness in traditional timber buildings［J］. Structural Engineering and Mechanics，2016，60（5）：903-921.

［152］ LIU Z Q，XUE J Y，ZHAO H T，et al. Cyclic test for solid steel reinforced concrete frames with special-shaped columns［J］. Earthquakes and Structures，2014，7（3）：317-331.

［153］ MA H，XUE J，ZHANG X，et al. Seismic performance of steel-reinforced recycled concrete columns under low cyclic loads［J］. Construction and Building Materials，2013，48：229-237.

［154］ MANDER T J，RODGERS G W，CHASE J G，et al. Damage avoidance design steel beam-column moment connection using high-force-to-volume dissipators［J］. Journal of Structural Engineering，2009，135（11）：1390-1397.

［155］ MAO C，RICLES J，LU L，et al. Effect of local details on ductility of welded moment connections［J］. Journal of Structural Engineering，2001，127（9）：1036-1044.

［156］ MEDHEKAR M, KENNEDY D. Displacement-based seismic design of buildings-theory ［J］. Engineering Structures, 2000, 22 (3)：201-209.

［157］ MIRANDA E, RUIZ-GARCÍA J. Evaluation of approximate methods to estimate maximum inelastic displacement demands ［J］. Earthquake Engineering & Structural Dynamics, 2002, 31 (3)：539-560.

［158］ MOEHLE J. Nonlinear analysis for performance-based earthquake engineering ［J］. The Structural Design of Tall and Special Buildings, 2005, 14 (5)：385-400.

［159］ OH S H, KIM Y J, RYU H S. Seismic performance of steel structures with slit dampers ［J］. Engineering Structures, 2009, 31 (9)：1997-2008.

［160］ PARK Y, ANG A. Mechanistic seismic damage model for reinforced concrete ［J］. Journal of Structural Engineering, 1985, 111 (4)：722-739.

［161］ PRIESTLEY M, CALVI G, KOWALSKY M. Displacement-based seismic design of structures ［M］. Pavia: IUSS Press, 2007.

［162］ QI L, XUE J, LEON R T. Experimental and analytical investigation of transition steel connections in traditional-style buildings ［J］. Engineering Structures, 2017, 150：438-450.

［163］ REN W, ZHAO T, HARIK I E. Experimental and analytical modal analysis of steel arch bridge ［J］. Journal of Structural Engineering, 2004, 130 (7)：1022-1031.

［164］ RICLES J, MAO C, LU L, et al. Ductile details for welded unreinforced moment connections subject to inelastic cyclic loading ［J］. Engineering Structures, 2003, 25 (5)：667-680.

［165］ RODRIGUES H, ROMÃO X, ANDRADE-CAMPOS A, et al. Simplified hysteretic model for the representation of the bi-axial bending response of RC columns ［J］. Engineering Structures, 2012, 44：146-158.

［166］ SIVASELVAN M, REINHORN A. Hysteretic models for deteriorating inelastic structures ［J］. Journal of Engineering Mechanics, 2000, 126 (6)：633-640.

［167］ TAGAWA Y, KATO B, AOKI H. Behavior of composite beams in steel frame under hysteretic loading ［J］. Journal of Structural Engineering, 1989, 115 (8)：2029-2045.

［168］ TAKEDA T, SOZEN M, NIELSEN N. Reinforced concrete response to simulated earthquakes ［J］. Journal of the Structural Division, 1970, 96 (12)：2557-2573.

［169］ TANG D, CLOUGH R. Shaking table earthquake response of steel frame ［J］. Journal of the Structural Division, 1979, 105 (1)：221-243.

［170］ USAMI T, KUMAR S. Damage evaluation in steel box columns by pseudodynamic tests ［J］. Journal of Structural Engineering, 1996, 122 (6)：635-642.

［171］ USAMI T, KUMAR S. Inelastic seismic design verification method for steel bridge piers using a damage index based hysteretic model ［J］. Engineering Structures, 1998, 20 (4-6)：472-480.

［172］ USAMI T, ZHENG Y, Ge H. Seismic design method for thin-walled steel frame structures ［J］. Journal of Structural Engineering, 2001, 127 (2)：137-144.

［173］ WANG W, QIN S, KODUR V, et al. Experimental study on evolution of residual stress in welded box-sections after high temperature exposure ［J］. Advanced Steel Construction, 2018, 14 (1)：73-89.

［174］ WILLIAMS M, SEXSMITH R. Seismic damage indices for concrete structures: a state-of-the-art review ［J］. Earthquake Spectra, 1995, 11 (2)：319-349.

［175］ XUE J, QI L. Experimental studies on steel frame structures of traditional-style buildings ［J］. Steel and Composite Structures, 2016, 22 (2)：235-255.

［176］ XUE J, MA L, WU Z. Seismic performance of steel joints between double beams and column in chinese traditional style buildings ［J］. International Journal of Steel Structures, 2018, 18 (2)：1-16.

［177］ XUE J, MA L, WU Z, et al. Influence analysis of bracket set on seismic performance of steel eave columns in Chinese traditional style buildings ［J］. The Structural Design of Tall and Special Buildings, 2018, 27 (8).

［178］ XUE J, WU Z, SUI Y, et al. Experimental study and numerical analysis on aseismic performance of steel double-beams-column interior-joints in traditional style building ［J］. Engineering Mechanics, 2016, 33 (5)：97-105.

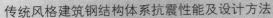
[179]　YAN C, JIA J. Seismic performance of steel reinforced ultra high-strength concrete composite frame joints [J]. Earthquake Engineering and Engineering Vibration, 2010, 9 (3): 439-448.

[180]　YAO J. Concept of structural control [J]. Journal of the Structural Division, 1972, 98 (7): 1567-1574.

[181]　ZHANG X, RICLES J. Seismic behavior of reduced beam section moment connections to deep columns [J]. Journal of Structural Engineering, 2006, 132 (3): 358-367.

[182]　ZHANG X, XUE J, ZHAO H, et al. Experimental study on Chinese ancient timber-frame building by shaking table test [J]. Structural Engineering and Mechanics, 2011, 40 (4): 453-469.